ENCYCLOPÉDIE DES TRAVAUX PUBLICS

# CHIMIE APPLIQUÉE

## A L'ART DE L'INGÉNIEUR

PARIS. — IMPRIMERIE G. ROUGIER ET C^{ie}, RUE CASSETTE, 1.

ENCYCLOPÉDIE

DES

# TRAVAUX PUBLICS

Fondée par M.-C. LECHALAS, Inspr génl des Ponts et Chaussées.



# CHIMIE APPLIQUÉE

## A L'ART DE L'INGÉNIEUR

PAR

Cles-LÉON DURAND-CLAYE

INGÉNIEUR EN CHEF DES PONTS ET CHAUSSÉES

PROFESSEUR DE CHIMIE APPLIQUÉE ET DIRECTEUR DU LABORATOIRE

A L'ÉCOLE DES PONTS ET CHAUSSÉES

PARIS

LIBRAIRIE POLYTECHNIQUE

BAUDRY ET Cie, LIBRAIRES-ÉDITEURS

RUE DES SAINTS-PÈRES, 15

MÊME MAISON A LIÉGE

1885

# TABLE DES MATIÈRES

# ERRATA

Page 15, ligne 3, au lieu de *n'en produit pas,* lisez en produit aussi.
— 132, — 7, sulfure de cuivre, au lieu de *0,3994,* lisez 0,7987.

PREMIÈRE PARTIE

# ANALYSE CHIMIQUE ET ESSAI

DES

# MATÉRIAUX DE CONSTRUCTION

---

CHAPITRE PREMIER : *GÉNÉRALITÉS*

CHAPITRE DEUXIÈME : *ANALYSE QUALITATIVE*

CHAPITRE TROISIÈME : *ANALYSE DES MATÉRIAUX DE CONSTRUCTION*

CHAPITRE QUATRIÈME : *ESSAI DE LA RÉSISTANCE DES MATÉRIAUX*

CHAPITRE CINQUIÈME : *ÉTUDE DES EAUX NATURELLES*

CHAPITRE SIXIÈME : *ANALYSE DES TERRES, ENGRAIS ET PRODUITS AGRICOLES*

---

# CHAPITRE PREMIER

## GÉNÉRALITÉS

### § 1er

### RAPPEL DES PROPRIÉTÉS ESSENTIELLES DES COMPOSÉS CHIMIQUES LES PLUS USUELS

L'analyse d'une substance repose sur la connaissance exacte des caractères et des propriétés de chacun de ses éléments. Ces propriétés sont décrites dans les traités de chimie générale. Mais il a paru utile de résumer ici, en insistant sur ce qu'elles ont de plus essentiel, celles de ces notions qui s'appliquent plus particulièrement aux corps que les ingénieurs ont à étudier.

**1. Silice.** — La silice est un des corps les plus répandus à la surface de la terre. On l'y trouve soit à l'état isolé, soit en combinaison. A l'état isolé, elle forme le quartz, le cristal de roche, les sables quartzeux, les grès, etc. Elle se rencontre en dissolution dans quelques eaux naturelles, notamment dans les geysers d'Islande. En combinaison avec l'alumine, elle constitue l'argile ; elle se rencontre aussi combinée avec l'alumine, les oxydes de fer, les alcalis, la magnésie et la chaux, dans les granites et toutes les roches primitives.

La silice et les silicates naturels se distinguent par leur inertie chimique. A la température ordinaire, ils résistent à l'action des bases les plus fortes, comme des acides les plus énergiques.

Portée au rouge ou au blanc, la silice devient au contraire

un acide puissant. Comme elle est absolument fixe et ne se volatilise à aucune température, elle finit par déplacer l'acide des sels avec lesquels on la chauffe à un degré de plus en plus élevé. La silice peut ainsi se combiner avec toutes les bases fixes.

Si donc on porte au rouge un creuset de platine où l'on a mis du carbonate de potasse mélangé avec du sable ou du quartz pulvérisé, l'acide carbonique est chassé, et la silice se combine avec la potasse à l'état de silicate de potasse. Ce composé est fusible et forme au fond du creuset un culot, qui se solidifie en refroidissant. La matière, reprise par l'eau, se dissout, et constitue ce qu'on appelle la *liqueur des cailloux.*

Cet acide, si énergique aux températures élevées, par suite de sa fixité, redevient au contraire très faible dans les conditions ordinaires : l'acide carbonique lui-même l'élimine, comme on le voit en faisant passer un courant de ce gaz dans la liqueur des cailloux. Quelques gouttes d'un acide fort déterminent dans cette liqueur un précipité de silice qui apparaît sous forme d'une gelée floconneuse.

Cette gelée est de la silice hydratée qui ne participe pas à l'inertie de la silice naturelle. Elle est sensiblement soluble dans l'eau, même acidulée, et se combine aux bases alcalines fixes. Aussi, les liqueurs où on la précipite en conservent toujours une partie en dissolution. Si elles sont très étendues, le précipité y reste dissous en entier et n'apparaît pas.

La présence de la silice dissoute, même en très-faible proportion, est une source de grands embarras dans les analyses parce qu'elle bouche les pores des filtres. Aussi doit-on l'éliminer soigneusement. On y parvient grâce à la propriété suivante.

Si on concentre lentement par la chaleur une liqueur acide qui tient de la silice en dissolution, on la voit au bout d'un certain temps se transformer en une masse transparente, ayant l'aspect d'une gelée de fruits ; c'est de la silice hydratée ou gélatineuse. La chaleur lui enlève ensuite peu à peu son eau de combinaison et l'amène à l'état d'une poudre blanche.

Si la dessication a été complète, cette poudre jouit de toutes les propriétés chimiques de la silice naturelle, c'est-à-dire qu'elle est tout à fait inerte et insensible aux réactifs.

L'acide fluorhydrique est le seul réactif qui attaque la silice et les silicates.

La silice se dose toujours à l'état de liberté. Lorsqu'on l'a séparée des éléments avec lesquels elle se trouvait combinée, on la calcine et on la pèse.

La composition de la silice s'écarte peu de la proportion de 47 de silicium pour 53 d'oxygène. La plupart des chimistes lui donnent la formule $SiO^3$. En prenant pour unité d'équivalent celui de l'hydrogène, l'équivalent de l'oxygène est 8 ; celui du silicium serait alors 21, et celui de la silice 45. Il règne encore une légère incertitude sur la valeur précise de ce chiffre.

Quelquefois on admet pour la silice la formule $SiO^2$ ; son équivalent se réduit alors à 30, et celui du silicium à 14.

**2. Acide carbonique.** — L'acide carbonique se rencontre en liberté dans l'air atmosphérique et dans les eaux naturelles, mais en petite proportion. Il existe en quantités énormes, à l'état de combinaison, dans les roches calcaires, qui forment les pierres à chaux et la plupart des pierres à bâtir. On trouve aussi des roches de carbonate de magnésie, de baryte, de fer.

L'acide carbonique est un gaz lourd, incolore, légèrement sapide, et soluble dans l'eau, qui en prend volume pour volume, à la pression où il se trouve.

Il est avidement absorbé par les bases fortes, notamment par les alcalis caustiques et par la chaux. Lorsque l'on manie ces bases, il ne faut pas oublier que l'air atmosphérique, et surtout l'air confiné des laboratoires, renferme une dose très sensible d'acide carbonique.

Les carbonates sont tous insolubles dans l'eau, sauf ceux à base alcaline.

Les carbonates de chaux et des autres bases alcalino-terreuses sont insolubles dans l'eau, mais se dissolvent partiellement dans une eau chargée d'acide carbonique, où ils forment des bicarbonates solubles. La chaleur, l'agitation, une diminution de pression, suffisent pour en chasser l'excès d'acide carbonique, et les ramener à l'état de carbonates simples insolubles, qui se précipitent.

L'acide carbonique est un acide faible. Portés à une température suffisante, les carbonates perdent leur acide et sont ramenés à l'état de bases simples ; le calcaire, par exemple, se transforme en chaux. Il n'y a d'exception que pour les carbonates alcalins, qui retiennent leur acide à toute température.

Les autres acides déplacent l'acide carbonique en s'emparant de sa base. Si la réaction a lieu dans un liquide, on voit des bulles de gaz se dégager avec effervescence. Quand la liqueur est très étendue, le dégagement ne se produit pas, le volume de gaz ne dépassant pas celui qu'elle peut retenir en dissolution. Pour la débarrasser de tout l'acide carbonique, il faut la faire bouillir.

Le dosage de l'acide carbonique est délicat. On indiquera plus loin, lorsqu'il sera nécessaire, les procédés applicables à chaque cas particulier.

La composition de ce gaz est, en poids, de 27,27 de carbone pour 72,73 d'oxygène. Sa formule chimique est $CO^2$. On en déduit que l'équivalent du carbone est 6, celui de l'oxygène étant 8, et que l'acide carbonique a pour équivalent 22.

**3. Acide sulfurique.** — L'acide sulfurique est un des éléments du gypse, ou pierre à plâtre, très abondant à la surface du globe. Il se trouve aussi à l'état de sulfate de baryte.

C'est un des acides les plus énergiques. Il absorbe l'eau avec avidité, en produisant une forte élévation de température.

Les sulfates sont tous solubles dans l'eau, à l'exception du sulfate de baryte. Le sulfate de chaux l'est peu : l'eau n'en dissout pas plus de 2 gr. 1/2 par litre. Cette quantité, négligeable dans un grand nombre d'opérations industrielles, est importante en analyse chimique. Les sulfates de plomb et d'argent sont dans le même cas.

Les sulfates sont peu solubles dans l'alcool. Ce réactif donne un précipité dans leurs solutions concentrées. Le sulfate de chaux devient même à peu près complètement insoluble, dès que la proportion de l'alcool est égale à celle de l'eau.

Tous les sulfates solides, excepté celui de baryte, sont décomposés à froid par les solutions des carbonates alcalins. Au bout d'un contact suffisamment prolongé, la décomposition est complète, et la liqueur renferme un sulfate alcalin, la base du sulfate primitif étant passée à l'état de carbonate insoluble. Ainsi le sulfate de chaux et le carbonate de potasse se transforment en sulfate de potasse et carbonate de chaux ($CaO.SO^3 + KO.CO^2 = CaO.CO^2 + KO.SO^3$).

La présence de l'acide sulfurique ou des sulfates est très facile à constater dans une liqueur. Il suffit d'y verser une dissolution d'un sel de baryte, après s'être assuré qu'elle est acide, ou l'avoir rendue telle par l'addition d'un peu d'acide chlorhydrique.

L'acide sulfurique se dose à l'état de sulfate de baryte calciné. Le poids trouvé doit être multiplié par 0,3433.

La formule chimique de l'acide sulfurique est $SO^3$. Il renferme 40 de soufre pour 60 d'oxygène; son équivalent vaut 40, celui du soufre étant 16.

**4. Chlore et acide chlorhydrique.** — Le chlore se rencontre à l'état de chlorure dans les eaux naturelles et dans un grand nombre de produits de l'économie animale et végétale.

Tous les chlorures sont solubles, sauf dans quelques rares minéraux, dont on n'a pas à s'occuper ici.

Portés à une température élevée, ils se comportent de diverses façons. Les uns, comme les chlorures de magnésium, d'aluminium, de fer, de manganèse, se décomposent et perdent leur chlore. D'autres restent fixes, comme les chlorures de calcium, de baryum et de potassium. Les chlorures alcalins sont sensiblement volatils au rouge.

Le caractère distinctif des chlorures est le précipité caillebotté qu'y forme le nitrate d'argent ; ce précipité est insoluble dans l'acide azotique et soluble dans l'ammoniaque. La lumière du jour et surtout les rayons solaires le font passer au violet foncé.

On peut reconnaître aussi la présence du chlore à l'odeur du gaz qui se dégage lorsqu'on chauffe la liqueur, après y avoir ajouté un peu d'acide sulfurique et du bioxyde de manganèse.

Le dosage du chlore se fait à l'état de chlorure d'argent. Le poids du précipité calciné, multiplié par 0,2474, donne celui du chlore. On dose aussi le chlore par les procédés volumétriques (n° 100).

L'équivalent du chlore est 35,5, et celui de l'acide chlorhydrique, HCl., est 36,5.

**5. Acide azotique.** — L'acide azotique, à l'état de nitrate de chaux, de magnésie, etc., se trouve dans les efflorescences, dites salpêtres, qui recouvrent les parties basses et humides des édifices.

L'acide azotique attaque presque tous les métaux en leur cédant une partie de son oxygène et en se combinant avec l'oxyde produit. La portion qui a perdu son oxygène se dégage dans l'atmosphère sous forme de vapeurs nitreuses ou rutilantes.

Tous les azotates sont solubles dans l'eau, de sorte qu'on ne peut reconnaître l'acide azotique, ni en obtenir la séparation, par la méthode ordinaire des précipités insolubles.

Voici quelques procédés qui permettent d'en constater la présence :

Les azotates déflagrent lorsqu'on les projette sur des charbons ardents, et produisent une détonation quand on les chauffe avec du charbon en poudre.

Si on place dans un tube bouché un ou deux centimètres cubes de la dissolution d'un azotate avec un peu d'acide sulfurique et de tournure de cuivre métallique, on obtient soit à froid, soit en chauffant légèrement, des vapeurs rutilantes. Quand la liqueur est très étendue, il convient de la concentrer au préalable.

On peut encore placer, au fond d'un tube bouché, un ou deux centimètres cubes de la matière additionnée d'acide sulfurique concentré, puis verser par-dessus avec précaution une dissolution de sulfate de protoxyde de fer, de manière à éviter le mélange des deux liqueurs. En laissant reposer, on voit se former, au contact des deux liquides, après un temps plus ou moins long, une couronne brune qui indique la présence de l'acide nitrique.

On peut mêler la liqueur avec un peu d'acide chlorhydrique

et la colorer légèrement en bleu, au moyen de sulfate d'indigo. En faisant chauffer le mélange, on le voit se décolorer, s'il renferme de l'acide azotique. Cette réaction, employée avec certaines précautions, a été appliquée au dosage des très petites quantités d'acide azotique qui se trouvent dans les eaux naturelles.

On peut enfin constater les moindres traces d'azotates, par exemple dans le résidu de l'évaporation des eaux courantes, en délayant dans de l'acide sulfurique concentré, et versant ensuite un peu de brucine, qui produit une coloration intense. Cette réaction est d'une extrême sensibilité.

Pour doser l'acide azotique, il faut commencer par l'isoler. Cette opération est assez délicate et sera décrite plus loin (n° 98). Une fois isolé, il se détermine, soit par les liqueurs titrées, soit par un des moyens suivants. On fait chauffer sa dissolution avec un excès d'oxyde de plomb, on dessèche la masse et on la pèse. Le poids de l'acide azotique est la différence entre celui de la masse sèche et celui de l'oxyde employé. La seconde méthode, applicable même quand il y a de l'acide sulfurique dans la dissolution, consiste à verser dans la liqueur de l'eau de baryte, et à y faire passer ensuite un courant d'acide carbonique, qui précipite la baryte en excès. On fait bouillir pour chasser l'excès d'acide carbonique, et on filtre. La liqueur ne renferme plus que de l'azotate de baryte, que l'on dessèche, après évaporation, et que l'on pèse. On peut aussi y précipiter la baryte par l'acide sulfurique, et calculer par les équivalents le poids d'acide azotique correspondant à celui du précipité.

L'acide azotique se compose de 25,93 d'azote pour 74,07 d'oxygène. On lui donne la formule $Az\,O_5$ ; en sorte que, l'équivalent de l'azote étant 14, celui de l'acide azotique vaut 54.

**6. Acide phosphorique.** — L'acide phosphorique se trouve à l'état de phosphate de chaux dans les os des animaux, dans les roches naturelles connues sous le nom d'apatites ou de phosphorites, et dans les nodules phosphatés, dont la poudre est employée sur une grande échelle par l'agriculture. Il se rencontre en très faible proportion dans la plupart des roches calcaires et des terres où il joue un rôle important au point de vue de l'alimentation végétale.

Il forme trois séries de sels, à un, deux ou trois équivalents de base ; on distingue les phosphates acides ou monobasiques, les phosphates neutres ou bibasiques, et les phosphates tribasiques. Ce sont les phosphates tribasiques de chaux qui constituent les os, les roches phosphatées et les nodules.

Les phosphates acides sont solubles dans l'eau. Les phosphates neutres et les phosphates basiques y sont insolubles, sauf ceux à base d'alcalis ; mais il se dissolvent facilement dans les acides forts. Si on verse dans la dissolution d'un phosphate non alcalin une base soluble, telle que l'ammoniaque, il se produit un précipité, qui disparaît par une addition d'acide, et se reproduit si on ajoute de l'ammoniaque.

Les phosphates alcalins donnent un précipité lorsqu'on y verse un sel soluble de magnésie additionné d'ammoniaque. Ce précipité est très lent à se former dans les liqueurs étendues et chargées de sels ammoniacaux. Il se produit alors sous forme de petits cristaux de phosphate ammoniaco-magnésien, qui restent adhérents aux parois du vase et sont faciles à reconnaître.

La présence de l'acide phosphorique est difficile à constater dans les corps complexes. Elle n'est dénotée pratiquement que par les procédés employés dans l'analyse quantitative, qui seront exposés au chapitre VI (n$^{os}$ 113 et 117).

L'acide phosphorique se dose à l'état de phosphate ammoniaco-magnésien, sel tribasique à deux équivalents de magnésie et un d'ammoniaque. On calcine le précipité, qui perd son ammoniaque, et on le pèse. Le poids obtenu est ensuite multiplié par 0,6396.

L'acide phosphorique se compose de 56,34 pour 100 d'oxygène et de 43,66 de phosphore. Sa formule est $PhO^5$. L'équivalent qui en résulte est 31 pour le phosphore et 71 pour l'acide phosphorique.

**7. Fluor.** — Le fluor se rencontre dans la roche connue sous le nom de spath fluor, ou fluorure de calcium.

On en reconnaît la présence, en réduisant en poudre l'échantillon, en plaçant cette poudre avec de l'acide sulfurique dans un creuset de platine, que l'on recouvre d'une plaque de verre. Si on chauffe légèrement le fond du creuset, il se dégage de l'acide fluorhydrique, qui attaque et dépolit le verre.

Quand le fluor se trouve dans une roche qui renferme des silicates, le gaz qui se dégage est du fluorure de silicium. On place alors sur la face inférieure du verre une goutte d'eau, qui décompose le gaz et se charge de silice.

L'équivalent du fluor est 19.

Il se dose par différence. Lorsque l'on en a constaté la présence dans une roche, on la traite par l'acide sulfurique, qui fait dégager le fluor à l'état d'acide fluorhydrique, on dessèche et on pèse le sulfate obtenu. On en déduit le poids du fluor par le calcul des équivalents.

**8. Alumine.** — L'alumine se trouve isolée et cristallisée dans la nature, sous forme de corindon opaque ou hyalin, de saphir, de rubis. Elle existe en immense quantité en combinaison avec la silice, soit à l'état d'argile, soit dans les minéraux complexes qui constituent les roches primitives. La plupart des roches calcaires renferment un peu d'argile.

L'alumine naturelle est inattaquable aux bases et se dissout difficilement dans les acides. Elle se comporte à peu près comme la silice. Ainsi, si on la chauffe au rouge dans un creuset avec du carbonate de potasse, elle s'y fond et forme avec la potasse une combinaison soluble dans l'eau. Cette combinaison se distingue de la liqueur des cailloux en ce que les acides forts en excès n'y laissent pas de précipité, même lorsqu'elle est très concentrée.

Lorsque l'alumine a été séparée à froid de ses combinaisons, elle est hydratée et se dissout très facilement dans la potasse.

L'alumine est donc à la fois une base faible qui se combine aux acides forts, et un acide faible, qui s'unit aux bases fortes.

Les sels d'alumine traités par l'ammoniaque donnent un précipité blanc d'alumine hydratée qui ne se redissout pas dans un excès de réactif.

La potasse produit le même précipité, mais un excès de potasse le redissout. Si on vient alors à y ajouter un sel quelconque d'ammoniaque, le précipité reparaît de nouveau.

Les carbonates alcalins décomposent les sels d'alumine ; le précipité est de l'alumine hydratée. Le sulfhydrate d'ammoniaque produit la même réaction.

Si l'on recueille l'alumine hydratée obtenue par ces réactions, et qu'on la dessèche en la calcinant, elle repasse au même état que l'alumine naturelle, et donne une poudre blanche et farineuse, semblable à la silice et inattaquable aux acides comme aux bases. Un long séjour à chaud au contact des acides forts et surtout de l'acide sulfurique, finit toutefois par la dissoudre.

On obtient la même alumine par la calcination de ses sels solubles, et notamment de l'alun ammoniacal qui est un sulfate double d'alumine et d'ammoniaque.

Les substances organiques solubles et non volatiles, telles que l'acide tartrique, l'acide citrique, le sucre, empêchent les réactions indiquées ci-dessus. Dans les liqueurs qui en renferment, l'alumine n'est plus précipitée ni par l'ammoniaque, ni par les carbonates alcalins, ni par le sulfhydrate d'ammoniaque.

L'alumine est généralement obtenue à l'état isolé dans les analyses. Pour la doser, on n'a qu'à la calciner et à la peser.

Elle renferme 53,40 pour cent d'aluminium et 46,60 d'oxygène. En adoptant la formule $Al^2O^3$, on trouve pour l'équivalent de l'aluminium 13,75 et pour celui de l'alumine 51,5.

**9. Oxydes de fer.** — Le fer oxydé est mélangé à presque tous les matériaux, où il ne joue qu'un rôle secondaire, quant à leurs propriétés essentielles. Mais il leur communique souvent une coloration verte, jaune ou rouge, suivant son état chimique.

On distingue deux oxydes de fer : le protoxyde et le peroxyde.

Le *peroxyde de fer* hydraté est d'une couleur jaune brun. Après calcination, il devient gris foncé, s'il est en masse compacte, et rouge, s'il est pulvérisé.

Le peroxyde hydraté est très soluble dans les acides. Le peroxyde calciné l'est beaucoup moins ; il finit cependant par disparaître entièrement à l'aide de la chaleur, dans les acides forts concentrés et dans l'eau régale.

La potasse et l'ammoniaque donnent dans les sels de peroxyde de fer un précipité brun, qui n'est pas soluble dans un excès de réactif.

L'infusion de noix de galle les colore en noir. Le ferrocyanure jaune de potassium y détermine un abondant précipité bleu de prusse. Le ferrocyanure rouge les colore en bleu sans les troubler. Le sulfocyanure de potassium les colore en rouge sanguin.

Le sulfhydrate d'ammoniaque y produit un précipité noir de sulfure de fer. Quand la liqueur est très étendue, elle se colore seulement en vert au premier instant, et le précipité n'apparaît qu'au bout d'un certain temps.

Les sels de peroxyde de fer prennent une couleur jaune d'or lorsqu'ils renferment ou qu'on y ajoute de l'acide chlorhydrique.

Ils se décomposent par le grillage, si leur acide est volatil.

La présence des substances organiques agit dans les dissolutions de sels de peroxyde de fer comme sur les sels d'alumine et empêche leur précipitation par la potasse ou l'ammoniaque. Toutefois, le sulfhydrate d'ammoniaque produit encore, dans ce cas, sa réaction accoutumée.

Le *protoxyde de fer* ne peut pas être isolé. Aussitôt au contact de l'air, il absorbe de l'oxygène et se transforme partiellement en peroxyde de fer ($Fe^2O^3$) qui se combine avec une partie du protoxyde ($FeO$) à l'état d'oxyde magnétique ($Fe^3O^4$). On le trouve à l'état de combinaison dans un grand nombre de minéraux et notamment dans le minerai de carbonate de fer ou fer spathique.

Il colore les fondants en vert intense : c'est lui qui donne sa couleur au verre à bouteilles.

Les sels de protoxyde de fer se reconnaissent aux caractères suivants :

La potasse y produit un précipité blanc, qui verdit immédiatement au contact de l'air. L'ammoniaque agit de même, mais la partie du précipité restée blanche se redissout dans un excès de réactif.

L'infusion de noix de galle n'y produit pas de coloration, s'ils ne renferment pas de peroxyde. Le prussiate jaune de potasse y forme un précipité blanc qui bleuit rapidement à l'air. Le ferrocyanure rouge y détermine immédiatement un abondant précipité bleu de prusse.

Les sels de protoxyde de fer, en présence des corps oxydants, passent à l'état de sels de peroxyde. Si on y verse de l'acide azotique, il se produit d'abord une coloration d'un brun foncé, qui disparaît lorsque l'on chauffe un peu et que tout le sel est peroxydé. Si l'on se sert de permanganate de potasse versé avec précaution, les premières portions du réactif se décolorent au contact du sel de protoxyde. Mais aussitôt que tout le fer est saturé d'oxygène, une nouvelle goutte de permanganate communique une teinte rose à la liqueur.

Le fer se dose toujours à l'état de peroxyde isolé, que l'on pèse après calcination.

Le peroxyde de fer renferme 70 pour 100 de fer et 30 pour 100 d'oxygène. On lui donne la formule $Fe^2O^3$, d'où l'on déduit l'équivalent 28 pour le fer et 80 pour le peroxyde. Le protoxyde FeO a pour équivalent 36.

**10. Oxydes de manganèse.** — Le manganèse s'exploite à l'état de sesquioxyde et de peroxyde, qui sont des poudres brunes et noires, employées dans l'industrie pour la fabrication du chlore. Le manganèse se trouve quelquefois associé au fer dans les matériaux de construction, où il semble jouer un rôle secondaire.

Les combinaisons du manganèse et de l'oxygène sont nombreuses. Dans les analyses, les liqueurs ne renferment en dissolution que des sels de protoxyde (MnO).

Le protoxyde de manganèse, comme celui de fer, ne peut être isolé. Il absorbe avec rapidité l'oxygène de l'air, et se transforme en oxyde rouge ou intermédiaire ($Mn^3O^4$).

Les sels de manganèse, d'un blanc rosâtre ou violacé, donnent, avec la potasse, un précipité blanc qui brunit promptement à l'air. L'ammoniaque produit le même effet, mais la partie restée blanche se redissout dans un excès d'ammoniaque.

Lorsque la liqueur contient en dissolution une forte proportion de sels ammoniacaux, l'ammoniaque est sans action sur les dissolutions de sels de manganèse. Il se forme un sel double d'ammoniaque et de manganèse, indécomposable par le réactif.

Les carbonates de soude et de potasse produisent dans les sels de manganèse un précipité blanc de carbonate de manganèse. Le carbonate d'ammoniaque n'en produit pas.

Le sulfhydrate d'ammoniaque donne un précipité de sulfure de manganèse couleur rose chair.

Le manganèse se dose à l'état d'oxyde rouge ou intermédiaire $Mn^3O^4$. On le précipite de ses dissolutions par le carbonate de soude, sous forme de carbonate de manganèse, que la calcination transforme en oxyde rouge. Lorsque la liqueur renferme des sels ammoniacaux, il faut la faire préalablement bouillir avec le carbonate de soude en excès, jusqu'à ce que les vapeurs qui se dégagent aient perdu toute odeur ammoniacale.

Quelquefois on est conduit à précipiter le manganèse à l'état de sulfure. Cette séparation réussit même en présence d'un excès de sels ammoniacaux. Le sulfure de manganèse recueilli, bien purifié par les lavages, est redissous par un acide ; le manganèse est ensuite précipité dans la liqueur par le carbonate de soude.

L'oxyde intermédiaire de manganèse se compose de 72,05 de manganèse et de 27,95 d'oxygène. De la formule $Mn^3O^4$, on déduit l'équivalent 27,5 pour le manganèse, 145 pour l'oxyde rouge, et 35,5 pour le protoxyde MnO.

**11. Magnésie.** — La magnésie existe en quantité considérable dans l'eau de la mer. Elle forme, à l'état de carbonate, des roches qui se présentent en masses compactes, ou des bancs de carbonate double de chaux et de magnésie, nommé dolomie. La magnésie est, d'ailleurs, presque toujours associée à la chaux en proportion très variable. Elle se rencontre aussi dans un grand nombre de roches anciennes, à l'état de silicate de magnésie, isolé dans le talc et la serpentine, par exemple, ou combiné à d'autres silicates, comme dans l'amphibole blanche.

La magnésie isolée est une poudre blanche dont la réaction est légèrement alcaline. Elle est presque absolument insoluble dans l'eau, qui en prend seulement des traces. Toutefois si l'on mouille un papier de tournesol rouge, et qu'on y dépose un petit tas de magnésie en poudre, le papier bleuit au contact de cette poudre.

Le sulfate de magnésie est fixe, mais les autres sels solubles de cette base se décomposent au rouge et laissent pour résidu de la magnésie.

La potasse et la soude et leurs carbonates produisent un précipité blanc dans les sels de magnésie. Ce précipité disparaît, quand on ajoute à la liqueur un sel ammoniacal. Il se forme alors un sel à base ammoniaco-magnésienne indécomposable par les alcalis. Le précipité n'apparaît pas dans la liqueur, si elle est au préalable additionnée d'un sel ammoniacal.

L'ammoniaque produit dans les sels neutres de magnésie un précipité partiel. Si la liqueur renferme à l'avance un sel ammoniacal, ou si elle a un excès d'acide, avec lequel les premières gouttes d'ammoniaque puissent former un sel ammoniacal, le précipité n'apparaît pas.

Les bicarbonates alcalins ne précipitent pas les sels de magnésie.

Le sulfhydrate d'ammoniaque n'y produit pas de précipité, non plus que l'oxalate d'ammoniaque, en présence des sels ammoniacaux.

Le phosphate de soude, dans une dissolution ammoniacale d'un sel de magnésie, détermine la formation du phosphate ammoniaco-magnésien dont il a déjà été question (n° 6). Si la liqueur est étendue, il faut attendre un ou deux jours pour que la totalité de la magnésie soit précipitée. Les cristaux, adhérents aux parois du vase, forment un caractère très net pour constater la présence de la magnésie, même en très faible proportion.

La magnésie se dose habituellement à l'état de phosphate ammoniaco-magnésien. Le poids de la magnésie en est une fraction représentée par 0,3604 du précipité calciné.

Il y a dans la magnésie 6 de magnésium pour 4 d'oxygène. La formule adoptée MgO fixe à 12 l'équivalent du magnésium et à 20 celui de la magnésie.

**12. Chaux.** — La chaux s'emploie en très grande quantité dans les constructions ; elle se trouve dans le commerce en poudre ou en morceaux. Elle provient des roches calcaires, composées de carbonate de chaux, qui forment une grande partie de l'écorce terrestre. La chaux se rencontre aussi en masses considérables à l'état de gypse ou sulfate de chaux.

La chaux pure est de couleur blanche. Elle a une saveur caustique.

Elle est sensiblement soluble dans l'eau, qui en prend environ 1/1000e de son poids. Cette dissolution, nommée eau de chaux, ramène au bleu la teinture de tournesol rougie.

Exposée à l'air, elle en attire l'acide carbonique et se recouvre d'une pellicule blanche de carbonate de chaux, qui, étant insoluble, se précipite à mesure qu'il se forme.

L'ammoniaque ne produit pas de précipité dans les sels de chaux, mais la liqueur, exposée à l'air, absorbe rapidement de l'acide carbonique et laisse déposer du carbonate de chaux insoluble. C'est une circonstance qui se produit souvent dans les analyses, et qu'il ne faut pas perdre de vue.

La potasse donne avec les sels de chaux un précipité blanc d'hydrate de chaux, qui se dissout en entier dans un grand excès d'eau.

Les carbonates alcalins précipitent les sels de chaux en blanc. Il en est de même des phosphates solubles.

Tous ces précipités se redissolvent facilement dans les acides.

L'acide sulfurique et les sulfates donnent aussi un précipité blanc dans les sels de chaux concentrés, mêmes acides. Le sulfate de chaux étant sensiblement soluble dans l'eau, le précipité n'apparaît pas dans les liqueurs très étendues. L'addition d'alcool en facilite la formation.

Le réactif caractéristique des sels de chaux est l'acide oxalique ou l'oxalate d'ammoniaque ou de potasse. Si on verse un de ces réactifs dans une liqueur maintenue ammoniacale, il y détermine un abondant précipité d'oxalate de chaux, corps entièrement insoluble. Ce caractère permet de reconnaître la présence de la chaux même là où il n'en existe que des traces.

La chaux se sépare presque toujours à l'état d'oxalate de chaux. Pour que la précipitation soit complète, il faut employer un grand excès de réactif. Le précipité recueilli est calciné au rouge vif, et le résidu de la calcination est de la chaux pure.

La chaux renferme 28,58 pour 100 de son poids en oxygène et 71,42 en calcium. Sa formule CaO fixe l'équivalent du calcium à 20 et celui de la chaux à 28.

**13. Baryte.** — La baryte se trouve dans la nature à l'état de carbonate et de sulfate.

Elle présente beaucoup de caractères communs avec la chaux. Elle s'en distingue par l'insolubilité absolue de son sulfate.

L'eau dissout à froid environ 1/25e de son poids de baryte caustique. L'eau de baryte est souvent employée comme réactif. Elle bleuit la teinture de tournesol.

La présence de la baryte se dénote immédiatement par le précipité que forment les sulfates dans les liqueurs préalablement rendues acides où on la cherche. Les corps solides et inattaquables aux acides qui renferment de la baryte doivent être portés à l'ébullition dans une dissolution de carbonate de potasse : la masse est traitée par l'eau, et le résidu du lavage, dissous dans l'acide chlorhydrique, forme du chlorure de baryum, facile à reconnaître.

La baryte se dose ordinairement à l'état de sulfate de baryte. Le poids du précipité calciné doit être multiplié par 0,6567.

La baryte a pour formule BaO. Elle renferme 10,46 pour 100 d'oxygène et 89,54 de baryum. Son équivalent est 76,5, et celui du baryum 68,5.

**14. Potasse.** — La potasse existe en grande quantité à l'état de carbonate dans les cendres des végétaux. De là son nom d'*alcali végétal*. Elle forme aussi avec la silice un des éléments du feldspath et de quelques autres roches primitives.

On la trouve dans le commerce à l'état d'hydrate fondu en tablettes. Elle est tellement avide d'eau qu'elle est, pour ainsi dire, impossible à préparer anhydre.

La potasse ordinaire du commerce est appelée *potasse à la chaux*. Elle se prépare par l'addition d'un lait de chaux à la lessive obtenue avec la cendre des végétaux. Le carbonate de potasse est décomposé, l'acide carbonique s'unit à la chaux pour former du carbonate de chaux insoluble, et la potasse reste dans la liqueur, d'où on l'extrait par évaporation.

Cette potasse renferme quelques sels étrangers. On en sépare la potasse pure en la faisant dissoudre dans de l'alcool concentré, où ils sont insolubles. La potasse est dite alors *à l'alcool.*

Le potasse est une base puissante, qui ramène au bleu la teinture rouge de tournesol, et se combine avec tous les acides.

Les sels de potasse sont tous solubles dans l'eau. Ils ne sont précipités par aucun réactif, lorsqu'ils sont étendus. Concentrés, ils donnent un précipité d'alun avec le sulfate d'alumine, de bitartrate de potasse avec l'acide tartrique, de perchlorate de potasse avec l'acide perchlorique, enfin de chloroplatinate de potasse avec le bichlorure de platine.

Ce dernier composé, étant insoluble dans l'alcool, est employé pour le dosage de la potasse. On pèse le chloroplatinate lui-même, desséché, mais non calciné, et le poids de la potasse en est une portion représentée par 0,1926. Quand le précipité est peu abondant, il est préférable de le calciner : le chlorure de platine se décompose et laisse du platine métallique mêlé dans du chlorure de potassium fondu ; en traitant par l'eau, on enlève celui-ci, et on recueille le platine, que l'on dessèche et que l'on pèse. Le poids de la potasse est à celui du platine comme 0,4772 est à 1.

Le potassium est représenté par le symbole K et la potasse par la formule KO. Elle contient 82,98 de potassium et 17,02 d'oxygène. On en déduit les équivalents 39 pour le potassium et 47 pour la potasse.

**15. Soude.** — La soude existe en quantités immenses dans l'eau de la mer à l'état de chlorure de sodium. Elle se rencontre à l'état insoluble dans les mêmes roches que la potasse. On la désigne sous le nom d'*alcali minéral*.

La soude possède les mêmes propriétés chimiques que la potasse.

Les sels de soude sont tous solubles, plus encore que ceux de potasse. Aucune des réactions indiquées à l'article précédent ne réussit avec les sels de soude.

On en est réduit à doser toujours la soude par différence. Après avoir recherché dans une liqueur tous les corps qu'elle peut contenir, on admet que le résidu, s'il y en a un, est formé par la soude. Aussi le dosage de cet élément manque-t-il souvent de précision.

L'équivalent de la soude, résultant de sa formule NaO et de sa composition chimique 74,19 de sodium pour 25,81 d'oxygène, est 31, et celui du sodium 23.

**16. Ammoniaque.** — L'ammoniaque est un gaz très soluble dans l'eau, d'une odeur pénétrante, exerçant sur les organes de la vue et de la respiration une action énergique. On la désigne sous le nom d'*alcali volatil*. L'action chimique de l'ammoniaque et de ses sels a la plus grande analogie avec celle des deux corps précédents, que l'on appelle ensemble les *alcalis fixes*.

La dissolution de l'ammoniaque dans l'eau agit comme le gaz lui-même. Elle est constamment employée comme réactif dans les laboratoires. Elle bleuit la teinture rouge de tournesol. Lorsqu'on approche une baguette de verre trempée dans l'acide chlorhydrique, d'une dissolution qui dégage de l'ammoniaque, on aperçoit des fumées blanches qui en dénotent la présence.

Tous les sels ammoniacaux sont solubles dans l'eau. Ils sont tous volatils. La plupart s'altèrent par la chaleur et se décomposent. Quand l'acide est fixe, comme dans le phosphate ou le borate, l'ammoniaque seule disparaît et l'acide reste comme résidu. Le chlorhydrate et le carbonate d'ammoniaque se subliment sans altération. Le carbonate d'ammoniaque a une odeur semblable à celle de l'alcali lui-même.

Le chlorure de platine agit sur eux comme sur les sels de potasse.

Les sels ammoniacaux se reconnaissent facilement. Quand on les chauffe, soit à sec, soit en dissolution, au contact d'un alcali fixe, de chaux, de baryte ou même de magnésie, il se dégage de l'ammoniaque, facile à reconnaître à son odeur et à son action sur un papier de tournesol rouge exposé humide aux gaz ou vapeurs qui se dégagent.

L'ammoniaque se dose quelquefois à l'état de chloroplatinate. Le plus souvent, on la détermine par les liqueurs titrées.

La formule de l'ammoniaque est $AzH^3$. Son équivalent vaut 17, celui de l'azote étant 14.

**17. Métaux.**—Les ingénieurs ont quelquefois à étudier la composition de corps où entrent des métaux ou des oxydes métalliques autres que ceux dont il a été parlé ci-dessus, par exemple, celle du bronze ou des peintures. Il reste donc à dire quelques mots du plomb, du zinc, du cuivre et de l'étain qui entrent dans ces produits.

*Plomb.* Il se rencontre à l'état métallique et à l'état de carbonate ou de sulfate.

Le sulfate de plomb est insoluble dans l'eau, mais partiellement soluble dans l'acide azotique. Mis en digestion avec un carbonate alcalin, il se décompose et se transforme en carbonate de plomb.

Le plomb métallique et le carbonate se dissolvent dans l'acide nitrique et donnent de l'azotate de plomb.

Le chlorure de plomb est très peu soluble dans l'eau froide.

L'ammoniaque forme un précipité dans les sels de plomb.

L'acide sulfhydrique et le sulfhydrate d'ammoniaque noircissent tous les sels de plomb, y compris le sulfate, même en présence d'un excès d'acide.

Le plomb se dose à l'état soit de sulfate, soit de sulfure.

*Etain.* L'étain attaqué par l'acide azotique ou par l'eau régale se transforme en acide stannique insoluble.

*Cuivre.* Le cuivre métallique se dissout dans tous les acides, lentement dans l'acide chlorhydrique, mais énergiquement dans l'eau régale ou l'acide azotique. Ses dissolutions, même très étendues, prennent une belle couleur bleue, lorsqu'on y ajoute un excès d'ammoniaque. Les corps réducteurs, tels que les sulfures alcalins ou certaines substances organiques, décomposent ces dissolutions ammoniacales en provoquant un dépôt soit d'oxydule de cuivre, en poudre rouge, soit de sulfure noir.

L'hydrogène sulfuré précipite le cuivre à l'état de sulfure, même dans les liqueurs acides, ce qui n'a lieu ni avec le fer ou le manganèse, ni avec le zinc. Le sulfure de cuivre qui en résulte se calcine sans altération dans un creuset de porcelaine fermé. C'est à cet état que l'on dose le cuivre.

*Zinc.* On peut avoir à doser du zinc métallique ou oxydé. Sous les deux états, il se dissout très facilement dans les acides.

Les sels de zinc ne donnent pas de précipité avec un excès d'ammoniaque. Les carbonates alcalins fixes y forment un précipité d'hydrocarbonate, qui, par calcination, est transformé en oxyde de zinc. Cette réaction n'a pas lieu, ou est imparfaite, si la liqueur renferme des sels ammoniacaux. Il faut, dans ce cas, la faire bouillir avec un excès de réactif, jusqu'à ce que toute odeur ammoniacale ait disparu. Le zinc se précipite ensuite en entier.

## § 2

## PROCÉDÉS GÉNÉRAUX DE L'ANALYSE CHIMIQUE

**18. But de l'analyse chimique.**—L'analyse chimique a un double objet. Elle se propose à la fois de déterminer la nature des éléments qui entrent dans un produit, et de mesurer dans quelles proportions ils se trouvent combinés. Lorsqu'elle s'en tient à la première recherche, elle prend le nom d'*analyse qualitative;* elle devient *quantitative* lorsqu'elle s'étend au second objet.

Il est fort rare que dans l'étude des matériaux de construction, il y ait lieu de faire une analyse qualitative. On sait toujours à l'avance la nature des corps qu'on étudie, chaux, argile, terre, par exemple ; on sait aussi quels sont les éléments qu'il importe de doser. On ne s'arrêtera en détail que sur les procédés employés dans les recherches quantitatives. Il sera donné seulement au chapitre II quelques indications sur les méthodes de l'analyse qualitative.

On commencera par exposer ici les précautions que demandent les diverses manipulations qu'exige une analyse quelconque. L'analyse la plus simple est toujours une opération délicate, et c'est du soin scrupuleux apporté dans ses diverses phases qu'en dépend le succès.

**19. Prise d'échantillon.** — La prise de l'échantillon, faite le plus souvent en dehors du laboratoire, demande beaucoup d'attention et d'intelligence. Il faut bien se rendre compte du but de l'analyse et choisir l'échantillon en conséquence.

S'agit-il par exemple d'étudier un banc de pierre à chaux? Il ne faut pas se contenter de prendre au hasard un fragment de calcaire dans la partie où il est apparent ; mais pénétrer au cœur du banc, prélever des morceaux de pierre aux divers points, les mélanger ensemble intimement après les avoir divisés. L'échantillon ainsi préparé donnera un spécimen de la valeur moyenne du banc.

Veut-on se rendre compte de l'homogénéité de la couche? Au lieu de mélanger ensemble les morceaux de pierre, il faut les envoyer séparément au laboratoire, après les avoir bien repérés et étiquetés.

S'il y a plusieurs bancs dans une même carrière, on fait le travail pour chaque banc isolément.

De même, pour connaître la valeur d'une pièce de terre labourée, il ne suffit pas d'y ramasser au hasard une ou deux mottes, mais on doit en découper à la bêche un grand nombre dans les divers points de la pièce, les mélanger et les recouper, jusqu'à ce qu'elles forment une masse moyenne homogène, dont on prélève une partie pour échantillon.

Ces exemples font assez comprendre l'importance d'une intelligente prise d'échantillon. C'est d'elle que dépend l'utilité du travail demandé au laboratoire.

**20. Préparation des échantillons.** — Une fois au laboratoire, les échantillons subissent diverses préparations préliminaires destinées à faciliter leur attaque par les procédés chimiques.

*Dessiccation.* Souvent ils renferment beaucoup d'humidité. On commence par les dessécher à l'étuve. A défaut d'étuve, la chaleur d'un foyer ou celle des rayons solaires peut suffire. La température de cette dessiccation préparatoire ne doit pas atteindre 100°.

Il faut avoir soin de peser l'échantillon avant et après la dessiccation, et de constater sa perte de poids.

*Prise d'échantillon.* Quand les échantillons sont trop volumineux, on en prélève une partie seulement, que l'on conserve dans des bocaux bouchés. Si les produits ne sont pas homogènes, cette prise d'échantillon doit être faite avec les précautions qui ont été indiquées à l'article 19, de façon à renfermer dans les bocaux une moyenne représentant l'ensemble de ce qui a été remis.

*Trituration.* Les substances ne sont facilement attaquées par les réactifs que si elles sont divisées. L'état de la division à obtenir varie suivant la dureté des corps et leur plus ou moins grande résistance aux agents chimiques.

Pour des pierres tendres et faciles à attaquer, comme les calcaires, il suffit de les broyer grossièrement à coups de marteaux sur une enclume ou un corps dur quelconque ; ou mieux, de se servir d'un mortier en fonte avec un pilon du même métal.

Les matières plus dures ou qui attaqueraient le fer sont pilées dans un mortier plus petit en biscuit de porcelaine, en porphyre ou en verre, avec un pilon de même nature.

Enfin, pour les substances très dures et déjà réduites à un faible volume, que l'on veut mettre en poudre très fine, on se sert de mortiers et de pilons d'agate.

Il est certains corps, analogues au verre, qui volent en éclats lorsqu'on cherche à les écraser. Il peut en résulter une perte de matière que l'on a intérêt à éviter, soit à cause de la rareté de l'échantillon, soit parce qu'on est en cours d'analyse quantitative. On peut avoir recours au mortier d'Abich, dont la figure ci-contre donne la coupe. Il se compose de trois pièces d'acier distinctes. L'une *b* est un culot cylindrique portant une cavité dans laquelle s'emboîte exactement un tube *a*. Un piston *c* entre à frottement doux dans ce tube. On met le tube sur le culot, et on y introduit la matière à écraser ; puis on ajuste le piston, et on frappe sur sa tête avec un marteau. Le corps se brise en petits éclats, sans qu'il y ait de projection.

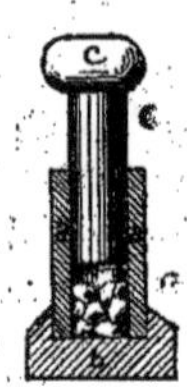


Ces petits éclats sont recueillis, et on achève de les porphyriser dans un mortier d'agate, où l'on ajoute quelques gouttes d'eau, qui suffisent pour empêcher les projections. Par surcroît de précaution, il est bon néanmoins de se mettre sur une feuille de papier blanc glacé, où l'on verrait et pourrait recueillir tous les fragments qui auraient sauté.

*Tamisage.* La trituration produit le plus souvent une masse plus ou moins pulvérulente, composée de grains de diverses grosseurs. Pour séparer ceux qui seraient trop volumineux, on en fait le tamisage, au moyen de passoires. Lorsqu'on a besoin d'une grande finesse, on a recours au tamis de soie.

*Lévigation.* On peut aussi, dans certains cas, séparer la poudre fine par lévigation. On met la masse en suspension dans l'eau : le plus gros tombe rapidement au fond, et le plus fin surnage, en formant un trouble dans le liquide. On le recueille à part et on le laisse déposer. Ce procédé n'est applicable évidemment qu'aux corps absolument insolubles. Il faut aussi qu'ils soient bien homogènes, et que leur tendance à se précipiter soit le résultat d'une différence de volume, et non d'une différence de densité ou de composition, car alors le produit de la lévigation ne représenterait pas la moyenne des corps à étudier.

**21. Pesée.** — Une des opérations les plus fréquentes et les plus importantes de l'analyse chimique, c'est la pesée des corps. Elle doit être faite avec une précision extrême, qui atteint couramment le demi-milligramme.

Pour les grosses pesées, on se sert de balances ordinaires. Dans les analyses où l'on se contente d'une approximation de 1/2 centigramme, on peut employer un simple trébuchet à la main, pouvant peser 50 grammes. Dans les opérations de laboratoire, qui demandent une exactitude plus grande, on se sert habituellement de trébuchets établis sur une colonne et enfermés dans une cage de verre, que l'on trouve couramment dans le commerce. Ces trébuchets peu-

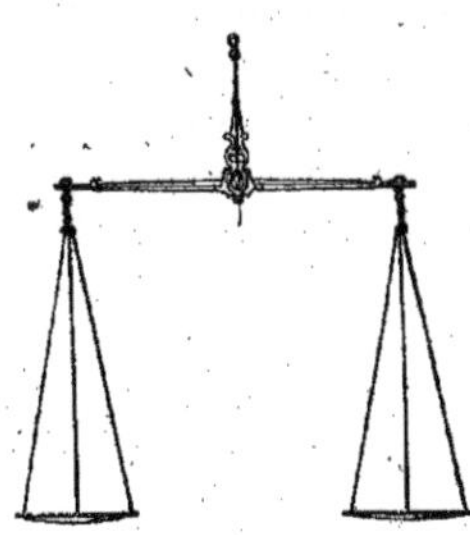

vent peser 50 grammes à un demi-milligramme près. Pour des poids plus considérables que l'on veut connaître avec la même approximation, on a recours à des balances de précision.

On fait toujours les pesées par substitution. On place dans un des plateaux de la balance une *tare*, c'est-à-dire une masse quelconque à laquelle on fait équilibre sur l'autre plateau par des poids marqués, dont la somme est P. Pour avoir le poids $x$ d'un corps quelconque, on enlève les poids P, on met le corps en question à leur place, et on achève d'établir l'équilibre au moyen d'autres poids marqués, dont on note la somme $p$. Il est clair que $x = P - p$, même lorsque la balance n'est pas juste.

En pratique, les tares sont de petites caisses en clinquant ou des vases en verre, où l'on place de la grenaille de plomb ou des débris quelconques, de façon qu'ils fasse équilibre à un poids déterminé, par exemple à une capsule donnée chargée d'un poids de 2 grammes. On a alors la *tare à 2 grammes* de la capsule. Les produits des analyses sont placés dans cette capsule pour être pesés. La somme des poids marqués qu'il faut y ajouter pour rétablir l'équilibre est le complément à 2 grammes du poids de ces produits.

Ce n'est qu'à la suite d'une série de tâtonnements que l'on parvient à l'équilibre. Pour les abréger, il importe d'employer les poids avec méthode, et non au hasard. Cette méthode consiste à essayer d'abord le plus gros des poids dont on dispose. S'il est trop fort et fait basculer la balance, on l'enlève, et on essaie celui qui vient immédiatement au-dessous dans l'ordre des grandeurs. Si celui-ci est trop faible, on le laisse dans le plateau. S'il est trop fort, on l'enlève, et on essaie le suivant; et ainsi de suite, jusqu'à ce qu'un des poids essayés donne exactement l'équilibre.

Les poids qui accompagnent un trébuchet sous cage sont les suivants :

| Grammes. | Décigrammes. | Centigrammes. | Milligrammes. |
|---|---|---|---|
| 1 Poids de 20 gr. | 1 de 5 déc. | 1 de 5 c.gr. | 1 de 5 m.gr. |
| 2 — 10 | 1 — 2 | 1 — 2 | 2 — 2 |
| 1 — 5 | 2 — 1 | 2 — 1 | 1 — 1 |
| 2 — 2 | | | |
| 1 — 1 | | | |

Soit, par exemple, une pesée à faire avec une tare de 5 grammes. On commencera les tâtonnements par le poids immédiatement inférieur à 5 grammes, c'est-à-dire un poids de 2 grammes. Supposons que l'ensemble des poids à ajouter soit de 3 gr. 628. On aura à essayer successivement les poids suivants, où le signe (—) indique ceux qui auront dû être enlevés comme faisant basculer la balance :

2 gr., (— 2 gr.), 1 gr., 5 déc., (— 2 déc.), 1 déc., (— 3 c g.), 2 c.g., (—1 c.g.), 5 m. g., 2m. g., (— 2m.g.), 1 m.g.

Puis on comptera les poids qui sont restés sur le plateau, en les étalant devant soi.

**22. Attaque des échantillons.** — Les échantillons doivent être attaqués, c'est-à-dire, mis en état de répondre aux réactifs. L'attaque se fait soit par voie humide, soit par voie sèche, c'est-à-dire par dissolution ou par fusion.

*Dissolution.* La dissolution a pour but de transformer un corps solide en une liqueur claire. Il y a deux sortes de dissolutions. On dit qu'elle est simple, quand le dissolvant et le corps dissous sont sans action chimique l'un sur l'autre, et qu'ils conservent isolément leurs propriétés. En éliminant le dissolvant, on retrouve le corps dissous à son état primitif. Telles sont la plupart des dissolutions dans l'eau, et celles des corps gras dans la benzine ou le sulfure de carbone. Il y a dissolution chimique lorsqu'il se produit une combinaison entre les deux corps mis en présence, et qu'on ne peut retrouver l'un d'eux par l'élimination de l'autre. Ainsi la chaux se dissout dans l'acide chlorhydrique, mais y passe à l'état de chlorure de calcium. Quelquefois, il y a, en outre, perte de matière. Par exemple, si, au lieu de chaux, on met du carbonate de chaux dans l'acide chlorhydrique, il se dissout, mais l'acide carbonique se dégage dans l'atmosphère.

La division mécanique des corps en accélère la dissolution. La chaleur produit généralement le même effet. Il y a toutefois des substances, comme le sulfate de chaux, qui sont moins solubles dans l'eau bouillante que dans l'eau froide.

*Fusion.* L'attaque de certains corps ne peut avoir lieu qu'après leur fusion à une haute température au contact d'autres substances. Le mélange à fondre est mis dans un petit creuset de platine de 50 à 60 centimètres cubes de capacité.

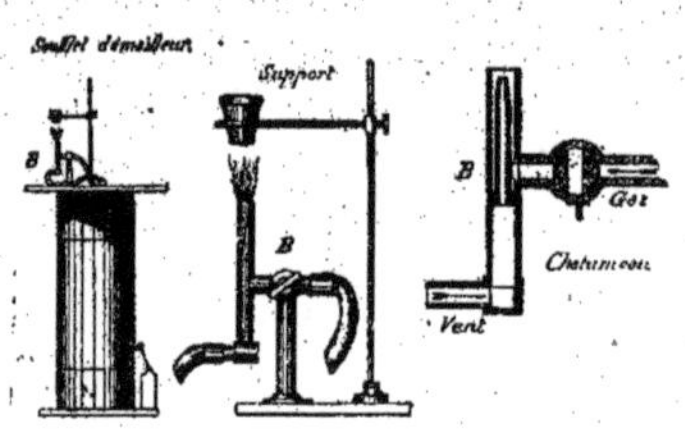

On place le creuset sur un support en cuivre posé sur la table d'un soufflet d'émailleur, et portant un chalumeau B qui est en communication, d'un côté avec une prise de gaz, et, de l'autre, avec le soufflet. En lançant le vent au moyen de la pédale et réglant convenablement le robinet à gaz, on porte facilement le creuset et son contenu au rouge vif.

Dans certains cas, cette température est insuffisante et le creuset doit être porté au blanc; on se sert alors avec avantage du chalumeau à gaz de M. Schlœsing. C'est un tube à bec recourbé, portant un ajutage latéral *a* par où arrive le gaz, et qui reçoit, par un tube étroit *b* placé dans son axe, de l'air issu d'un réservoir en pression. Le bec du chalumeau pénètre, par un orifice réservé à cet effet, dans la calotte d'un petit four en terre réfractaire où est placé le creuset.

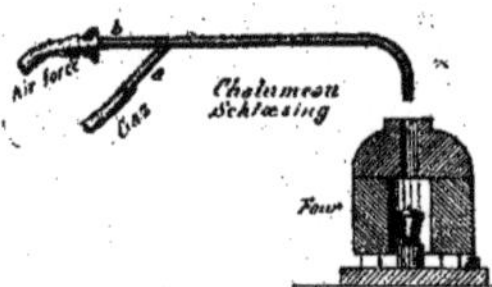

Cet appareil permet d'atteindre les températures les plus élevées et d'arriver même à la fusion du fer doux ou du platine.

Lorsqu'on ne dispose pas de gaz d'éclairage, on renferme le creuset de platine dans un creuset de terre un peu plus grand, que l'on lute et que l'on place au milieu d'un feu de forge plus ou moins violent. On peut aussi, dans ce cas, employer les lampes à essence et à alcool, dont il est inutile de donner ici la description, leur emploi devenant de plus en plus rare depuis que les plus petites villes ont leur gazomètre.

**23. Chauffage des liqueurs.** — On a souvent besoin de chauffer les liqueurs contenues dans les fioles et les capsules.

On les place sur une petite grille au-dessus d'un fourneau quelconque.

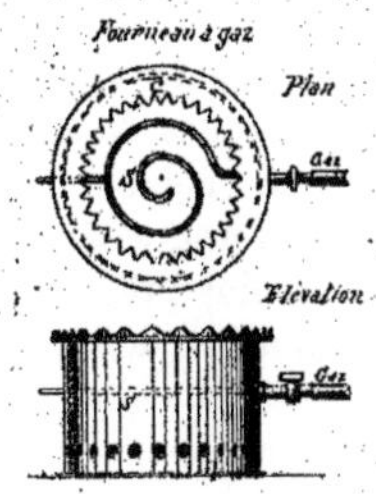


Les fourneaux à gaz, dont on peut régler la chaleur, sont préférables. Il en existe un grand nombre de modèles. Le plus commode paraît être un tambour de tôle, soutenant en son milieu un serpentin *s* horizontal en cuivre creux percé de trous, dont l'intérieur communique avec la prise de gaz.

Le fourneau porte une couronne dentelée *c* sur laquelle on place directement les gros ballons, ou une grille destinée à supporter les vases plus petits.

**24. Évaporation.** — L'évaporation des liqueurs se fait dans des capsules de porcelaine ou de platine. Il faut avoir soin de ne pas placer dans ces capsules des mélanges de nature à les attaquer. La potasse et la soude caustiques, par exemple, attaquent facilement le platine aussi bien que la porcelaine, lorsqu'elles sont concentrées. On doit alors recourir à des capsules d'argent. De même, on ne peut évaporer dans le platine les mélanges, comme l'eau régale, qui peuvent mettre du chlore en liberté, ni ceux qui dégageraient de l'acide sulfhydrique ; car on formerait du chlorure ou du sulfure de platine.

La température de l'évaporation ne doit jamais être assez élevée pour que la liqueur entre en ébullition. Les bulles de vapeur d'un liquide qui bout, en venant crever à la surface, projettent toujours au loin des gouttelettes et font perdre de la matière. En outre, dans les liqueurs concentrées, le dégagement des bulles de vapeur n'a plus lieu que par moments et peut déterminer des soubresauts et des projections considérables et quelquefois dangereuses.

L'évaporation s'exécute très bien sur un fourneau à gaz dont on fixe la température à volonté. A défaut de gaz, on peut remplacer le serpentin par une assiette creuse où l'on a disposé sur de l'huile un certain nombre de mèches de veilleuse. On peut encore placer les capsules sur des cendres chaudes recouvrant un feu de mottes à brûler ou de charbon de Paris. Il faut toutefois éviter avec grand soin les courants d'air qui pourraient soulever les cendres et en projeter une partie dans la capsule.

Dans les laboratoires, on se sert de bains de sable. Ce sont des caisses en tôle ou en fonte que l'on a remplies de sable siliceux fin et posées au-dessus d'un foyer de chaleur quelconque. En enfonçant la capsule plus ou moins profondément dans le sable et en la mettant plus ou moins près de la source de chaleur, on l'amène facilement au degré dont on a besoin.

Les bains de sable doivent être entourés de châssis en verre qui préservent des poussières extérieures les capsules qu'on y a placées et permettent de voir ce qui s'y passe.

La figure ci-contre donne la vue perspective d'un petit bain de sable pour une ou deux capsules. Le toit et les deux côtés latéraux sont garnis de plaques de verre épais. Le devant et le fond sont ouverts et permettent l'enlèvement par les courants d'air des vapeurs produites. Ce bain de sable est chauffé par un serpentin au gaz.

Les bains de sable doivent être placés sous des hottes pourvues de cheminées dont le tirage enlève les vapeurs provenant des capsules. Il y aurait inconvénient à ce que ces vapeurs, qui le plus souvent sont acides, se répandissent dans la salle où l'on opère. Dans les laboratoires, les bains de sable ont des dimensions qui leur permettent de recevoir à la fois le nombre de capsules, quelquefois très grand, qui peuvent se trouver en même temps en expérience. Ils sont recouverts d'une trémie en bois ou en verre ayant issue dans une cheminée, et entourés de châssis mobiles en verre. Des ouvertures ménagées à la partie inférieure de ces châssis permettent à l'air de s'introduire dans la cage lorsqu'ils sont fermés, et d'enlever les vapeurs vers la cheminée. Ces bains de sable reçoivent des dispositions diverses, suivant les besoins et les locaux dont on dispose.

Leur cage forme une étuve dans laquelle on dispose des tablettes pour certaines dessiccations qui peuvent se faire au contact des vapeurs acides, par exemple celles des filtres à calciner.

Quand on a besoin de connaître exactement la température à laquelle l'évaporation a lieu, on se sert de bains-marie ou d'étuves munies de thermomètres.

**25. Cristallisation.** — La forme des cristaux produits par l'évaporation d'une liqueur permet souvent de reconnaître la présence des corps qu'elle tient en dissolution.

La cristallisation s'obtient par l'évaporation spontanée de quelques gouttes de la liqueur sur un verre de montre. Souvent elle ne réussit que dans une atmosphère parfaitement sèche. Dans ce cas, on place le verre de montre, ou la capsule qui renferme la liqueur *b*, sous une cloche posée sur une plaque de verre rodée, au-dessus d'un vase *a* où l'on a mis de l'acide sulfurique concentré ou de la chaux vive. Ces deux corps sont très avides d'humidité et absorbent celle de l'atmosphère confinée de la cloche, à mesure qu'elle se forme aux dépens de la liqueur.

**26. Précipitation.** — La précipitation est le moyen le plus habituellement employé pour isoler, à l'état insoluble, chacun des éléments contenus dans une liqueur. Elle se fait ordinairement soit dans un verre sans pied à bec, nommé vase à précipiter, soit mieux, lorsqu'on doit chauffer la liqueur, dans une fiole à fond plat qui se pose facilement sur la grille d'un fourneau et sur le bain de sable. On a une provision de fioles de diverses contenances pour tous les besoins.

Lorsqu'on n'opère que sur de très petites quantités, on se contente de tubes bouchés de 0<sup>m</sup> 015 environ de diamètre et de 0<sup>m</sup> 12 à 0<sup>m</sup> 15 de longueur, dont le fond peut être chauffé au-dessus d'une lampe à alcool ou d'un brûleur à gaz (n° 31).

Le chauffage des liqueurs qui renferment des précipités doit être fait avec précaution. Si on les porte vivement à l'ébullition, le dégagement des bulles de vapeur donne lieu soit à de la mousse, soit à des soubresauts, qui font souvent passer la matière par-dessus les bords du goulot. Ce n'est que si la rapidité est une condition de succès que l'on chauffe les fioles à feu nu, en réglant la chaleur convenablement. Il est préférable de les porter au bain de sable, où on les laisse plusieurs heures jusqu'à ce que tout le précipité soit bien rassemblé.

**27. Filtration.** — Les précipités sont séparés de leurs liqueurs soit par filtration, soit par décantation. La première méthode est la plus rapide et la plus fréquemment employée.

Elle consiste à retenir les précipités sur un filtre, c'est-à-dire sur une substance pourvue de pores assez grands pour laisser passer les liquides, mais non les matières solides en suspension. Le papier sans colle, dit papier à filtres, est le plus souvent employé pour cet objet.

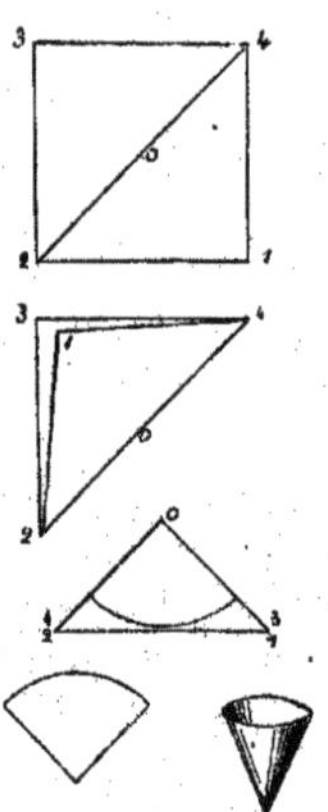

Lorsqu'il s'agit de filtrer rapidement une grande quantité de liqueur, sans se préoccuper d'en perdre une partie ni de recueillir le précipité bien pur, on prend des filtres à plis nombreux que tout le monde connaît et exécute facilement. Mais dans les analyses, ils se prêtent mal aux lavages, et ne sont pas employés. On se sert de filtres simples, dont les figures ci-contre indiquent la confection. On prend une feuille de papier carrée, que l'on plie en quatre, puis que l'on découpe suivant un quart de cercle ayant pour centre le centre de la feuille de papier primitive. On ouvre le filtre en laissant d'un côté une seule épaisseur et de l'autre côté les trois autres doubles. Il présente alors la forme d'un cône creux, facile à placer sur un entonnoir.

Les filtres sont calcinés en même temps que les précipités

qu'on y a recueillis ; leurs cendres restent mêlées à ces précipités et sont pesées avec eux. Le poids des cendres du filtre doit donc être retranché de la pesée. Mais, comme on ne peut connaître directement ce poids, on se contente de le supposer égal au poids des cendres d'autres filtres exactement semblables à ceux que l'on a employés.

A cet effet, après avoir taillé dans une main de papier bien homogène une provision de filtres de même grandeur, on en prend une quantité donnée, 10 ou 20 par exemple, on les incinère à part et on pèse le résidu. Le dixième ou le vingtième du poids trouvé représente la correction applicable à chaque pesée.

Pour faciliter le découpage du papier sous forme d'un quart de cercle, et pour être assuré d'avoir des filtres exactement de même grandeur, comme cela est nécessaire dans une même série d'analyses, on se sert d'un patron en tôle ou en zinc ayant la forme d'un quart de cercle de la dimension voulue. On applique le centre du patron sur l'angle correspondant au sommet du filtre, et on guide par le bord curviligne les ciseaux qui découpent le papier.

Comme on n'est jamais parfaitement assuré de l'homogénéité du papier dont on se sert, on rend aussi faible que possible l'erreur de la correction, en n'employant, sauf les cas exceptionnels, que de très petits filtres, de 5 à 7 centimètres de côté, qui ne fournissent, si le papier est bon, que quelques milligrammes de cendres.

On trouve dans le commerce deux espèces de papier à filtres, le papier ordinaire et le papier Berzélius. Le dernier est seul employé dans les analyses ; il est plus fin et donne moins de cendres que l'autre. Il a été lavé à l'acide chlorhydrique étendu, qui a dissous la majeure partie des substances fixes qu'il renfermait, puis rincé à plusieurs reprises dans l'eau pure. Un filtre de la dimension indiquée plus haut, fait avec ce papier, ne doit donner que 3 à 4 milligrammes de cendres.

Quand il n'est pas possible de brûler le filtre, on se sert de filtres doubles tarés. On prend deux filtres semblables, que l'on place sur les deux plateaux de la balance ; s'ils ne se font pas équilibre parfait, on enlève avec les ciseaux de petits fragments du plus lourd, jusqu'à ce que l'égalité soit rétablie. Puis on les emboîte l'un dans l'autre, et on se sert de ce filtre double comme d'un filtre ordinaire. Pour peser les matières recueillies sur un semblable filtre, on sépare le papier extérieur et on le place sur le plateau de la balance où se trouve la tare. Les poids des deux filtres s'annulant, la pesée se fait comme s'ils n'existaient pas.

Les filtres en papier se placent dans des entonnoirs en verre de grandeur correspondante. Les bords de l'entonnoir doivent dépasser ceux du filtre de quelques millimètres, sans quoi le lavage en serait difficile et incomplet.

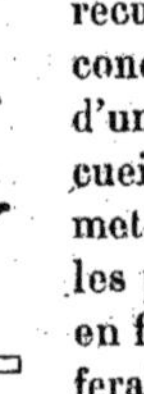

On pose les entonnoirs sur le goulot des fioles où l'on veut recueillir le liquide, ou bien sur un support quelconque, qui peut être une simple planche percée d'un trou. Il est bon, surtout lorsque l'on recueille le liquide dans des vases ouverts, de mettre la queue de l'entonnoir en contact avec les parois du vase, pour que le liquide s'écoule en filet continu et non par gouttes, dont le choc ferait jaillir des gouttelettes de liquide et pourrait les projeter au dehors.

**28. Lavage.** — Les précipités recueillis sur les filtres, ainsi que les pores du papier, sont toujours chargés d'une partie de la liqueur qui a passé. Si cette liqueur renferme des substances en dissolution, il faut les en débarrasser soigneusement avant de procéder à la pesée. On y parvient par le lavage. Cette opération consiste à verser sur le filtre un dissolvant convenable, de l'eau distillée, par exemple, et à le renouveler lorsqu'il a lui-même traversé le filtre. Elle est terminée lorsqu'une goutte de l'eau de lavage ne laisse pas de résidu sur une plaque de verre où on la fait évaporer, ou bien ne trouble pas les réactifs appropriés aux substances en dissolution.

On se sert ordinairement de la fiole à laver dont la figure est ci-après. Elle porte un bouchon percé de deux trous où passent des tubes recourbés extérieurement. L'un des tubes, qui va jusqu'au fond et se recourbe sous un angle aigu, se termine en pointe effilée; l'autre dépasse peu le bouchon à l'intérieur et se retourne à angle droit. Si l'on souffle par ce dernier, il se produit dans la fiole un excès de pression qui oblige le liquide à sortir par la pointe sous forme d'un filet mince et rapide. En saisissant la fiole et l'inclinant convenablement, on dirige ce filet à volonté sur les divers points du filtre. Lorsque l'on se sert d'eau chaude, il est nécessaire d'interposer entre la main et la fiole un torchon, ou mieux, un anneau de liège fixé par des fils autour du goulot.

Fiole à laver.

Pour laver convenablement, et éviter d'avoir de volumineuses eaux de lavage, il faut attendre que toute la liqueur ait passé, puis lancer le filet de lavage, dirigé principalement sur lés bords du filtre et tout autour, en petite quantité qu'on laisse passer avant de la renouveler. Cette opération doit être recommencée un grand nombre de fois pour que le lavage soit complet.

**29. Décantation.** — La séparation des précipités par décantation consiste à les laisser se rassembler au fond du vase où ils ont été formés, et à décanter avec précaution la liqueur claire qui les surnage. On s'arrête aussitôt que le précipité se remet en suspension, on laisse reposer de nouveau et on recommence. Au lieu de décanter la liqueur, on peut l'enlever au moyen d'une pipette.

Pour laver le précipité, on remplace par de l'eau pure, ou tout autre liquide propre au lavage, la liqueur que l'on vient d'enlever, on agite le mélange et on le laisse reposer de nouveau. On recommence cette série d'opérations jusqu'à ce que l'eau n'entraîne plus aucune matière soluble. On recueille alors le précipité dans une capsule, et on évapore le liquide dont il est imprégné.

Cette méthode est très longue et exige l'emploi d'un volume considérable d'eau de lavage. Ces inconvénients compensent largement le petit avantage de n'avoir pas de correction à faire pour les cendres des filtres.

**30. Dessiccation.** — Les filtres, après le lavage, sont desséchés aussi complètement que possible, soit qu'on doive les peser avec le précipité qu'ils contiennent, soit qu'on doive les calciner. Les cendres se font mieux sur des substances sèches que sur celles qui sont humides, et un grand nombre de précipités décrépitent quand ils ne sont pas secs. On laisse d'abord égoutter complètement le filtre, et, lorsqu'il ne tombe plus de gouttes par la queue de l'entonnoir, on le porte dans un endroit chaud où il puisse se dessécher à l'air libre. Les bains de sable portent ordinairement des planches percées de trous qui servent à recevoir les entonnoirs chargés de filtres. Lorsque la dessiccation est complète, on enlève le filtre avec ce qu'il contient, et on le place dans une petite capsule de platine ou de porcelaine, de 50 à 60 centimètres cubes de capacité, que l'on porte au rouge pour la calcination.

Quelquefois, les précipités ne peuvent pas être calcinés. On a recours alors au procédé du filtre double (n° 27).

**31. Calcination.** — La calcination des filtres se fait au moyen de divers appareils que l'on nomme brûleurs, et qui développent assez de chaleur pour porter au rouge sombre une capsule de platine ou de porcelaine. Les becs dits de Bunsen, où le gaz brûle avec un mélange préalable d'air atmosphérique que l'on règle à volonté, suffisent dans la plupart des cas. On place la capsule et son contenu sur un support, et le bec Bunsen par-dessous. Le papier s'enflamme et se réduit peu à peu en cendres. On ne doit considérer la combustion comme complète que lorsque les cendres du papier sont parfaitement blanches, ce qui exige quelquefois un temps très long.

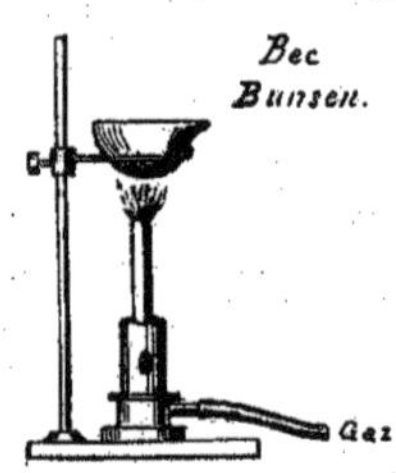


Lorsqu'on doit faire un grand nombre de calcinations, il est très commode de se servir d'un fourneau à moufle.

Le moufle est un demi-cylindre creux en terre réfractaire, fermé sur un de ses fonds, que l'on introduit dans un fourneau portant un orifice où il s'emboîte parfaitement. En allumant des charbons tout autour, on le porte au rouge. Les capsules que l'on y introduit peuvent être nombreuses, et s'y grillent mieux et en moins de temps que par tout autre procédé. On fait aujourd'hui des moufles qui se chauffent au moyen du gaz.

Quand il ne s'agit pas seulement de brûler le papier des filtres, mais de produire la décomposition des précipités, par exemple quand on veut amener l'oxalate de chaux à l'état de chaux caustique, la chaleur des brûleurs ne suffit pas. On place alors la matière à calciner dans un petit creuset de platine, et on opère, comme il a été expliqué pour la fusion (n° 22), au-dessus d'un chalumeau à gaz auquel un soufflet d'émailleur donne le vent.

**32. Dosage par liqueurs titrées.** — On a souvent recours dans les laboratoires au dosage par liqueurs titrées. Il consiste à verser dans une dissolution, jusqu'à qu'il s'y produise un changement prévu d'aspect, une autre liqueur dont on mesure le volume. Ce mesurage se fait au moyen de burettes, dont il existe divers modèles. La figure ci-contre représente celle qu'a imaginée M. Hervé Mangon ; elle est d'un usage commode et d'une grande exactitude. Elle se compose d'abord de la partie commune à toutes les burettes, c'est-à-dire d'un tube de verre *aa*, de 1 à 2 centimètres de diamètre, divisé en parties égales, et continué à sa partie inférieure par un autre tube *dd* beaucoup plus étroit qui se relève parallèlement et se termine par un bec *e*; puis d'un support *bb* en cuivre creux, dont la partie supérieure est mise en communication avec la burette par un bout en caoutchouc *c*, et la partie inférieure avec une poire en caoutchouc percée d'un trou. En plaçant un doigt sur ce trou et comprimant la poire, on en chasse l'air dans la burette. Quand ensuite on ôte la main, la poire

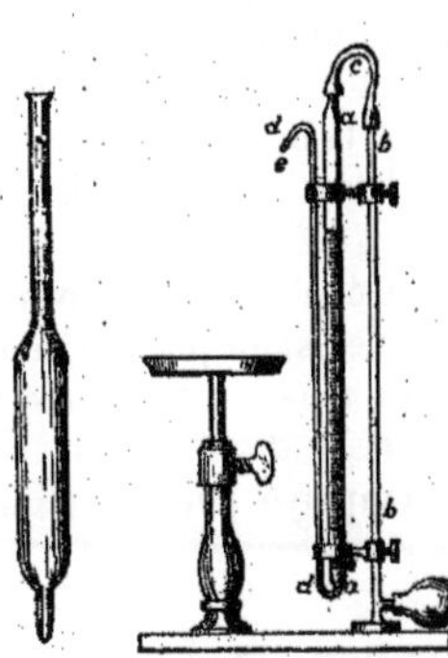

reprend sa forme et produit une aspiration momentanée bientôt arrêtée par l'air qui rentre par le trou.

Pour remplir la burette de liqueur titrée, on met celle-ci dans un verre où l'on fait plonger le bec *e* de la burette, puis on comprime un instant la poire : une partie de l'air de la burette est expulsé et sort en gouttelettes à travers la liqueur. On lâche la poire, et il se produit un vide intérieur qui amorce le bec : la liqueur s'élance dans le petit tube, et continue bientôt à descendre par siphonnement. On relève la burette quand le liquide atteint le zéro des divisions tracé en haut du plus gros tube.

Pour titrer une dissolution, on en prend un volume déterminé, au moyen d'une pipette jaugée, et on le verse dans un verre semblable à celui qui a été représenté (n° 27), que l'on nomme alors *vase à saturation*. On le place sur un petit guéridon immédiatement au-dessous du bec de la burette, puis on agit sur la boule de caoutchouc, en bouchant le trou avec un doigt. Il se produit, dans la burette, une pression qui oblige le liquide à sortir en filet mince par le bec et à tomber dans le vase à saturation.

Aussitôt que le changement d'aspect attendu s'est produit, on lâche la poire, et, la pression n'existant plus, le liquide cesse instantanément de couler. On regarde alors à quelle division du gros tube s'arrête la surface de la liqueur titrée, et la lecture indique le volume employé pour obtenir le résultat cherché.

**33. Nettoyage des ustensiles.** — Les ustensiles dont on se sert dans les manipulations chimiques doivent toujours être d'une propreté absolue. Après chaque opération, ils doivent être nettoyés avec le plus grand soin. Les fioles en verre sont lavées à l'eau acidulée d'acide chlorhydrique et rincées ensuite à l'eau pure. Il est toujours prudent d'y passer un peu d'eau distillée avant de s'en servir. Les capsules de porcelaine, également lavées à l'acide, sont ensuite essuyées à fond avec un torchon. Les vases en platine se nettoient de la même manière. Si leur surface est ternie, on les récure avec un linge mouillé et saupoudré de sable fin, jusqu'à ce qu'ils aient repris leur éclat.

## § 3

## DES RÉACTIFS

Les réactifs sont des produits chimiques qui servent à constater la présence ou à produire la précipitation de certains éléments. Pour les simples recherches qualitatives, il n'est pas aussi nécessaire qu'ils soient absolument purs que pour les dosages quantitatifs. Il suffit qu'ils ne renferment pas d'éléments étrangers de nature à induire en erreur.

On trouve maintenant des réactifs convenablement préparés chez les marchands de produits chimiques. Il est bon toutefois de pouvoir contrôler les fournitures que l'on s'est procurées : les quelques renseignements qui suivent suffiront pour la plupart des cas.

**34. Eau distillée.** — L'eau naturelle étant impure, on ne doit se servir dans les analyses chimiques que d'eau distillée. On l'obtient en condensant les vapeurs qui proviennent de l'ébullition des eaux de rivière ou de source. L'alambic est employé pour la préparation en grand de l'eau distillée. Une cornue suffit, lorsqu'on n'en veut qu'une petite quantité. Les substances en dissolution dans l'eau l'épaississent à mesure qu'elle se concentre, et, vers la fin de la vaporisation, les bulles de vapeurs, en crevant, entraînent quelques gouttelettes renfermant des matières fixes. Aussi doit-on arrêter la distillation lorsqu'il reste encore au moins un cinquième du volume de l'eau mise dans l'alambic.

Les premières vapeurs sont chargées de quelques substances volatiles, notamment d'acide carbonique et d'ammoniaque, qui le plus souvent sont sans inconvénients. Dans les recherches où elles peuvent gêner, il ne faut se servir que de l'eau qui distille après l'évaporation des deux premiers cinquièmes.

L'eau distillée ne doit contenir ni chlorures, ni sulfates, ni carbonates, ni chaux. Elle ne doit donc se troubler ni par le nitrate acide d'argent, ni par le chlorure acide de baryum, ni par l'eau de chaux, ni par l'oxalate d'ammoniaque avec excès d'ammoniaque.

L'eau de pluie recueillie en plein air, et celle de certaines sources des terrains primitifs, peuvent souvent remplacer l'eau distillée pour les analyses courantes.

**35. Acide chlorhydrique.** — L'acide chlorhydrique ordinaire du commerce est coloré en jaune. Il contient des traces de perchlorure de fer, et est mélangé d'un peu de gaz chloreux, d'acide sulfurique et d'acide sulfureux. C'est en le distillant qu'on obtient l'acide pur des laboratoires, qui est incolore.

**36. Acide azotique.** — Il est quelquefois coloré en jaune par des traces d'acide hypoazotique; on s'en débarrasse au besoin par l'ébullition. Il pourrait contenir un peu de chlore et d'acide sulfurique, dont on reconnaîtrait facilement la présence au moyen du nitrate d'argent et du chlorure de baryum.

**37. Acide sulfurique.** — L'acide du commerce renferme un peu de sulfate de plomb et quelquefois du sulfate de fer.

Il peut aussi s'y trouver de l'acide sulfureux et de l'acide hypoazotique, qui disparaissent par l'ébullition. L'acide pur ne doit pas donner de résidu lorsqu'on l'évapore à sec, ni de précipité noir, lorsqu'on le sursature d'ammoniaque et qu'on y ajoute du sulfhydrate d'ammoniaque.

L'acide sulfurique n'est guère employé comme réactif à l'état concentré : on l'étend dans quatre ou cinq fois son volume d'eau. Ce mélange est dangereux à préparer par suite de la forte chaleur qu'il développe. Il ne faut pas le faire dans des fioles en verre, qui pourraient casser, mais dans des terrines de grès. L'eau doit être mise d'abord, et l'acide sulfurique versé par petites portions successives dans le mélange, brassé vivement à chaque fois. Il ne faut jamais verser de l'eau sur de l'acide sulfurique concentré : il se produirait une chaleur assez forte pour vaporiser une partie de l'eau et projeter le liquide.

**38. Acide sulfhydrique.** — Ce réactif s'altère facilement même dans des flacons bien bouchés. Pour les analyses on doit le préparer chaque fois qu'on en a besoin. On se sert de préférence de sulfure de calcium, que l'on produit en chauffant au rouge dans un creuset un mélange d'une partie de charbon pilé avec six parties de plâtre en poudre.

Le produit est introduit avec de l'eau dans un flacon A dont le bouchon est traversé par un tube à entonnoir et par un tube de dégagement. On verse par l'entonnoir de l'acide chlorhydrique, et l'acide sulfhydrique se dégage. On le fait passer dans un flacon laveur *a*, puis on le reçoit dans un flacon *b*, où l'on a placé soit la liqueur que l'on veut traiter directement par ce réactif, soit l'eau distillée fraîchement bouillie où l'on veut le recueillir en dissolution.

Après avoir traversé le flacon laveur, le gaz est suffisamment pur pour les réactions qu'on lui demande.

**39. Sulfhydrate d'ammoniaque.** — Il s'obtient en plaçant de l'ammoniaque dans le vase *b* de l'appareil ci-dessus. Il est incolore ; mais bientôt il se colore en jaune d'or : il renferme alors un excès de soufre en dissolution. Il peut servir en cet état dans la plupart des cas, mais les liqueurs acides y produisent un dépôt blanc de soufre, qu'il ne faut pas confondre avec d'autres précipités.

**40. Ammoniaque.** — L'ammoniaque du commerce renferme souvent du carbonate d'ammoniaque. Elle précipite alors l'eau de chaux par l'ébullition.

Quand elle est impure, elle peut contenir en outre un peu de plomb, que l'on reconnaît en la traitant par l'acide sulfhydrique, un peu de chlore ou d'acide sulfurique que l'on constate, après l'avoir sursaturée par un léger excès d'acide azotique, au moyen du nitrate d'argent ou du chlorure de baryum.

Si l'ammoniaque renferme seulement du carbonate, il est facile de la purifier. On se sert de l'appareil indiqué au n° 38, où l'on remplace le flacon A par un ballon ou une fiole que l'on puisse chauffer. On y place l'ammoniaque avec un peu de chlorure de calcium, et on chauffe. Le liquide bout vers 45°; l'acide carbonique reste uni à la chaux, et l'ammoniaque pure qui se dégage est recueillie dans le vase *b*.

*Carbonate d'ammoniaque.* Celui que l'on trouve sous forme de gâteaux d'un beau blanc obtenus par sublimation est généralement pur. Il renferme parfois un peu de chlorhydrate, qu'il est facile de constater dans les cas rares où cela aurait quelque inconvénient.

*Oxalate d'ammoniaque.* Ce sel peut renfermer des traces de sulfate ou de chlorhydrate d'ammoniaque, qui sont sans inconvénients pour le dosage de la chaux, et qu'il serait du reste facile de reconnaître. On remplace quelquefois ce réactif par du sel d'oseille ou bioxalate de potasse, qui doit être neutralisé par un excès d'ammoniaque.

**41. Potasse et soude.** — La dissolution de potasse ou de soude employée comme réactif se prépare au moyen d'une partie d'alcali à l'alcool et de cinq parties d'eau environ. Il est rare qu'elle ne contienne pas une certaine quantité de carbonate, par suite du contact à l'air de l'alcali en morceaux ou de la dissolution elle-même. Dans les cas où la présence de ce carbonate peut être nuisible, il faut, avant de se servir de la dissolution, la faire bouillir avec un peu de chaux vive éteinte en poudre, laisser reposer et décanter la liqueur claire.

On recherche comme à l'ordinaire la présence de l'acide sulfurique ou du chlore dans les alcalis, dans les cas où ces corps pourraient gêner, même en petite quantité.

Les alcalis renferment souvent un peu de silice, enlevée aux vases où on les a préparés ; on en reconnaît la présence en saturant la dissolution par de l'acide azotique, évaporant à sec et reprenant par l'eau distillée. Le résidu, s'il y en a, est de la silice. Une potasse qui en contient une proportion notable est un mauvais réactif. La soude en est plus souvent exempte.

*Carbonates de potasse et de soude.* Ces deux produits sont

généralement assez purs. Ils sont sujets aux mêmes impuretés que les alcalis eux-mêmes. On les recherche de la même manière.

**42. Phosphate de soude.** — Ce sel cristallise facilement. Il est donc le plus souvent pur. S'il en était besoin, on vérifierait s'il renferme de l'acide sulfurique ou du chlore.

Il pourrait se trouver mêlé d'un peu de phosphate de chaux. On le reconnaîtrait en faisant chauffer sa dissolution avec de l'ammoniaque.

**43. Chlorure de baryum.** — Ce sel cristallise aussi très facilement, ce qui est une garantie de sa pureté habituelle. Quand on a séparé la baryte de la dissolution par un excès d'acide sulfurique, la liqueur filtrée doit s'évaporer sans résidu.

Lorsqu'on ne veut pas introduire du chlore dans les liqueurs, on remplace le chorure de baryum par le nitrate ou l'acétate de baryte, ou simplement par l'eau de baryte.

*Eau de baryte.* Elle s'obtient en faisant bouillir dans l'eau distillée de la baryte caustique broyée, et décantant la liqueur. Elle ne doit pas se troubler, quand on la sursature par l'acide azotique, et qu'on y verse du nitrate d'argent. La baryte caustique, vendue comme pure, renferme quelquefois un peu de nitrate de baryte, qui peut avoir des inconvénients dans certains cas. On en reconnaît la présence par un des moyens indiqués au n° 5.

**44. Nitrate d'argent.** — Traitée par un excès d'acide chlorhydrique et filtrée, la dissolution du nitrate d'argent ne doit pas laisser de résidu à l'évaporation, ni se colorer par l'acide sulfhydrique ou le sulfhydrate d'ammoniaque, ce qui indiquerait la présence du plomb ou du cuivre.

*Sulfate d'argent.* Ce sel est soluble dans environ cent fois son poids d'eau. Cette dissolution doit présenter les mêmes caractères que celle de l'azotate d'argent. En outre, elle ne doit pas contenir de nitrate, ce dont on s'assure par les procédés indiqués au n° 5.

**45. Acides tartrique et citrique.**— Ces acides contiennent presque toujours un peu de fer qui altère certains dosages. On reconnaît la présence du fer en sursaturant l'acide avec de l'ammoniaque et ajoutant du sulfhydrate d'ammoniaque.

Il ne sera pas donné de plus amples renseignements sur les réactifs en usage. On trouverait les indications plus détaillées dont on aurait besoin dans les traités de chimie. Il est toujours facile de prévoir la nature des impuretés à craindre dans un produit, en se reportant aux procédés de sa fabrication industrielle.

---

## CHAPITRE II

### ANALYSE QUALITATIVE

Bien qu'il arrive rarement qu'on ait à examiner une substance dont la nature générale soit inconnue, il paraît utile de donner ici quelques indications sur les méthodes de l'analyse qualitative.

**46. Prise d'échantillon.** — Une recommandation générale à observer, c'est de n'employer à la fois qu'une très petite quantité de l'échantillon, quelques centigrammes à peine, c'est-à-dire gros comme un grain de blé environ, et de proportionner à ce volume celui des réactifs employés. Les phénomènes n'en seront que plus nets. On n'a recours à des doses plus considérables que dans les cas exceptionnels où l'élément à reconnaître est en proportion minime dans l'échantillon.

**47. Essais préliminaires par voie sèche.** — On place l'échantillon dans un petit tube bouché, que l'on chauffe avec précaution au-dessus d'une lampe à alcool ou d'un brûleur à gaz. Un tel tube peut être chauffé jusqu'au rouge naissant.

Si la substance se volatilise en entier, elle est formée d'un sel ammoniacal. Il se condense alors une poudre blanche dans la partie froide du tube. L'ammoniaque se reconnaît facilement d'ailleurs à son odeur et à son action sur un papier rouge de tournesol mouillé que l'on place sur le passage des vapeurs, quand l'échantillon est chauffé en présence d'un peu de potasse.

Si l'échantillon noircit et dégage des vapeurs odorantes qui se condensent en liquide jaunâtre sur les parois froides du tube, c'est une matière organique. Elle est azotée lorsque l'odeur est celle de la corne brûlée, et lorsque le liquide condensé bleuit le papier rouge de tournesol.

S'il se condense sur les parois froides un liquide incolore et inerte pour le papier de tournesol, sans que la matière ait noirci, on en conclut que l'on a affaire à un corps hydraté, le plus souvent du règne minéral.

On reconnaît, dans le même essai, si le corps est fusible ou infusible, s'il change de couleur et d'aspect et s'il décrépite par la chaleur. Avec un peu d'exercice, on déduit de là une série de caractères utiles, mais sur lesquels il n'y a pas lieu de s'appesantir ici.

On complète ce premier essai, en portant la matière à la chaleur rouge, soit dans un creuset au-dessus d'un soufflet d'émailleur, soit simplement sur une lame de platine chauffée par-dessous au dard d'un chalumeau de minéralogiste. Si elle disparaît entièrement ou ne laisse que des cendres insignifiantes, c'est une matière organique. Les autres corps laissent quelquefois des résidus caractéristiques.

**48. Chalumeau.** — Ces essais sommaires par voie sèche peuvent être suivis d'une étude au chalumeau. Cet instrument, familier aux minéralogistes, offre peu de ressources pour les corps dont on s'occupe ici. Il sert bien plutôt à distinguer les métaux proprement dits que les substances terreuses. Il donne lieu toutefois à quelques réactions qu'il est bon de connaître.

Le chalumeau se compose d'un tube de fer verni, ajusté à frottement dans un petit réservoir en étain *b* ; un tube en laiton *c*, adapté également à frottement au même réservoir, est terminé par un ajutage *d* en platine ou en cuivre rouge, percé d'une très petite ouverture. On souffle par l'embouchure du tube et l'on dirige le courant d'air qui s'échappe par l'extrémité *d* sur la flamme d'une bougie, d'une chandelle ou d'une lampe à l'huile ou à l'alcool. On arrive facilement, avec un peu d'attention, à produire un jet de flamme égal et continu, en respirant par le nez pendant la durée de l'insufflation, qu'on peut s'habituer à prolonger pendant plusieurs minutes sans interruption.

On distingue dans le dard de la flamme deux parties très

différentes. La partie intérieure à couleur bleue renferme des gaz carbonés non brûlés ; elle exerce une action réductrice sur les corps oxygénés. La partie extérieure, où la combustion est complète, est blanche et oxydante. Il n'est pas indifférent, dans beaucoup de cas, de placer les corps dans l'une ou l'autre partie.

Les corps à essayer sont mis sur des supports de diverses natures, suivant les besoins. Quelquefois, ce sont simplement de petits tubes ouverts ou bouchés, que l'on tient au bout d'une pince garnie de liège et que l'on chauffe d'abord à la lampe, puis au chalumeau. Le plus souvent, on place les corps sur une entaille faite dans un morceau de charbon de bois blanc bien cuit, semblable à ceux qui sont en usage dans la bijouterie. Pour mieux saisir les effets de coloration, on interpose ordinairement, entre le charbon et l'échantillon, un petit disque concave blanc, fait de cendre d'os et de terre de pipe, appelé *capsule de Lebaillif*.

Enfin, on emploie comme supports pour les fondants un fil de platine plié à son extrémité sous forme d'une boucle de quelques millimètres de diamètre. On trempe la boucle dans l'eau, puis dans la poudre à essayer, dont une partie reste adhérente. Quand on la soumet au dard du chalumeau, il se forme une perle que l'on augmente en recommençant plusieurs fois la même opération et qui peut remplir toute la boucle.

**49. Réactifs.** — Les réactifs employés avec le chalumeau sont des sels solides très purs, que l'on doit avoir en petite quantité sous la main dans une série de tubes ou de petits flacons.

Les principaux réactifs dont il est nécessaire de faire mention ici, sont :

La *silice* ;

La *soude*, ou carbonate de soude ;

Le *borax*, ou borate de soude ;

Le *sel de phosphore*, ou phosphate double de soude et d'ammoniaque ;

Le *charbon* pilé ;

L'*oxyde de cuivre*;

Le *cobalt*, ou nitrate de cobalt en dissolution ;

Le *salpêtre*, ou azotate de potasse en longs cristaux.

On broie dans un petit mortier d'agate la substance à essayer avec quatre à cinq fois son poids de réactif. Puis, on prend avec une lame de platine de petites pincées du mélange, que l'on dépose sur le support. On approche alors avec précaution le support de la flamme du chalumeau, que l'on modère d'abord afin de ne pas projeter la matière avant sa fusion.

**50. Essais au chalumeau.** — Les principaux caractères que l'on peut avoir à demander au chalumeau sont les suivants :

*Silice*. La silice pure et les silicates alcalins ou ceux où les autres bases sont en faible proportion, donnent avec la soude une perle transparente. La silice et les silicates laissent, au contraire, dans les perles de sel de phosphore, des grains insolubles qui nagent dans la perle.

*Acide sulfurique*. On chauffe dans un petit tube ou sur un support un mélange de soude, de charbon et du corps à essayer, puis on dépose la perle formée sur une pièce d'argent bien propre et on l'humecte. Il se produit sur l'argent une tache noire de sulfure.

*Acide chlorhydrique*. On fait une perle de sel de phosphore et d'oxyde de cuivre, puis on trempe cette perle dans le chlorure en poudre ou en dissolution. Le dard du chalumeau produit autour de la perle une belle coloration bleue.

*Alumine*. L'alumine pure ou ses combinaisons infusibles, trempées dans l'azotate de cobalt et chauffées fortement au chalumeau, prennent une belle couleur bleue caractéristique.

*Oxydes de fer*. Dans une perle de borax, les oxydes produisent avec la flamme extérieure une couleur jaune plus ou moins foncée qui diminue d'intensité par le refroidissement, et avec la flamme intérieure une coloration vert de bouteille.

*Manganèse*. Une perle de borax ou de sel de phosphore, chauffée dans la flamme extérieure avec une substance qui renferme du manganèse prend une couleur rouge améthyste caractéristique. Il est prudent, après avoir formé la perle, de la toucher avec un cristal de salpêtre et de la chauffer de nouveau.

On reconnaît facilement le manganèse en plaçant sur une lame ou dans une capsule de platine le mélange du corps à essayer avec deux ou trois fois son poids de soude, et chauffant dans la flamme d'oxydation, ou simplement au contact de l'air. Le manganèse donne à la matière fondue une coloration verte intense, qui est encore sensible pour des traces extrêmement petites de manganèse. Cette coloration passe au rose, quand on ajoute de l'acide chlorhydrique.

*Chaux.* Le chlorure de calcium, placé à l'extrémité d'un fil de platine, colore en rouge la flamme d'une lampe à alcool où il a été introduit.

Le carbonate de chaux, chauffé par la pointe du dard, produit une lumière éclatante. Il se transforme en chaux caustique dont on peut constater les effets sur le papier de tournesol.

*Alcalis.* La soude communique à la partie extérieure du dard du chalumeau au centre duquel on l'a plongée, ou à la flamme de la lampe à alcool, une couleur jaune caractéristique, qui se produit même pour de très petites quantités de soude.

La potasse produit, dans les mêmes circonstances, une coloration violette, mais moins intense, et qui est complètement effacée par la présence de la soude.

*Etain.* Placés sur un charbon avec de la soude et un peu de borax et chauffés dans la flamme réductrice, les composés d'étain sont ramenés à l'état métallique, sous forme d'un globule brillant, semblable à une gouttelette de mercure. A la flamme d'oxydation, le globule repasse à l'état d'acide stannique opaque.

*Cuivre.* Avec le borax, l'oxyde de cuivre et ses composés, chauffés à la flamme extérieure, donnent une perle verte, qui bleuit en refroidissant si la quantité de cuivre est faible. Chauffée avec un peu d'étain cette perle devient rouge.

**51. Analyse par voie humide.** — Le plus souvent on opère les recherches qualitatives par voie humide, c'est-à-dire, en essayant de dissoudre les corps, soit dans l'eau, soit dans les acides, puis en appliquant aux dissolutions les divers réactifs qui permettent de constater la présence des éléments que l'on y cherche.

Il n'y a pas lieu d'exposer ici la méthode générale à suivre dans une analyse qualitative complète ; elle se trouve dans les traités de chimie. Il suffit de dire quelques mots des cas qui peuvent se présenter dans l'étude des substances les plus usuelles.

Dans toute recherche qualitative, il faut diviser l'échantillon en trois parts :

1° Parties solubles dans l'eau ;

2° Parties solubles dans les acides ;

3° Parties insolubles dans l'eau et les acides.

A cet effet, on prend un ou deux grammes de l'échantillon broyé, on le fait bouillir dans une fiole avec 50 à 100 grammes d'eau distillée, on laisse refroidir la liqueur, et on la décante, en la faisant au besoin passer sur un filtre si elle n'est pas suffisamment claire. On obtient ainsi une liqueur renfermant les parties solubles dans l'eau.

Le résidu est attaqué par de l'acide chlorhydrique ou nitrique, et donne une autre liqueur qui contient les parties non solubles dans l'eau, mais attaquables aux acides.

S'il reste encore un résidu après cette attaque, on le lave par décantation et on le recueille.

La marche à suivre pour constater la présence des divers éléments qu'il y a intérêt à déterminer est le plus souvent la même que pour les analyses quantitatives et sera exposée dans les chapitres suivants. Seulement, on n'est pas assujetti aux pesées et aux lavages prolongés, bien rarement nécessaires.

Pour opérer rapidement, on place le liquide à essayer par petites doses de 2 à 3 centimètres cubes au fond de tubes bouchés où l'on verse quelques gouttes de réactifs appropriés.

**52. Parties solubles dans l'eau.** — Il faut s'assurer si l'eau a dissous quelque chose. Pour cela on met quelques gouttes de la liqueur sur une lame de platine ou de verre et on fait évaporer à basse température. S'il ne reste aucun résidu, c'est que la substance n'est pas soluble du tout.

S'il y a un résidu, on passe à l'examen de la dissolution.

La silice s'y rencontre rarement. Si on l'y soupçonnait, il faudrait évaporer à sec la liqueur avec un excès d'acide azotique, et la reprendre par l'eau acidulée qui redissout les sels et laisse la silice comme résidu.

L'acide carbonique se manifeste par l'effervescence produite lorsqu'on verse un acide fort dans une prise d'échantillon préalablement concentrée.

Les acides sulfurique, chlorhydrique et azotique se constatent par les procédés indiqués ci-dessus (nos 3, 4 et 5).

Quant à l'acide phosphorique, on ne peut guère le reconnaître autrement que par les méthodes de l'analyse quantitative (no 113).

En versant de l'ammoniaque dans une prise d'échantillon préalablement rendue acide, on précipite l'alumine et les oxydes de fer.

Si le précipité est blanc, il se compose d'alumine, pure ou mélangée de très peu de fer. On le redissout dans un acide et on y ajoute du cyanoferrure de potassium, qui donne un précipité bleu de Prusse s'il y a du fer.

Si le précipité est coloré en brun, c'est qu'il renferme du sesquioxyde de fer, qui peut être mélangé d'alumine. Pour s'en assurer, on procède à la séparation des deux bases par la potasse, comme il sera expliqué plus loin (no 63).

Quelquefois le précipité est verdâtre. Cela indique la présence de fer à l'état de protoxyde. Il faut alors le redissoudre dans l'acide azotique en faisant bouillir pour transformer le fer en peroxyde.

La coloration peut être due aussi à un oxyde de manganèse. On en reconnaît l'existence par voie sèche, en évaporant la liqueur avec de la soude (no 50).

Pour trouver la chaux et la magnésie, on procède exactement comme il sera indiqué à l'analyse des calcaires (nos 58 et 59).

La baryte se détermine immédiatement par l'acide sulfurique.

La présence des alcalis fixes ne peut être mise en évidence que par les procédés même de l'analyse quantitative (nos 72 et 118).

Quant à l'ammoniaque, on la reconnaît immédiatement à l'odorat, en faisant bouillir la liqueur avec un excès de potasse ou de soude.

**53. Parties solubles dans les acides.** — Cette analyse se fait exactement comme la précédente. L'effervescence qui s'est produite au moment de l'attaque décèle la présence de l'acide carbonique qui, avec l'acide phosphorique, entre dans la plupart des corps de cette catégorie.

**54. Parties insolubles dans les acides.** — Le résidu insoluble dans les acides ne se compose guère que de silice, de silicates insolubles, de sulfate de baryte et enfin du sulfate de chaux qui a pu échapper à l'eau et aux acides.

On reconnaît facilement le sulfate de chaux en faisant bouillir dans l'eau une partie du résidu, et recueillant la liqueur filtrée. On y trouve la chaux et l'acide sulfurique comme à l'ordinaire.

On fait ensuite bouillir la matière avec un carbonate alcalin et on filtre. Le résidu resté sur le filtre est dissous par l'acide chlorhydrique.

S'il ne disparaît pas en entier, le reste se compose de silice ou de silicates insolubles, dont on reconnaît les éléments, si cela paraît utile, de la manière qui sera indiquée plus loin (n° 74).

La liqueur chlorhydrique, outre la chaux, peut renfermer de la baryte, dans le cas où il préexistait du sulfate de baryte. On la reconnaît facilement en y ajoutant une goutte d'acide sulfurique.

## CHAPITRE III

# ANALYSE DES MATÉRIAUX DE CONSTRUCTION

## § 1er

## ANALYSE DES CALCAIRES

Les pierres calcaires ou pierres à chaux se composent essentiellement de carbonate de chaux. Elles renferment, en outre, presque toutes, en dose variable, de l'argile, du sable, de l'oxyde de fer et quelquefois de manganèse, et de la magnésie. Elles sont souvent imprégnées de substances charbonneuses, et contiennent toujours un peu d'humidité provenant de leur eau de carrière. Enfin, il s'y trouve d'autres éléments, en très faible proportion, tels que l'acide phosphorique, sans importance au point de vue de la fabrication des chaux. On verra, quand il en sera besoin, le mode de dosage de ces éléments.

**55. Attaque.** — Les calcaires doivent être réduits en poudre, mais il n'est pas nécessaire que cette poudre soit très fine.

L'analyse porte sur 1 ou 2 grammes de la matière.

La pesée faite dans une capsule de platine tarée, on vide le contenu de la capsule dans une petite fiole à fond plat, en s'aidant d'une barbe de plume pour faire tomber les dernières parcelles. On noie la matière dans 20 centimètres cubes d'eau distillée environ, puis on y ajoute 10 centimètres cubes d'acide chlorhydrique pur concentré, ou le double de ce même acide étendu de son volume d'eau.

L'acide chlorhydrique attaque le carbonate de chaux et chasse l'acide carbonique, qui s'échappe avec effervescence. Quand l'effervescence a cessé, on chauffe la liqueur doucement, en évitant de la porter à l'ébullition, pour ne pas attaquer l'argile.

Le résidu insoluble se compose du sable silicieux et de l'argile.

La liqueur renferme toute la chaux et la magnésie, ainsi que l'oxyde de fer et l'alumine qui ne sont pas en combinaison intime dans l'argile.

**56. Résidu insoluble dans les acides.** — On met un entonnoir avec un filtre sur une fiole un peu plus grande que la première, et on y verse le contenu de celle-ci, qu'on lave plusieurs fois à l'eau distillée, de façon à faire tomber sur le filtre les dernières traces de la matière insoluble. Puis on lave plusieurs fois à l'eau chaude le filtre lui-même. Le lavage est complet, quand une goutte de liqueur recueillie dans un tube ne trouble plus le nitrate d'argent.

Lorsque l'entonnoir est bien égoutté, on le porte au bain de sable pour faire dessécher le filtre et son contenu. Après dessiccation, on les place dans une capsule de platine tarée, on les grille sur un brûleur et on les pèse. Le poids obtenu, déduction faite des cendres du filtre, est celui du résidu insoluble dans les acides, qui se compose d'argile, et quelquefois de sable plus ou moins grossier.

**57. Alumine et peroxyde de fer.** — La liqueur filtrée reçoit quelques gouttes d'acide azotique et est portée à l'ébullition pendant un moment. Le protoxyde de fer, s'il y en a, se trouve transformé en peroxyde. On sursature par un léger excès d'ammoniaque et on fait bouillir.

Il se produit un précipité que l'on recueille sur un filtre placé dans un entonnoir au-dessus d'une fiole un peu plus grande que la précédente, et qu'on lave avec beaucoup de soin à l'eau chaude. Une fois bien égoutté, il est porté au bain de sable, desséché, grillé et pesé, comme le précédent. Le poids trouvé, diminué du poids des cendres du filtre, est celui du peroxyde de fer et de l'alumine solubles dans les acides.

L'ammoniaque, en effet, précipite ces deux bases de la dissolution, tandis qu'elle est sans action sur les sels de chaux et qu'elle ne trouble pas les sels de magnésie préalablement acides (n° 11). La chaux et la magnésie passent donc dans la liqueur.

*Remarque.* Lorsque le calcaire renferme beaucoup de magnésie, comme les dolomies, il arrive souvent qu'une portion de cette base se précipite par l'ammoniaque en même temps que le peroxyde de fer et l'alumine. Il est prudent, dans ce cas, de redissoudre dans l'acide chlorhydrique le précipité de fer et d'alumine, après l'avoir séparé par filtration, et de le reproduire une seconde fois par l'ammoniaque. La liqueur filtrée est ajoutée à celle que l'on avait obtenue d'abord.

**58. Chaux.** — On ajoute de l'oxalate d'ammoniaque, et la chaux seule est précipitée, puisque la magnésie ne se sépare pas dans les liqueurs qui renferment des sels ammoniacaux.

Pour que le précipité d'oxalate de chaux se forme bien, il faut employer un grand excès de réactif. Au lieu d'une dissolution d'oxalate d'ammoniaque, il est préférable de se servir de ce sel en cristaux, et d'en peser grossièrement un poids double de celui de l'échantillon de calcaire sur lequel on opère. On en prend 4 grammes, par exemple, pour un échantillon de 2 grammes. On les fait dissoudre dans un peu d'eau et on verse dans la liqueur.

Le précipité est d'autant plus grenu et se ramasse d'autant mieux que l'on opère à plus haute température. Il est donc bon de faire chauffer la liqueur calcaire et de faire dissoudre l'oxalate d'ammoniaque dans l'eau bouillante.

Il est nécessaire, pour que la précipitation soit complète, que la liqueur soit alcaline. Si l'on n'a pas mis trop d'ammoniaque dans la première opération, la fiole ne dégage plus d'odeur après l'addition de l'oxalate. On doit alors en verser une nouvelle dose, jusqu'à ce que l'odeur ammoniacale soit très franche.

Le précipité ne doit pas être filtré immédiatement, car la liqueur passerait trouble ; il a besoin, pour se rassembler, que la fiole soit portée sur un fourneau, pour y bouillir pendant environ une demi-heure, ou bien, ce qui est préférable, laissée au bain de sable pendant une demi-journée. L'ébullition sur un fourneau d'un précipité grenu, comme l'oxalate de chaux, donne lieu quelquefois à des soubresauts, qui peuvent projeter de la matière au dehors.

Quand le précipité est bien réuni au fond de la fiole et que la liqueur surnageante est parfaitement claire, on jette le tout sur un filtre placé dans un entonnoir au-dessus d'une fiole encore un peu plus grande que la précédente. On lave avec soin à l'eau chaude, puis on porte l'entonnoir au bain de sable, afin de dessécher le filtre et le précipité avant de les calciner.

Ici, un simple grillage ne suffit plus. L'oxalate de chaux, à la température des brûleurs, se décompose plus ou moins complètement. Une partie passe à l'état de chaux caustique et le reste se transforme en carbonate de chaux. Il peut rester de l'oxalate non altéré. Il est donc nécessaire de le transformer en un composé défini.

Le plus habituellement, lorsqu'on a un chalumeau ou des moyens de calcination suffisamment énergiques pour porter le platine au rouge cerise, on met le précipité avec son filtre dans un creuset de platine taré, garni de son couvercle et on le calcine. Cinq minutes suffisent avec un soufflet d'émailleur. L'oxalate se transforme entièrement en chaux caustique, que l'on pèse immédiatement en portant le creuset taré sur la balance dès qu'il est refroidi. Le poids obtenu, déduction faite des cendres du filtre, est celui de la chaux contenue dans l'échantillon.

Il est bon de s'assurer si la calcination a été complète. A cet effet, une fois la pesée faite, on verse dans le creuset un peu d'eau, puis de l'acide. S'il restait encore du carbonate de chaux non décomposé, il se dégagerait des bulles de gaz. Il faudrait alors recommencer l'analyse.

A défaut d'un appareil de chauffage assez énergique, on transforme quelquefois l'oxalate en carbonate de chaux. On place le précipité dans une capsule de platine tarée, et on le grille au moufle ou sur un brûleur qui porte la capsule au rouge. Quand elle est refroidie, on y verse une dissolution de carbonate d'ammoniaque, que l'on fait évaporer au bain de sable. La chaux caustique, s'il s'en est formé, se transforme en carbonate de chaux et l'ammoniaque se dégage. On achève de dessécher au-dessus d'un fourneau, puis on pèse. Il est bon de renouveler plusieurs fois le traitement par le carbonate d'ammoniaque, jusqu'à ce qu'on obtienne deux pesées consécutives concordantes. Le poids de la chaux réelle est 0,56 de celui de la pesée.

**59. Magnésie.** — La liqueur ne renferme plus que la magnésie, avec les sels ammoniacaux que l'on a introduits en cours d'analyse. On la précipite en se servant de phosphate de soude. On laisse reposer à froid une demi-journée au moins avant de filtrer, afin d'être assuré que le phosphate ammoniaco-magnésien qui se forme s'est entièrement cristallisé ou du moins qu'il n'en reste plus que des traces insensibles en dissolution.

Quand on a achevé de filtrer cette dernière liqueur, une partie notable des cristaux restent adhérents aux parois de la fiole et ne peuvent s'en détacher par les lavages. Il faut recourir à un artifice qui a son application dans tous les cas semblables : on verse dans la fiole quelques gouttes d'acide et on promène cette petite masse de liquide, le long des parois de la fiole, de façon à dissoudre toutes les parcelles adhérentes. On ajoute ensuite de l'ammoniaque, et le précipité se reproduit instantanément sous forme de cristaux grenus non adhérents que les lavages entraînent facilement sur le filtre.

Le lavage, tant de la fiole que du filtre, doit être fait avec de l'eau froide préalablement chargée d'ammoniaque. L'eau pure, surtout si elle est chaude, dissout une proportion notable de phosphate ammoniaco-magnésien.

Le précipité après dessiccation est grillé avec le filtre. Les $\frac{40}{111}$ de la pesée, déduction faite des cendres du filtre, donnent le poids de la magnésie.

**60. Eau et acide carbonique.** — Pour terminer l'analyse, il n'y a plus qu'à déterminer la proportion d'eau, d'acide carbonique et de produits volatils ou combustibles. A cet effet, on pèse une nouvelle dose de l'échantillon dans un creuset taré que l'on calcine vivement au chalumeau d'émailleur, pendant 5 à 10 minutes. Le creuset, aussitôt refroidi, est pesé avec son contenu, qui se compose de la chaux et des autres éléments fixes. La différence est la *perte au feu.*

Ajoutée à tous les éléments dosés antérieurement, cette perte au feu doit reproduire un poids égal à celui de l'échantillon sur lequel on a opéré.

**61. Manganèse.** — Certains calcaires renferment du manganèse. Une recherche qualitative fait reconnaître facilement si c'est en quantité notable. Dans ce cas, la marche de l'analyse doit être modifiée, car il se rencontrerait un peu de manganèse dans tous les précipités formés par la méthode ordinaire.

Après avoir séparé le résidu insoluble et sursaturé la liqueur d'ammoniaque, on y ajoute du sulfhydrate d'ammoniaque, qui précipite l'alumine et des sulfures de fer et de manganèse. On filtre rapidement sur un papier grossier, et on lave avec de l'eau mélangée de sulfhydrate d'ammoniaque. La liqueur qui a passé est saturée d'acide chlorhydrique, puis portée à l'ébullition jusqu'à entier dégagement du gaz sulfhydrique, et enfin filtrée s'il y a eu un dépôt laiteux de soufre. Elle est ensuite traitée comme à l'ordinaire pour la chaux et la magnésie.

Le précipité avec son filtre est mis dans une capsule en porcelaine, où l'on ajoute de l'eau et de l'acide chlorhydrique pour le dissoudre. On filtre de nouveau et la liqueur renferme le fer, l'alumine et le manganèse à l'état de chlorures.

La dissolution est saturée presque complètement par du carbonate de soude ; on y ajoute de l'acétate de soude et on fait bouillir. Le peroxyde de fer et d'alumine se précipitent, et on les sépare par filtration.

On oxyde la liqueur par l'addition de quelques gouttes de brome, et on y précipite le manganèse par l'ammoniaque.

Le précipité, recueilli sur un filtre, est grillé après dessiccation et pesé. Il est alors sous forme d'oxyde intermédiaire ($Mn^3O^4$).

**62. Séparation du sable et de l'argile.** — L'analyse qui vient d'être expliquée donne plusieurs éléments réunis en double. On a pesé ensemble le sable et l'argile, le peroxyde de fer et l'alumine, l'eau et l'acide carbonique. Il reste à voir comment on en fait la séparation, lorsque cela est jugé utile.

Si l'on voulait reconnaître la proportion de silice et d'alumine que contient le résidu insoluble, il n'y aurait qu'à traiter ce résidu par les carbonates alcalins, comme il est expliqué à l'analyse des argiles (n° 74).

Cette opération est presque toujours sans intérêt pratique, tandis qu'il importe beaucoup de distinguer le résidu argileux impalpable des grains de sable silicieux, le plus souvent sans influence sur la nature de la chaux que peut fournir le calcaire. On y arrive facilement par la lévigation.

On place 10 grammes de l'échantillon au fond d'un verre, et on les attaque par l'acide chlorhydrique affaibli. Quand l'attaque est terminée, on remplit d'eau le verre, on agite vivement avec une baguette, et on laisse reposer quelques secondes. Le sable tombe immédiatement au fond et l'argile reste en suspension. On décante la liqueur trouble et on recueille le sable, que l'on dessèche et que l'on pèse. Une seule lévigation suffit rarement : après la décantation, on ajoute de l'eau pure, on agite de nouveau et on décante encore après repos. L'opération doit être renouvelée jusqu'à ce que la liqueur ne se trouble plus du tout par l'agitation.

**63. Séparation du peroxyde de fer et de l'alumine.** — Il y a plusieurs méthodes pour séparer l'alumine du peroxyde de fer. On en citera trois qui sont d'une application assez facile.

Après avoir calciné et pesé les deux bases, on les fait digérer à chaud avec de l'acide chlorhydrique, qui les redissout, et l'on opère sur cette liqueur.

1° *Emploi du sulfhydrate d'ammoniaque.* Cette méthode

consiste à mêler à la liqueur assez d'acide citrique ou tartrique pour que l'ammoniaque en excès n'y produise plus de précipité, puis à ajouter du sulfhydrate d'ammoniaque. L'alumine n'est pas précipitée (n° 8) tandis que le fer passe à l'état de sulfure de fer insoluble. On fait bouillir et on recueille le sulfure de fer sur un filtre. On le dessèche et on le grille sur un brûleur : le sulfure se décompose et fait place à du peroxyde de fer, que l'on pèse comme à l'ordinaire.

L'alumine est la différence entre le poids du résidu total et celui du peroxyde de fer. Si on veut la doser directement, il faut évaporer à sec dans une capsule la liqueur d'où l'on a ôté le fer, puis griller au moufle le résidu de l'évaporation, que l'on reprend par l'eau pure et que l'on jette sur un filtre. Ce résidu ne renferme que l'alumine. Mais cette opération est longue et difficile, par suite de l'état sirupeux que conserve la liqueur pendant l'évaporation.

2° *Emploi de la potasse.* La séparation des deux bases se fait souvent par la potasse. On évapore la plus grande partie de la liqueur chlorhydrique de façon à n'avoir qu'un léger excès d'acide, puis on y verse une dissolution de potasse pure en excès, et l'on fait bouillir jusqu'à ce que le précipité obtenu présente une teinte rouge brun presque noir. On filtre et on lave avec soin le précipité de peroxyde de fer. Dans la liqueur, on précipite l'alumine en y versant un sel ammoniacal.

Le peroxyde de fer retient toujours une dose notable d'alumine et reste mêlé de potasse. Pour en séparer le reste de l'alumine, on le redissout dans l'acide chlorhydrique et on recommence l'opération précédente en ménageant la dose de potasse. Le sel ammoniacal donne presque toujours encore un précipité avec la liqueur. Il est bon de recommencer une troisième fois, et même davantage, jusqu'à ce que le sel ammoniacal ne trouble plus la liqueur.

Une fois ce résultat obtenu, le précipité, qui retient encore de la potasse, doit être redissous une dernière fois, puis formé de nouveau par l'ammoniaque. Il est alors facile à recueillir pur et à laver.

On voit que ce procédé, simple en théorie, demande des soins minutieux et beaucoup de temps.

3° *Emploi de la liqueur titrée de permanganate de potasse.* On peut enfin déterminer la dose de fer par l'emploi des liqueurs titrées, en se servant d'une dissolution de permanganate de potasse. Il faut, dans ce cas, filtrer la liqueur chlorhydrique avant de s'en servir, afin qu'elle ne retienne aucune parcelle de charbon provenant du filtre avec lequel les bases avaient été grillées.

La dissolution de permanganate de potasse, qui est d'un rouge très vif, se décolore lorsqu'on la met en présence d'un sel de fer au minimum maintenu fortement acide. Ce sel se peroxyde aux dépens du permanganate, qui se décompose en potasse et protoxyde de manganèse, et ces deux bases se dissolvent dans l'acide en excès.

Si donc, dans une dissolution qui renferme du fer au minimum, on verse goutte à goutte du permanganate de potasse, en ayant soin d'agiter continuellement, les premières gouttes se décolorent ; mais aussitôt que tout le fer est peroxydé, la liqueur prend une teinte rose. Le volume employé pour obtenir ce résultat peut donc servir de mesure à la quantité de fer au minimum.

A cet effet, on détermine d'abord le titre de la liqueur colorée. On prend un poids connu, 1 gramme, par exemple, de fer métallique parfaitement pur ; du fil de clavecin très fin et bien brillant peut servir pour cet usage. On le dissout dans 25 centimètres cubes environ d'acide chlorhydrique concentré, puis on étend la liqueur jusqu'à 100 ou 200 centimètres cubes au moyen d'eau fraîchement bouillie.

On met dans un vase à saturation un volume de cette liqueur déterminé au moyen d'une pipette jaugée (n° 32), ou bien la liqueur entière, et on y verse peu à peu le permanganate de potasse en se servant de la burette graduée (n° 32) préalablement remplie jusqu'au zéro des divisions. On agite vivement avec une baguette, en même temps que l'on verse le permanganate qui se décolore d'abord ; puis, quand on voit apparaître la couleur rose, on cesse de verser, et on lit la division où s'arrête la colonne de liquide. On en déduit son titre.

Supposons, par exemple, que l'on ait opéré sur 1 gramme

de fer dissous étendu à 200 centimètres cubes, et que l'on ait prélevé une pipette de 10 centimètres renfermant par conséquent 0 gr. 05 de fer. S'il a fallu employer 253 divisions de la burette pour obtenir la coloration rose, le titre de la liqueur permanganique est $\frac{0^{gr}05}{253}$, c'est-à-dire que chaque division de la burette est décolorée par une quantité de fer représentée par cette fraction.

Pour doser le fer au minimum que renferme une liqueur acide, il suffit d'y verser du permanganate au moyen de la même burette, et de compter le nombre des divisions employées pour obtenir la coloration rose. Le rapport de ce nombre au nombre trouvé dans l'opération précédente est le même que celui du poids de fer existant dans la liqueur au poids de fer employé pour le titrage.

Ainsi, en se servant du permanganate de l'exemple ci-dessus, s'il faut en verser dans une dissolution 203 divisions, cette dissolution renferme $x = \frac{203}{253} 0$ gr. 05 de fer, répondant à $\frac{10x}{7}$ de peroxyde de fer.

Le fer se trouve dans les analyses à l'état de peroxyde. Pour appliquer la méthode au dosage par le permanganate de potasse, il faut le ramener au minimum. A cet effet, on ajoute à la liqueur un excès d'acide sulfurique, puis on la fait bouillir en y projetant de petits morceaux de zinc distillé parfaitement pur, jusqu'à ce que la liqueur, de jaune qu'elle était, soit devenue incolore. Le fer se trouve alors ramené à l'état de protoxyde.

Il est nécessaire de reprendre le titre de la liqueur de permanganate chaque fois que l'on s'en sert, car elle s'altère facilement.

Cette méthode ne s'emploie donc avec avantage que lorsqu'on a un grand nombre de dosages à faire dans une même séance.

**64. Séparation de l'eau et de l'acide carbonique.** — La perte au feu fait connaître ensemble la quantité d'eau, d'acide carbonique et de produits combustibles que renferme le calcaire. Il peut y avoir intérêt à déterminer ces éléments à part.

1° *Séparation par le calcul.* Le plus souvent, on se contente de calculer la quantité probable d'acide carbonique, en supposant la chaux et la magnésie à l'état de carbonate, et se servant des équivalents chimiques.

Les $\frac{22}{28}$ de la dose de chaux et les $\frac{22}{20}$ de celle de magnésie représentent le poids de l'acide carbonique.

En déduisant ce poids de la perte au feu totale, on a celui de l'eau et des produits combustibles.

2° *Dessiccation.* On peut aussi déterminer directement l'humidité contenue dans un calcaire par une dessiccation à l'étuve maintenue au-dessus de 100°. On retire de temps en temps la capsule pour la peser, et on considère la dessiccation comme complète lorsque deux pesées consécutives sont concordantes.

3° *Dosage direct de l'acide carbonique.* Enfin on peut doser directement l'acide carbonique. Le procédé suivant donne des résultats très exacts.

On monte un appareil composé de deux fioles A et B, avec des bouchons percés chacun de deux trous; dans l'un des trous passe un tube recourbé *b* ou *b'*, et dans l'autre un tube droit évasé *a* ou *d*. Les deux tubes *b*, *b'* sont réunis par un caoutchouc. La fiole B, où l'on place l'échantillon avec un peu d'eau, est mise sur un fourneau que l'on allume vers la fin de l'opération. Le tube droit *a* qu'elle porte est effilé à la partie supérieure et bouché par une poire *g* en caoutchouc. La fiole A reçoit

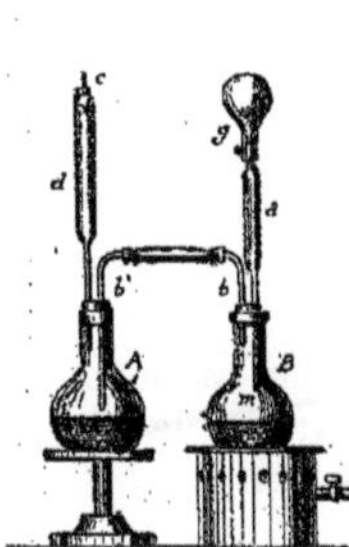


une dissolution d'ammoniaque. Le tube évasé *d* est rempli de verre pilé imbibé d'ammoniaque et porte à sa partie supérieure un petit tube de dégagement *c*. Le tube *b'* ne doit pas plonger dans l'ammoniaque, mais se maintenir à quelques millimètres de la surface.

L'appareil étant en place, on débouche la fiole B et on fait plonger la pointe *m* du tube *a* dans une soucoupe où on a mis de l'acide chlorhydrique. En comprimant la poire entre les doigts, on fait sortir du tube de l'air, qui est remplacé par de l'acide au moment où on cesse de comprimer la poire. Puis on rajuste le bouchon sur la fiole B.

L'acide tombe goutte à goutte sur la matière à analyser et en dégage l'acide carbonique, qui se rend dans le vase A où il se combine avec les vapeurs ammoniacales. Il se forme du carbonate d'ammoniaque, qui reste en dissolution dans le liquide de la fiole A et du tube *d*. Quand l'effervescence a cessé, on chauffe pendant quelque temps pour faire passer les dernières parcelles de gaz carbonique dans la seconde fiole.

On sépare alors la fiole A de l'appareil, on lave avec soin les tubes *d* et *b'* en recueillant les eaux de lavage dans la fiole. Enfin, on en verse le contenu dans une autre fiole, renfermant de l'eau de baryte ; on fait bouillir et on jette rapidement sur un filtre très perméable. L'acide carbonique reste sur le filtre à l'état de carbonate de baryte. On le grille directement, ou mieux, on le redissout par l'acide chlorhydrique, et on y dose la baryte par l'acide sulfurique. L'acide carbonique a un poids égal à celui du sulfate de baryte multiplié par 0,1888.

On se sert aussi d'appareils que l'on pèse avant et après le dégagement de l'acide carbonique, obtenu par la mise en contact du calcaire avec un acide.

Dans bien des cas, on peut se contenter de l'essai indiqué à l'article 65.

Le dosage de l'acide carbonique se fait rarement dans les calcaires, mais il est souvent intéressant dans les chaux et les mortiers, où il s'exécute de la même façon.

**65. Méthodes abrégées d'essai.** — Une analyse complète du calcaire n'est pas toujours nécessaire, et un essai rapide suffit dans bien des cas. On peut se contenter de déterminer seulement la dose de l'acide carbonique ou celle de la chaux combinée à cet acide. Les trois méthodes abrégées d'essai qui vont être décrites peuvent s'exécuter partout facilement et presque sans aucun matériel de laboratoire.

La première n'exige qu'une balance ordinaire sensible simplement au gramme. On place un poids connu de l'échantillon, 100 grammes par exemple, dans un grand verre à moitié rempli d'eau, sur un des plateaux de la balance.

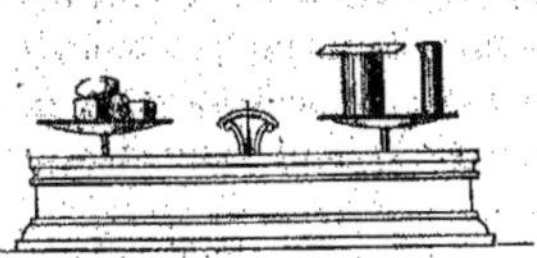

Dans un autre vase, tel qu'une éprouvette graduée, on met assez d'acide chlorhydrique pour pouvoir dissoudre entièrement le calcaire. Pour 100 grammes il faut employer environ 160 centimètres cubes ou 175 grammes de l'acide ordinaire concentré du commerce. On ajoute dans le même plateau un agitateur et on couvre le premier vase de plusieurs doubles de papier buvard. Puis on établit l'équilibre, en plaçant dans l'autre plateau des poids quelconques, des cailloux, du sable, etc. On verse alors une petite portion de l'acide dans le premier vase, en ayant soin de remettre immédiatement le papier buvard à sa place. L'acide carbonique se dégage avec effervescence, et, quand l'effervescence a cessé, on verse une nouvelle portion d'acide chlorhydrique. On continue ainsi jusqu'à ce qu'on l'ait versé tout entier. A la fin on agite avec la baguette, pour achever le dégagement du gaz carbonique. A mesure que ce gaz s'échappe, le poids diminue dans le plateau, et la balance bascule. Quand l'expérience est terminée, on ajoute pour rétablir l'équilibre des poids marqués qui donnent la mesure de l'acide carbonique déplacé.

**66. Seconde méthode.** — La seconde méthode exige l'emploi d'une burette et d'une pipette jaugées.

On verse dans trois verres semblables une pipette d'acide chlorhydrique, que l'on étend d'eau. Dans l'un de ces verres on jette un poids connu $p$ de carbonate de chaux pur, de marbre blanc par exemple, et dans le second un même poids de l'échantillon. Ce poids doit être insuffisant pour que la chaux sature tout l'acide chlorhydrique. On peut toujours en être certain en employant de l'acide chlorhydrique concentré ordinaire du commerce étendu de moitié de son volume d'eau, et opérant sur 1 gramme de matière par pipette de 10 centimètres cubes.

On prépare, d'un autre côté, une dissolution alcaline de potasse ou de soude, ou mieux de saccharate de chaux, telle qu'une pipette d'acide en sature un volume un peu moindre que la capacité de la burette. On y arrive facilement en faisant une dissolution trop concentrée d'abord, puis plaçant dans un vase une pipette d'acide normal avec de l'eau et de la teinture de tournesol, remplissant la burette de dissolution alcaline, et mesurant combien il faut en verser de divisions pour que la liqueur vire au bleu. On vide la burette et on étend la dissolution en raison des résultats indiqués par cette expérience.

Lorsque l'attaque du marbre blanc et celle de l'échantillon sont complètes, on ajoute dans les trois verres que l'on a préparés quelques gouttes de teinture de tournesol, qui se colore en rouge, puis on verse successivement dans chacun d'eux de la dissolution normale alcaline, au moyen de la burette, en agitant vivement, et s'arrêtant quand le tournesol vire au bleu. On note le nombre de divisions qu'il a fallu employer, N pour l'acide pur, $n$ pour l'acide partiellement saturé par le marbre, et $m$ pour l'acide où l'on a mis l'échantillon. Il est clair que les quantités d'acide resté libre au moment du titrage sont entre elles comme les nombres N, $n$ et $m$, et que la chaux du marbre et celle de l'échantillon en avaient saturé respectivement des poids proportionnels à $N-n$ et à $N-m$. Le poids du carbonate de chaux correspondant à la chaux contenue dans l'échantillon est donc au poids $p$ mis en expérience comme $N-m$ est à $N-n$, et, si on le désigne par $x$, on a :

$$\frac{x}{p}=\frac{N-m}{N-n}.$$

Cette méthode est très précise et permet de n'opérer que sur de faibles volumes de l'échantillon, mais elle donne, confondus avec la chaux, la magnésie, l'alumine et le peroxyde de fer solubles.

**67. Troisième méthode.** — La troisième méthode, analogue à la précédente quant à ses résultats, est un peu moins juste et plus longue, mais elle n'exige pas l'emploi des burettes et de la liqueur alcaline.

On met dans deux verres des doses égales d'acide chlorhydrique, une ou deux pipettes de 10 cent. cubes par exemple. Dans l'un d'eux, on jette un poids connu de l'échantillon à essayer (1 gr. pour 10 cent. cubes). On a, d'autre part, un morceau de marbre blanc, que l'on pèse, et que l'on introduit ensuite dans le second verre. Le marbre est attaqué et il se produit une effervescence tant qu'il reste de l'acide libre. On remue de temps en temps le liquide pour faciliter l'attaque. Lorsqu'elle est terminée, on lave le marbre, on l'essuie, on le dessèche et on le pèse de nouveau. On note le poids P qu'il a perdu. On le porte alors dans le verre où l'on a mis dissoudre l'échantillon, et on l'y laisse jusqu'à ce que l'acide de ce verre soit saturé. Le morceau de marbre est desséché et pesé comme la première fois. S'il perd alors un poids $p$ la différence $P$-$p$ est égale au poids de carbonate répondant à la chaux contenue dans l'échantillon essayé.

## § 2.

## ANALYSE DES CHAUX ET CIMENTS

**68. Attaque.** — Les chaux et les ciments sont le produit des calcaires calcinés à une haute température. Dans cette opération, l'acide carbonique a été chassé, et l'argile s'est combinée à la chaux, en formant des silicates plus ou moins complexes, décomposables par les acides forts. Si donc on essaie de les dissoudre dans l'acide chlorhydrique, il se dégage de la silice gélatineuse, qui ne peut être séparée et recueillie qu'après dessiccation.

On pèse deux grammes de l'échantillon en poudre, et on les place dans une capsule de porcelaine, avec un peu d'eau à laquelle on ajoute de l'acide chlorhydrique en excès. On évapore à sec au bain de sable, à une température modérée. Pour éviter toute projection, on remue plusieurs fois la masse avec une baguette de verre après que la silice s'est prise en gelée. Quand la dessiccation paraît terminée, on porte la capsule sur un fourneau, et on la chauffe vivement, mais non au rouge, pour chasser les dernières traces d'acide et d'humidité. Après refroidissement, on traite de nouveau la matière par un léger excès d'acide chlorhydrique, et on évapore une seconde fois à sec. Puis on reprend par de l'eau acidulée. La liqueur doit paraître jaune, et le résidu, blanc et non rougeâtre. S'il avait cette teinte, on laisserait la capsule et son contenu chauffer quelque temps au bain de sable, jusqu'à ce que toute coloration rouge eût disparu.

**69. Analyse.** — On jette tout le contenu de la capsule sur un filtre. La poudre blanche que l'on recueille n'est autre chose que la silice de l'échantillon. On la dessèche, on la calcine et on la pèse, comme à l'ordinaire.

La liqueur contient la totalité de l'alumine et du peroxyde de fer, la chaux, la magnésie. On les détermine exactement comme dans les calcaires (nos 57 et suivants).

La séparation du fer et de l'alumine, la détermination de l'acide carbonique et de l'eau se font aussi comme pour les calcaires.

La chaux renferme quelquefois des grains de sable siliceux qui se retrouvent avec la silice, bien qu'inertes au point de vue de ses qualités. On le reconnaît au moment de l'attaque où la silice commence à se prendre en gelée. Les grains siliceux restent au fond de la capsule et crient lorsqu'on y promène la baguette de verre. Pour doser ce sable siliceux, on fait dissoudre la chaux dans l'acide chlorhydrique et on laisse la liqueur digérer pendant une journée. Puis on opère par décantation, comme pour la séparation de l'argile et du sable. Les grains sableux restent au fond ; on les lave, on les recueille et on les pèse.

**70. Dosage de l'acide sulfurique.** — Les chaux et les ciments renferment presque toujours un peu de soufre, à l'état soit de sulfure de calcium ou de fer, soit de sulfate de chaux.

Si l'on veut connaître seulement la dose de sulfate de chaux préexistant, on prend une dose de l'échantillon, 5 grammes par exemple, que l'on fait digérer à froid dans une dissolution de carbonate d'ammoniaque pendant 24 heures environ, en ayant soin d'agiter souvent le mélange, surtout dans le commencement. Le sulfate de chaux est décomposé, et il se produit du carbonate de chaux et du sulfate d'ammoniaque.

On filtre, on sursature la liqueur par l'acide chlorhydrique et on la fait bouillir pour chasser tout l'acide carbonique; puis on y verse du chlorure de baryum, et l'acide sulfurique se précipite à l'état de sulfate de baryte, que l'on recueille sur un filtre, que l'on dessèche et que l'on pèse. On en déduit par le calcul le poids de l'acide sulfurique.

La filtration ne doit pas avoir lieu immédiatement; il faut laisser le sulfate de baryte se ramasser et la liqueur devenir claire. Comme pour les précipités d'oxalate de chaux, on peut faire bouillir, mais il est préférable de laisser séjourner la fiole où s'est faite la précipitation pendant plusieurs heures dans le bain de sable. On peut filtrer lorsqu'une liqueur parfaitement transparente surnage un précipité grenu bien rassemblé.

**71. Dosage du soufre.** — Si l'on veut déterminer non seulement l'acide sulfurique tout formé, mais la totalité du soufre contenu dans l'échantillon, on met celui-ci au contact d'une matière oxydante, qui transforme les sulfures en sulfates; on l'attaque, par exemple, par l'eau régale, ou bien on y ajoute un peu de chlorate de potasse et on l'attaque ensuite avec précaution par l'acide chlorhydrique. On évapore à sec et on fait digérer le résidu à froid avec du carbonate d'ammoniaque. L'analyse se poursuit comme dans le cas précédent.

Si l'on applique simultanément les deux méthodes, et que, par la seconde, on trouve un résultat plus élevé que par la première, la différence représente l'acide sulfurique formé aux dépens du soufre des sulfures.

**72. Dosage des alcalis.** — Les chaux et surtout les ciments renferment presque toujours une certaine dose d'alcalis fixes, provenant soit du calcaire d'où ils tirent leur origine, soit de l'argile qu'on a pu y introduire artificiellement, soit même des cendres du combustible. Ces alcalis ont une certaine influence sur la qualité des produits. Il est donc quelquefois intéressant de les déterminer.

On opère sur une prise d'échantillon spéciale, que l'on attaque et dont on sépare les éléments comme dans une analyse courante (n^os 68 et 69). Mais on s'arrête après la séparation de la chaux, et on n'introduit pas de phosphate de soude dans la dernière liqueur. On la verse dans une capsule de porcelaine, et on l'évapore à sec; puis on la calcine sur un brûleur, ou mieux au moufle, de façon à chasser les sels ammoniacaux et à décomposer les oxalates. Le résidu se compose de sels alcalins et de magnésie libre ou carbonatée. Ce dernier corps étant insoluble, si on reprend par l'eau et qu'on filtre, on obtient une liqueur qui ne renferme plus que les sels alcalins.

La liqueur est évaporée à sec dans une capsule de platine, en présence d'un léger excès d'acide sulfurique, qui déplace les autres acides. Le résidu est du sulfate alcalin. On le porte au rouge pour chasser tout excès d'acide et on le pèse.

On le reprend ensuite par de l'eau acidulée d'acide chlorhydrique, et on y précipite l'acide sulfurique par le chlorure de baryum. Du poids du sulfate du baryte on déduit celui de l'acide sulfurique. Si on retranche ce dernier poids de celui du sulfate alcalin, la différence représente les alcalis fixes, soude et potasse réunis.

Il est fort rare que l'on ait besoin de connaître séparément la dose de chacun des alcalis. Dans le cas où on le désirerait, on aurait recours aux méthodes exposées plus loin. (Chap. VI.)

**73. Observation.** — Lorsqu'il y a dans l'échantillon des quantités notables d'acide sulfurique, le procédé qui vient d'être expliqué peut donner des résultats erronés. Le sulfate de magnésie n'est que partiellement décomposé au moment de la calcination des sels ammoniacaux et une partie de ce sel se trouve mêlé au sulfate alcalin. On obtient donc, avec les alcalis, un peu de magnésie que l'on pèse avec eux.

Pour se mettre à l'abri de cette cause d'erreur, après avoir chassé les sels ammoniacaux et repris le résidu par l'eau, on y verse un peu d'eau de baryte, qui précipite la magnésie et donne en même temps des composés insolubles avec l'acide sulfurique et l'acide carbonique. La liqueur filtrée ne renferme plus que des chlorures alcalins, des alcalis libres et de la baryte. On la sursature par l'acide sulfurique et on la filtre de nouveau; puis on l'évapore à sec et on la calcine, et on obtient un résidu de sulfate alcalin, comme dans le cas précédent (n° 72). L'analyse se termine de la même manière.

## § 3

## ANALYSE DES SILICATES, ARGILES, SABLES, POUZZOLANES, ETC.

**74. Attaque.** — Les silicates naturels, qui constituent les sables, les argiles, les pouzzolanes et les roches primitives, ainsi que les produits artificiels, tels que les briques, qui ont la même origine, ne sont pas ou ne sont que partiellement dissous par l'acide chlorhydrique, même si on évapore à sec. Pour les rendre attaquables, il faut les fondre avec une base puissante, formant avec la silice une combinaison facile à décomposer ensuite par les acides.

On pèse un poids donné, 1 gramme par exemple, de l'échantillon réduit en poudre fine, et on le place dans un creuset de platine avec cinq fois environ autant de carbonate de potasse ou de soude, ou mieux encore, d'un mélange de ces deux sels dans la proportion de leurs équivalents, soit 5 parties de carbonate de potasse pour 4 parties de carbonate de soude. Il a été constaté que ce mélange est plus fusible que chacun des deux carbonates pris isolément. On mêle intimement les matières; puis on porte le creuset au rouge pendant 5 à 10 minutes.

Cette attaque demande quelques précautions. La silice déplace de l'acide carbonique, qui s'échappe avec effervescence à travers une matière pâteuse et produit des projections. Il faut donc avoir soin de tenir le creuset bien couvert, mais de façon à pouvoir le soulever de temps en temps pour examiner ce qui se passe. A l'origine, le feu doit être ménagé; sans cela l'effervescence produirait une mousse abondante qui soulèverait le couvercle et passerait par-dessus bords: l'expérience serait perdue. Vers la fin, lorsque l'effervescence a cessé, on donne un violent coup de feu pendant deux ou trois minutes.

On saisit avec une pince le creuset encore rouge, et on plonge sa partie inférieure à plusieurs reprises dans l'eau froide. Le refroidissement brusque ainsi produit suffit en général pour détacher nettement des parois du creuset le culot vitrifié. On le jette dans une capsule de porcelaine. Si on n'a pas réussi à séparer le culot, on met le creuset lui-même dans la capsule avec la matière qu'il contient. On noie la matière dans l'eau, et on la laisse digérer ainsi, jusqu'à ce qu'elle soit tombée en bouillie.

On ajoute alors avec précaution de l'acide chlorhydrique qui dissout toute la masse. Il se produit d'abord une vive effervescence provenant du carbonate resté en excès. Vers la fin, on lave à l'acide le creuset et son couvercle, et on jette les eaux de lavage dans la capsule.

**75. Analyse.** — La capsule est portée au bain de sable et évaporée à sec. Le résidu est de la silice que l'on sépare comme dans les chaux (n° 69). L'analyse se continue comme dans les cas précédents.

La matière se trouvant, par suite du mode d'attaque, mélangée avec une grande quantité de chlorures alcalins, les lavages des précipités demandent à être faits avec beaucoup de soin.

La dose de chaux étant toujours assez faible dans cette nature de produits, on la précipite simplement au moyen d'une dissolution d'oxalate d'ammoniaque au dixième, et il est inutile de peser ce réactif en cristaux.

**76. Dosage des alcalis.** — Lorsqu'on veut doser les alcalis contenus dans l'échantillon, ce mode d'attaque ne peut plus être appliqué. Il faut fondre les silicates avec une base qui ne soit pas elle-même un alcali, la chaux par exemple, ou bien les décomposer par le fluor.

1° On prend de 2 à 4 grammes de l'échantillon broyé aussi fin que possible, on les évapore à sec avec de l'acide chlorhydrique, on reprend par l'eau acidulée et on filtre. On recueille ainsi une première liqueur qui renferme les alcalis solubles dans les acides. Cette liqueur est traitée exactement comme il a été expliqué au n° 72.

Le résidu insoluble est calciné avec son filtre et pesé grossièrement. On le met dans un creuset et on le mélange intimement avec 1/4 de son poids d'alumine pure, et 5/4 de carbonate de chaux pur ou de marbre blanc. Le mélange est porté au chalumeau de Schlœsing et maintenu au blanc pendant dix minutes. Il se forme un verre parfaitement homogène et transparent, que l'on détache en refroidissant brusquement dans l'eau le fond du creuset encore rouge.

Ce verre est porphyrisé au moyen du mortier d'Abich et du mortier d'agate, puis placé dans une capsule de porcelaine avec de l'acide chlorhydrique, qui l'attaque et le dissout. Cette liqueur est évaporée à sec et traitée comme la précédente, avec laquelle on la mélange d'ailleurs, si l'on ne tient pas à distinguer les alcalis solubles de ceux qui ne le sont pas.

Si l'on avait intérêt à séparer les deux alcalis, on le ferait comme il sera indiqué au chap. VI.

Il reste presque toujours un peu de matière adhérente aux parois du creuset. Pour ne pas la perdre, on met le creuset et son couvercle dans la capsule de porcelaine avec l'acide chlorhydrique, qui finit par tout dissoudre.

On peut aussi, ayant fait à l'avance la tare $t$ du creuset, en prendre le poids P après fusion au chalumeau, et le poids $p$ après que l'on a enlevé tout ce qu'on a pu de la matière vitrifiée. Tous les résultats de l'analyse doivent être alors augmentés dans le rapport de $P-t$ à $P-p$. Dans ce cas, la seconde liqueur ne peut être mélangée à la première, car on ne saurait plus calculer la correction.

Cette attaque ne pouvant guère servir que pour doser les alcalis, il faut toujours l'accompagner d'une attaque distincte aux carbonates alcalins pour avoir les autres éléments.

2° On met dans un creuset de platine avec du fluorhydrate d'ammoniaque la matière finement pulvérisée. La silice passe à l'état de fluorure de silicium. On ajoute de l'acide sulfurique, et on évapore à sec. Le fluor disparaît, et il ne reste que des sulfates de toutes les bases. On porte le creuset au rouge vif pour décomposer les sulfates de fer et d'alumine, on reprend par l'eau chaude et on jette sur un filtre. Dans la liqueur filtrée, on ajoute un excès d'eau de baryte, puis on fait passer un courant d'acide carbonique, qui précipite toutes les bases à l'état de carbonates, et l'acide sulfurique à l'état de sulfate de baryte. La liqueur, filtrée de nouveau, ne renferme plus que des carbonates alcalins, que l'on transforme en sulfates par une évaporation en présence d'un excès d'acide sulfurique.

L'analyse se termine comme au n° 72.

## § 4.

## ANALYSES DIVERSES

**77. Mortiers.** — Les mortiers sont des mélanges de chaux ou de ciments avec des sables ou des pouzzolanes. Leur analyse se fait comme celle des chaux (n^os^ 68 et suivants).

Le plus souvent, une semblable analyse ne fournit pas tous les renseignements que l'on cherche. Ce que l'on a intérêt à savoir, c'est si les proportions du mélange sont conformes aux prescriptions des devis.

Une pareille étude ne peut être faite que si on possède en même temps des échantillons des matières qui ont servi à composer le mortier.

On en fait l'analyse, et on calcule quelle a dû être la composition chimique du mortier fait suivant les règles prescrites. Il est préférable même de fabriquer au laboratoire une petite quantité de mortier, en suivant pas à pas les procédés et les dosages indiqués au devis.

On possède ainsi les quatre analyses du sable et de la chaux employés, du mortier suspect et du mortier normal. En comparant les deux dernières, on peut voir si le constructeur s'est plus ou moins éloigné des instructions qu'il avait reçues.

Mais cette comparaison ne peut se faire directement sur l'analyse brute. La perte au feu des mortiers comprend, outre les éléments volatils de la chaux et du sable, de l'eau introduite dans la fabrication, dont la proportion est variable, et n'est pas la même au laboratoire que sur les chantiers ou dans les massifs de maçonnerie. Il faut donc d'abord faire abstraction de la perte au feu, et ne tenir compte que des produits fixes. Ainsi, si $m$ est la dose de chaux réelle, et $n$ celle des autres éléments fixes (argile, alumine, peroxyde de fer et magnésie) d'un quelconque des quatre échantillons, on calcule la composition qu'il doit avoir après calcination en posant :

Dose de chaux : $a = \frac{m}{m+n}$

Dose d'autres matières : $b = \frac{n}{m+n}$

Total : $a + b = 1.00$

On dresse un tableau des quatre analyses ramenés à cette forme, savoir :

| | CHAUX MARCHANDE | SABLE | MORTIER SUSPECT | MORTIER NORMAL |
|---|---|---|---|---|
| Chaux réelle. . | a | a′ | A | A′ |
| Autr. mat. fixes. | b | b′ | B | B′ |
| TOTAL. . . | 1.00 | 1.00 | 1.00 | 1.00 |

Si on désigne par $x$ et $x'$ les proportions de chaux marchande, supposée calcinée, et par $y$ et $y'$ les proportions de sable, également supposé au même état, qui entrent respectivement dans les deux mortiers, on a les relations :

$$\begin{matrix} A = ax + a'y \\ B = bx + b'y \end{matrix} \quad \text{et} \quad \begin{matrix} A' = ax' + a'y' \\ B' = bx' + b'y' \end{matrix}$$

avec les identités $x + y = 1$ et $x' + y' = 1$.

Si $x$ est $< x'$, la quantité de chaux employée est insuffisante, et la malfaçon a pour mesure $\frac{x' - x}{x'}$.

On peut encore la mesurer comme il suit : $\frac{x}{y}$ est le rapport du poids de chaux calcinée à l'unité du poids de sable également calciné dans le premier mortier ; $\frac{x'}{y'}$ est le même rapport dans le mortier normal. Donc le rapport du poids de chaux employé à celui qui devait l'être, pour une même quantité de sable, est égal à $\frac{x.y'}{y.x'}$.

Lorsqu'il s'agit de chaux hydrauliques, on peut se contenter d'attaquer à chaud les mortiers par l'acide chlorhydrique, et de décanter les liqueurs, que l'on évapore à sec et que l'on reprend par l'eau acidulée. Les résidus représentent la silice attaquable provenant de la chaux hydraulique. De leur pesée on déduit immédiatement le rapport $\frac{x - x}{x'}$.

On peut se dispenser de fabriquer un échantillon de mortier normal. Les analyses indiquées au tableau ci-dessus se réduisent alors aux trois premières, d'où l'on déduit le rapport $\frac{x}{y}$. On calcule, en se reportant aux analyses primodiales, les quantités Y et X de sable et de chaux naturels qui correspondent aux quantités $x$ et $y$ de sable et de chaux calcinés; on obtient le rapport $\frac{X}{Y}$ dans lequel ces deux éléments ont été mélangés, et on compare ce rapport à celui qui avait été indiqué dans le devis. Si les dosages sont donnés en volumes, on prend la densité des matières, afin de transformer les poids en volumes.

**78. Plâtre.** — L'analyse des plâtres se fait de la même façon, qu'il s'agisse de pierre à plâtre, de plâtre cuit ou de plâtre déjà employé. On opère sur un échantillon réduit en poudre fine, s'il n'est pas pulvérulent par lui-même.

Par une calcination au rouge dans un creuset de platine on détermine la perte au feu : elle comprend l'eau et l'acide carbonique, ainsi que le charbon provenant du combustible employé à la cuisson, qui se rencontre quelquefois en grande abondance dans les produits livrés par l'industrie.

L'acide carbonique peut se doser directement par la méthode qui a été exposée au n° 64.

On peut aussi trouver la quantité d'eau de l'échantillon par une dessiccation à l'étuve. Mais il faut avoir soin de pousser la chaleur du bain jusqu'à une température de plus de 140°, à laquelle seulement le plâtre abandonne son eau de combinaison.

La différence entre la perte au feu et le poids de l'acide carbonique et de l'eau donnerait alors le poids du charbon.

L'analyse des matières fixes se fait de la manière suivante: On met 1 ou 2 grammes de l'échantillon dans une fiole renfermant une dissolution de carbonate d'ammoniaque, et on laisse digérer à froid pendant 24 heures, en agitant fréquemment. Le sulfate de chaux est décomposé et se transforme en sulfate d'ammoniaque soluble et en carbonate de chaux insoluble. On filtre, on lave avec soin la fiole et le filtre, et on dose l'acide sulfurique comme il a été expliqué au n° 70.

Le résidu resté sur le filtre se compose du carbonate de chaux formé aux dépens du plâtre, de celui qui préexistait dans l'échantillon, du résidu insoluble dans les acides et du peroxyde de fer et de l'alumine. On place le filtre sur une fiole et on y verse de l'acide chlorhydrique; il n'y reste que le résidu insoluble, que l'on lave avec soin et que l'on pèse après calcination.

La liqueur est traitée comme un calcaire pour la séparation du fer, de l'alumine et de la chaux (nos 57, 58, 63).

Certains plâtres contiennent de la magnésie. Pour la doser, on sépare par l'acide sulfurique l'excès de baryte que l'on avait introduit dans la première liqueur, et on la filtre. Puis, on la réunit à la dernière liqueur obtenue après la séparation de la chaux, et on précipite la magnésie dans le mélange rendu ammoniacal, au moyen du phosphate de soude (n° 59).

**79. Asphaltes.** — Les asphaltes naturels ou artificiels sont des substances terreuses imprégnées de bitume.

Pour en faire l'analyse, on les concasse en petits fragments ce qui est quelquefois assez difficile pour certains échantillons très tendres, que l'on est alors obligé de couper au couteau.

On introduit un poids déterminé de ces fragments dans une fiole, où on a versé de la benzine ou mieux du sulfure de carbone, et que l'on ferme avec un bouchon. On laisse les matières au contact pendant plusieurs heures, puis on jette le tout sur un filtre double taré.

Le filtre est lavé avec soin au sulfure de carbone, puis mis à dessécher.

La liqueur est recueillie dans une capsule tarée que l'on

place sur un bain-marie rempli d'eau chaude, mais éloigné de tout foyer en activité, qui pourrait, même à distance, enflammer les vapeurs du sulfure de carbone. Ce dissolvant s'évapore facilement, et le bitume reste dans la capsule où on le pèse. Comme il peut avoir passé par le filtre quelques substances étrangères solubles, il est bon de calciner la matière et de peser le résidu que l'on retranche de la pesée pour avoir le poids du bitume ; on l'ajoute ensuite aux produits restés sur le filtre.

On pèse le filtre et son contenu, en séparant le papier extérieur que l'on met sur un des plateaux de la balance.

On grille le filtre, et le résidu donne le poids des substances fixes. La différence avec la pesée précédente est le poids des produits charbonneux, qui se rencontrent quelquefois en assez grande abondance dans les asphaltes mal préparés.

L'analyse des cendres obtenues se fait ensuite comme celle des calcaires.

Quand on opère sur des produits artificiels, ou soupçonnés tels, on peut craindre qu'il n'ait été incorporé au bitume ou au goudron qui le remplace, de la chaux vive, qui se carbonaterait en partie par le grillage. Les résultats ne seraient pas alors exacts. Dans ce cas, il est préférable, après avoir pesé le résidu insoluble, et avant de le calciner, de l'attaquer sur le filtre par de l'acide chlorhydrique et de le bien laver. La chaux est entraînée et il ne reste que les matières charbonneuses avec les éléments silicieux de l'échantillon. On pèse, on calcine et on continue l'opération comme ci-dessus.

La plupart des asphaltes artificiels se font aujourd'hui avec du brai sec provenant des usines à gaz. Ce produit se distingue du bitume naturel par la coloration qu'il donne à l'alcool. On réduit en poudre le résidu extrait au moyen du sulfure de carbone après l'avoir desséché au-dessus d'un fourneau. Cette poudre est mise à digérer avec de l'alcool concentré dans un tube bouché pendant une journée. L'alcool reste incolore, ou prend à peine une teinte légèrement ambrée, lorsqu'il s'agit de bitume naturel, et devient jaune d'or avec le brai de gaz.

**80. Peintures.** — La base de toutes les peintures est la céruse (carbonate de plomb). On emploie aussi quelquefois l'oxyde ou blanc de zinc. Les couleurs sont données par divers composés métalliques, sur lesquels il n'y a pas lieu de s'étendre ici et que les ingénieurs ont rarement intérêt à déterminer. On emploie aussi des ocres jaunes ou rouges, qui sont des oxydes de fer souvent mélangés d'argile.

Les peintures sont fréquemment altérées par l'addition de de sulfate de plomb, de sulfate de baryte, de plâtre et de craie. Pour en faire l'analyse, il faut donc séparer ces divers produits, le carbonate de plomb et l'oxyde de zinc.

Si les peintures sont imprégnées d'huile, on commence par s'en débarrasser par un grillage au moufle, ou mieux par un lavage au sulfure de carbone ou à l'éther.

Le résidu est mis en digestion dans une fiole avec du carbonate d'ammoniaque, qui décompose les sulfates de plomb et de chaux, mais non le sulfate de baryte. Celui-ci reste sur le filtre où on jette le contenu de la fiole, avec les carbonates de chaux et de plomb préexistants ou formés aux dépens des sulfates, et avec l'oxyde de zinc, dont une partie toutefois peut avoir passé dans la liqueur.

Cette liqueur est traitée par le chlorure de baryum acide qui précipite l'acide sulfurique à l'état de sulfate de baryte.

Après filtration, on la débarrasse de sa baryte en y versant de l'acide sulfurique en excès et filtrant. La liqueur obtenue (*a*), contenant le zinc qui a passé, est conservée pour être réunie à celle qui sert à doser cet élément.

La matière restée sur le filtre est traitée par l'acide nitrique qui dissout tout, excepté le sulfate de baryte et les silicates insolubles, s'il y en a. On lave avec soin et on pèse ce résidu.

La seconde liqueur ainsi obtenue est évaporée à sec et reprise par l'acide chlorhydrique faible, qui précipite le plomb à l'état de chlorure (*b*). On filtre et on traite la liqueur par un excès d'ammoniaque afin de recueillir les dernières traces d'oxyde de plomb (*c*) restées solubles.

On filtre de nouveau, et on recueille une troisième liqueur que l'on réunit à la première (*a*). Le mélange, additionné de sulfhydrate d'ammoniaque, donne le zinc sous forme de sulfure, que l'on recueille sur un filtre et que l'on grille au moufle dans une capsule couverte. Il se transforme ainsi en oxyde de zinc, que l'on pèse.

Dans la liqueur qui a passé, on met de l'oxalate d'ammoniaque qui y précipite la chaux.

Quant aux deux précipités (*b*) et (*c*) qui renferment le plomb à l'état de chlorure et d'oxyde, on les calcine, puis on jette le produit de la calcination dans une fiole avec du sulfhydrate d'ammoniaque. Le sulfure de plomb est recueilli sur un filtre double taré et pesé après dessiccation.

**81. Bronze.** — Le bronze est un alliage de cuivre et d'étain, où l'on incorpore souvent une certaine dose de zinc et de plomb, et qui renferme accidentellement de petites quantités de fer.

La préparation de l'échantillon présente quelque difficulté. On ne peut le réduire en poudre à la lime, car cette opération introduirait du fer provenant de la lime. Il faut enlever au ciseau de petites parcelles du métal, ou bien, si on dispose d'un tour à métaux, y placer l'alliage et recueillir la tournure qui se produit.

On en pèse une certaine dose que l'on attaque par l'acide azotique. L'étain est transformé en acide métastannique qui est recueilli sur un filtre et pesé après calcination. De son poids, on déduit celui de l'étain lui-même.

La liqueur renfermant les autres métaux à l'état d'azotate est évaporée à sec avec un excès d'acide sulfurique qui déplace l'acide azotique. On reprend par l'eau et on filtre. Le sulfate de plomb, qui est insoluble, se trouve séparé; on le pèse après calcination et on en déduit le poids du plomb.

Restent le cuivre, le zinc et le fer à l'état de sulfates. On ajoute un léger excès d'acide sulfurique, puis on fait passer dans la fiole un courant d'acide sulfhydrique gazeux. Le cuivre se précipite seul à l'état de sulfure de cuivre que l'on recueille sur un filtre et que l'on lave avec soin au moyen d'eau chargée d'un peu d'acide sulfhydrique. Le résidu, après dessiccation, est calciné avec de la fleur de soufre dans un creuset taré de porcelaine et pesé. Du poids du protosulfure de cuivre, on déduit par le calcul celui du cuivre métallique.

La liqueur qui a passé renferme le zinc, et, s'il y en a, le fer à l'état de protoxyde. On la fait bouillir pour chasser l'excès d'acide sulfhydrique et on y ajoute un peu d'eau régale ou de chlorate de potasse pour faire passer le fer au maximum. On verse un excès d'ammoniaque, qui précipite seulement le peroxyde de fer. On le recueille sur un filtre, et, comme le précipité retient souvent un peu de zinc, on le redissout sur le filtre et on précipite de nouveau le peroxyde de fer, qui est alors suffisamment pur.

Pour avoir le zinc, on fait bouillir la dernière liqueur avec un excès de carbonate de soude. L'ébullition doit être prolongée jusqu'à ce que toute odeur ammoniacale ait disparu. On recueille sur un filtre le précipité et on le pèse après calcination. On a ainsi le zinc à l'état d'oxyde; le calcul des équivalents donne le poids du métal correspondant.

**82. Charbon de terre.** — Les ingénieurs ont quelquefois à déterminer la qualité des charbons de terre. Un essai fournissant les renseignements les plus utiles peut se faire rapidement de la manière suivante :

L'échantillon est réduit en poudre, dont on dose l'humidité par une perte à l'étuve à 120° environ.

On place de 2 à 5 grammes de cette poudre dans un petit creuset taré de platine que l'on met au fond d'un creuset plus grand en l'entourant de grains de charbon pour empêcher l'accès de l'oxygène de l'air. On maintient les creusets au rouge pendant dix minutes au moins et on pèse le plus petit. La perte de poids représente la somme des éléments volatils, comprenant l'eau déjà dosée et les gaz volatils.

Le résidu est le coke, et comprend le carbone et les matières fixes.

On sépare les cendres par un grillage au moufle et on en détermine, au besoin, la composition par l'analyse chimique.

On peut enfin constater le pouvoir calorifique de la matière en plaçant un échantillon de 1 gramme dans un petit creuset de terre garni de litharge et le calcinant. Le poids du culot métallique obtenu est proportionnel au pouvoir calorifique.

---

## CHAPITRE IV

# ESSAI DE LA RÉSISTANCE DES MATÉRIAUX

**83. Prise des chaux et ciments.** — Les chaux hydrauliques sont souvent essayées au point de vue de la rapidité de leur prise sous l'eau.

On en fait, dans un mortier en porcelaine, en s'aidant du pilon, une pâte ferme bien homogène et aussi liante que possible. On introduit cette pâte au fond d'un verre sans pied, où on la tasse en frappant fortement le verre sur le creux de la main, et que l'on place ensuite dans une terrine ou un baquet rempli d'eau, en notant le jour et l'heure de l'expérience. De temps en temps, on vient tâter la chaux pour juger de son degré de dureté. On constate qu'elle a fait prise lorsqu'elle supporte sans dépression l'aiguille de Vicat.

L'aiguille dont se servait Vicat était une aiguille à tricoter, de $0^m,0012$ de diamètre, limée suivant un plan perpendiculaire à son axe, et chargée d'une masse de plomb qui portait son poids à 300 grammes.

La section de l'aiguille étant de $1^{mmq}13$ cette charge équivalait à une pression de $26^k,5$ par centimètre carré.

Cette aiguille à tricoter est remplacée aujourd'hui par un appareil que construisent les fabricants d'instruments de physique. C'est une tige en acier, terminée par une pointe, limée suivant un plan perpendiculaire à l'axe, et portant une masse en laiton, qui y est fixée par une goupille. Le poids de l'appareil doit être tel que la pointe porte une charge de 265 grammes par millimètre carré.

Cet essai ne donne pas d'indications bien précises. Outre que la rapidité de la prise n'est pas toujours une preuve de la qualité d'une chaux, elle est tellement influencée par le mode de préparation de la pâte que le même échantillon donne des résultats souvent très disparates entre les mains de divers opérateurs. La quantité d'eau introduite et le malaxage plus ou moins prolongé de la pâte peuvent faire varier du simple au triple et même davantage la durée de la prise.

L'aiguille de Vicat ne peut être appliquée à la constatation de la prise des mortiers; les grains de sable sur lesquels elle porte répartissent la pression sur une surface indéterminée. Il faut alors se contenter d'apprécier la prise par la résistance sous le doigt.

**84. Écrasement.** — La résistance à l'écrasement des matériaux de toute nature est une de leurs qualités les plus importantes. On la constate en les mettant sous forme d'un cube ou d'un parrallélipipède rectangle, dont on soumet les deux faces parallèles à une forte pression entre deux plateaux fortement chargés.

Lorsque l'on opère sur des chaux, ciments ou mortiers, on coule la matière dans un moule cubique en bois qui se démonte. S'il s'agit de pierres ou de briques, on les taille avec soin par les méthodes ordinaires.

Le côté des cubes varie de 5 à 10 centimètres suivant la dureté de la matière, et suivant les moyens de pression dont on dispose.

La résistance à l'écrasement étant généralement très grande, on ne pourrait l'obtenir par une charge directe. Le plus souvent, on place le cube entre les deux plateaux d'une presse hydraulique, dont le manomètre indique le nombre N d'atmosphères auquel s'élève la pression dans la presse au moment de la rupture. Ce nombre, multiplié par 1,033, donne en kilogrammes la charge par centimètre carré exercée sur la face inférieure du piston. Si D est le diamètre de ce piston, exprimé en centimètres, la charge totale de rupture se calcule par la formule :

$$P = \frac{1}{4} \pi D^2 \, 1,033 \, N = 0,8113 \, D^2 N;$$

et, si $a$ est le côté des cubes, la charge qu'ils supportent par centimètre carré s'élève à

$$p = 0,8113 \frac{D^2 N}{a^2}.$$

Dans les expériences d'écrasement, il y a deux points à noter. A un certain moment, on voit le bloc se fendre du haut en bas, suivant une ou plusieurs fissures. Ce phénomène est un indice de la fragilité des matériaux. Si on continue à faire agir la pompe, la pression augmente encore, et le cube, bien que séparé en plusieurs blocs par les fissures, continue à supporter des charges de plus en plus fortes. Puis à un moment donné l'écrasement définitif se produit, la matière se désagrège, et il devient impossible de faire monter le manomètre.

On note sous quelle charge se sont produites les premières fissures d'abord, puis l'écrasement définitif. Il arrive quelquefois qu'il n'y a pas de fissures préalables à l'écrasement.

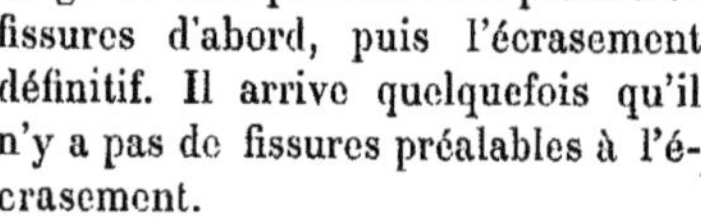

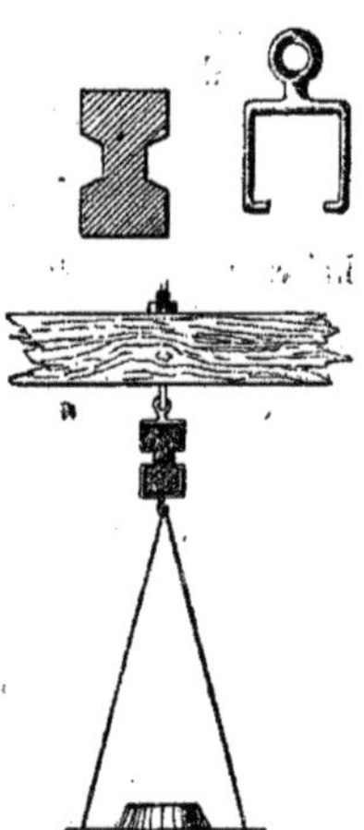

**85. Arrachement.** — Quand on veut essayer la résistance des matériaux à la rupture par traction ou arrachement, on les moule ou bien on les découpe sous forme de briquettes prismatiques, échancrées vers le milieu de leur longueur. On introduit la table supérieure du double T ainsi formé dans un étrier suspendu à une pièce fixe. Un autre étrier semblable, mais renversé, saisit la table inférieure et supporte un plateau où l'on place des poids jusqu'à ce que la rupture ait lieu. On note la charge P à ce moment. Soit $e$ l'épaisseur de la briquette, $l$ la largeur restée entre les deux échancrures, $l \times e$ est la section qui résiste à la rupture, et la charge par unité de surface qui arrache la matière essayée est $p = \frac{P}{le}$.

Au lieu de charger directement la briquette du poids total qu'elle doit supporter, il est préférable de se servir d'un levier à poids mobile, qui permet d'obtenir le résultat plus promptement et en employant une petite quantité de poids.

Dans l'appareil le plus employé par les ponts et chaussées, le système A de la briquette et des mâchoires est retenu par le bas au bâti de la machine au moyen d'une tige *a* portant une vis et un écrou à volant, et est suspendu, d'autre part, par un couteau à un levier BD, qui lui-même est supporté par un couteau sur une colonne *c* en fonte, faisant partie du même bâti. A l'extrémité B du levier est suspendu par un troisième couteau un plateau S où l'on met des poids. L'intervalle des couteaux *c* et B est dix fois plus grand que celui des couteaux A et *c*. Si on charge des poids en S, il s'exerce sur la briquette une traction dix fois plus considérable que ces poids.

On met en S des poids variant de 5 en 5 kilogrammes ; en

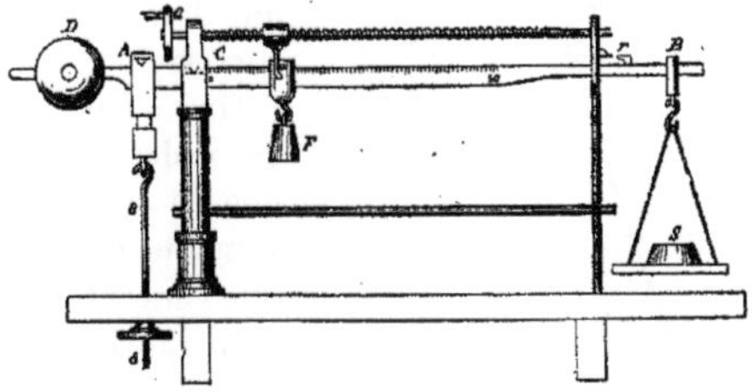

sorte que, d'une pesée à une autre, la traction augmente de 50 kilogrammes.

Pour avoir les charges intermédiaires, on a disposé un curseur F, de poids constant, qui se déplace lentement le long du levier au moyen d'une vis fixe mise en mouvement par une manivelle G. Le zéro des divisions du levier est placé près du couteau *c*. Le curseur étant au zéro, le levier doit rester de lui-même en équilibre, ce dont on juge par la coïncidence des deux repères *r*. On règle au besoin cet équilibre en déplaçant le contrepoids D, qui est mobile. La division 50 est à une distance telle que, si on y place le curseur, après avoir suspendu un poids de 50 kilogrammes à la machoire A, le levier reste encore en équilibre.

Pour se servir de cette machine on met la briquette en place et on serre la vis *a*, jusqu'à ce que les repères *r* soient en coïncidence. Puis on fait avancer le curseur. Si la briquette n'est pas brisée, quand il arrive à 50, on le ramène à zéro, on met un poids de 5 kilogrammes dans le plateau S, et on recommence ainsi de suite jusqu'à ce que la briquette se rompe. On note alors le poids mis dans le plateau S, on le décuple et on y ajoute le nombre représenté par la division où s'est arrêté le curseur.

**86. Flexion.** — La résistance à la rupture des matériaux par flexion se constate au moyen de prismes rectangulaires, placés sur deux appuis fixes, dont la distance est mesurée exactement. Au milieu de cette distance, on pose sur le prisme un couteau auquel est suspendu un plateau que l'on charge de poids successifs.

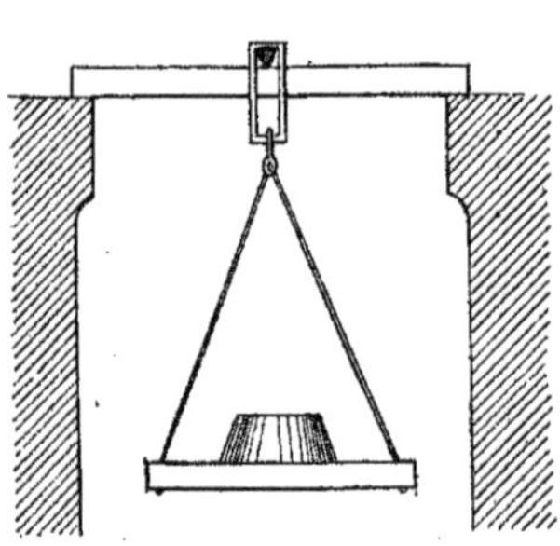

On adapte au prisme verticalement une règle divisée et on suit les mouvements de cette règle avec une lunette fixe pourvue d'un réticule ; ou bien, on trace au milieu du prisme un repère dont on observe l'affaissemement avec un cathétomètre. On détermine ainsi la flèche qui correspond à chacun des poids que l'on place dans le plateau, et on détermine le coefficient d'élasticité du prisme, d'après la formule ordinaire $E = \frac{P L^3}{4 f b h^3}$, où P est le poids mis dans le plateau, L la distance des appuis, $f$ la flèche, $b$ la largeur, $h$ la hauteur du prisme.

Le maximum d'effort de traction que supporte la matière sous la charge P, est d'ailleurs donné par la formule $R = \frac{3}{2} \frac{P L}{b h^2}$.

On prend souvent pour limite de sa résistance la valeur que prend R sous la charge qui produit la rupture ; mais les résultats que donne cette méthode sont très différents de ceux que l'on obtient par la traction directe, car la limite d'élasticité est dépassée et la formule n'est plus applicable au moment de la rupture. Pour les matériaux peu élastiques, tels que les pierres ou les briques, la traction directe accuse une résistance environ trois fois moindre que celle que l'on conclurait de la formule ci-dessus.

**87. Dureté.** — Vicat a essayé de mesurer la dureté des mortiers au moyen de divers appareils donnant la mesure de l'enfoncement d'une tige par percussion ou par rotation sous une charge donnée.

Ces appareils, qui ont servi aux études si importantes publiées par Vicat, ne sont plus employés aujourd'hui. Les unités adoptées ne sont pas assez définies, et les résultats varient suivant l'adresse plus ou moins grande des expérimentateurs. Ils peuvent être utilisés avec fruit seulement dans le cas où une même personne cherche à établir des comparaisons sur une série de matériaux qu'elle a sous la main en même temps.

**88. Porosité.** — Il est souvent important de constater le degré de porosité de certains matériaux, des briques, par exemple, et des mortiers employés en eau de mer ou pour des murs de réservoirs. A cet effet, on met l'échantillon dans une étuve et on le pèse chaque jour après l'avoir laissé refroidir; lorsque les pesées consécutives sont identiques, on admet que le corps est complètement désséché, et on note son poids $p$. On l'immerge ensuite dans un baquet, et chaque jour on le retire de l'eau et on le pèse, après l'avoir essuyé avec un linge. Lorsque le poids ne varie plus, on admet que l'échantillon est complètement imbibé, et on en note le poids P. On voit que $\frac{P-p}{p}$ est sa faculté spécifique d'absorption.

**89. Gélivité.** — Certaines pierres éprouvent, par l'action de la gelée, des dégradations plus ou moins fortes; quelques-unes se fendillent dans différents sens, d'autres se réduisent en fragments. L'emploi de pierres de cette espèce, surtout dans les parements des maçonneries, est extrêmement fâcheux, et il serait fort utile de pouvoir reconnaître à priori, sous ce rapport, la qualité des matériaux que l'on se propose d'employer. M. Brard a eu l'idée, pour atteindre ce but, de soumettre les pierres à une action analogue à celle de la gelée, en faisant cristalliser différents sels dans les cavités qu'elles renferment naturellement. Après un assez grand nombre d'essais, il a reconnu que le sulfate de soude est le sel qui parait agir avec le plus d'énergie. En trempant les pierres gélives dans une dissolution concentrée de sulfate de soude, et les exposant ensuite à l'air libre, il se produit une cristallisation et un gonflement dont les effets sont ceux de la gelée.

On prépare une dissolution de 1 kilogramme de sulfate de soude dans 2 litres d'eau. On choisit des fragments anguleux et non arrondis de la pierre à essayer, et on les fait bouillir dans cette dissolution pendant une heure. Les fragments sont ensuite suspendus par des ficelles au-dessus de soucoupes. Chaque jour on trempe les fragments dans la dissolution froide de sulfate de soude, et on les suspend de nouveau à l'air libre. On voit au bout d'un temps plus ou moins long s'en détacher de petits éclats qui tombent dans les soucoupes. On arrête l'expérience après 20 jours.

On admet que toute pierre qui a subi cette épreuve sans fournir d'éclats est excellente, et que celles qui y ont succombé sont gélives ou au moins de qualité douteuse.

Malheureusement, il n'existe, pour ainsi dire, pas de pierres qui ne se désagrègent plus ou moins dans ces conditions, et il est très difficile, même à un œil exercé, de juger de leur degré de gélivité d'après la quantité et la forme des éclats. Cet essai ne permet de conclure que dans le cas de matériaux absolument bons ou absolument mauvais.

# CHAPITRE V

## ÉTUDE DES EAUX NATURELLES

### § 1er

### ORIGINE ET COMPOSITION DES EAUX NATURELLES.

**90. Origine des eaux.** — Toutes les eaux qui coulent à la surface de la terre proviennent de l'immense réservoir formé par la mer. On sait que l'évaporation enlève à la surface des eaux une couche évaluée, en moyenne, à 3 ou 4 millimètres d'épaisseur par jour. La superficie des mers étant d'au moins les deux tiers de celle du globe, il en résulte que le volume d'eau vaporisée est de plus de 1000 kilomètres cubes par jour.

Cette énorme masse s'élève sous forme de vapeur pure. C'est le produit d'une distillation semblable à celle qui a lieu dans l'alambic. Elle se dissout dans l'air, qui s'en sature plus ou moins, et est emportée par les vents. Puis, quand elle parvient dans des régions froides, elle se condense, comme l'eau distillée dans le réfrigérant de l'alambic, et elle forme les nuages d'abord, puis la pluie. La pluie est donc de l'eau de mer distillée.

Les deux tiers environ de cette eau retombent dans la mer, et le reste arrive au sol sous forme de pluie, ou se condense en neige au sommet des montagnes et dans les latitudes les plus froides, où les élévations de température en liquéfient une partie de temps en temps.

Une fois arrivée au sol, l'eau se partage en deux portions : l'une court à la surface et se rend directement aux ruisseaux, aux rivières et aux fleuves ; l'autre s'imbibe dans les terrains perméables et pénètre à l'intérieur où elle forme les nappes souterraines. Ces nappes, qui reposent sur des bancs imperméables et en suivent les pentes, sont animées d'un courant plus ou moins sensible qui les amène parfois à émerger sous forme de sources, lorsque le banc imperméable vient affleurer la surface.

Enfin, les fleuves reconduisent toute cette eau condensée à la mer d'où elle était sortie, et dont le niveau se trouve maintenu ainsi absolument constant.

**91. Composition de l'eau de pluie.** — L'eau de pluie, en tombant des nuages sur le sol, traverse l'atmosphère et s'y charge des matières solubles qu'elle y rencontre. Ces matières sont : les gaz de l'air, oxygène, azote et acide carbonique, un peu d'ammoniaque, provenant de la décomposition des matières organiques, un peu d'acide nitrique produit par l'action des étincelles électriques des régions nuageuses sur le mélange d'oxygène et d'azote, enfin des traces souvent à peine sensibles de sels minéraux fournis par les poussières que les vents soulèvent à la surface de la terre ou sur la crête des vagues.

Cette absence presque complète de matières solides dans l'eau de pluie permet de l'employer souvent en guise d'eau distillée.

Les trois gaz de l'atmosphère se retrouvent dans l'eau de pluie, mais en proportions différentes. L'eau dissout seulement 1/62 de son volume d'azote, tandis qu'elle se charge de 1/27 de son volume en oxygène, et de 1 volume égal au sien en acide carbonique. Aussi l'air dissous dans l'eau est-il bien plus riche en acide carbonique et plus pauvre en azote que l'air atmosphérique.

On a trouvé que de l'eau bien aérée renfermait environ 1/20 de son volume de gaz ramenés par le calcul à la température 0° et à la pression de $0^m 760$ de mercure, dont la composition s'écarte peu des moyennes suivantes :

| | | |
|---|---|---|
| Oxygène . . . . . . . | 32 | pour 100. |
| Acide carbonique . . . . | 3 | — |
| Azote . . . . . . . . . | 65 | — |

La quantité d'ammoniaque trouvée dans l'eau de pluie est des plus variables. Elle augmente aux abords des villes où abondent les foyers de putréfaction ; elle est plus grande dans une pluie faible venant à la suite d'une longue sécheresse, que dans une pluie abondante ou succédant à une ondée antérieure. M. Boussingault a trouvé, en rase campagne, une moyenne de $0^{gr}75$ d'ammoniaque par mètre cube d'eau tombée. Dans les villes on a constaté beaucoup plus : 3 grammes en moyenne à Paris et à Marseille, et jusqu'à 7 grammes à Lyon.

L'acide nitrique se trouve surtout dans les pluies d'orage. On en a dosé jusqu'à 6 grammes par mètre cube dans certaines pluies. Il se rencontre également dans les rosées, les brouillards, les neiges. Mais la moyenne des expériences de M. Boussingault, en rase campagne, ne dépasse pas $0^{gr}18$ par mètre cube d'eau.

**92. Composition des eaux courantes et de puits.** — Les eaux courantes, celles des sources et des puits, sont formées d'eau de pluie qui est restée en contact plus ou moins prolongé avec le sol. Elles renferment donc les mêmes éléments, et en outre des éléments pris au sol.

On y trouve donc les mêmes gaz, oxygène, azote et acide carbonique, puis de l'acide nitrique et de l'ammoniaque. Mais comme l'argile a la propriété d'absorber et de retenir les sels ammoniacaux, et que, d'autre part, une partie de l'ammoniaque se nitrifie dans le sol, cet élément s'y rencontre en moins grande dose que dans la pluie. Ainsi, la moyenne des analyses faites sur divers cours d'eau n'a donné que $0^{gr}17$ d'ammoniaque par mètre cube d'eau courante, et descend même à $0^{gr}009$ pour les sources. Quant à l'acide carbonique, sa dose est en général augmentée par le contact du sol.

Les éléments empruntés au sol sont : quelques matières organiques, en dose variable suivant l'état du sol traversé ; puis des matières minérales formées soit de sels solubles, tels que des chlorures et les sulfates, soit de sels terreux dissous à la faveur de l'acide carbonique de l'eau sous forme de bicarbonates. Elles dépassent rarement un petit nombre de décigrammes par litre.

Ainsi on a trouvé dans :

| | | | | |
|---|---|---|---|---|
| La Loire. . . | 135 | grammes de matières fixes | par | mètre cube. |
| La Garonne. . | 135 | — | — | — |
| Le Rhône . . | 184 | — | — | — |
| Le Rhin. . . | 171 | — | — | — |
| La Seine. . . | 211 | — | — | — |
| L'Escaut. . . | 292 | — | — | — |

On aura une idée de la composition de ces résidus par la moyenne des résultats d'analyses faites, pendant trois ans, jour par jour, au laboratoire de l'École des Ponts et chaussées, sur l'eau de la Seine prise à l'amont de Paris :

| | | | |
|---|---|---|---|
| Matières organiques par mètre cube d'eau . . . . . | | | gr. 13,1 |
| Matières minérales par mètre cube d'eau. | Silice . . . . . . . . . | gr. 6,6 | 197,7 |
| | Peroxyde fer et alumine . . | 1,2 | |
| | Chaux . . . . . . . . . | 92,5 | |
| | Magnésie . . . . . . . . | 6,0 | |
| | Alcalis . . . . . . . . . | 8,7 | |
| | Chlore . . . . . . . . . | 4,3 | |
| | Acide sulfurique. . . . . | 10,8 | |
| | Acide carbonique, etc. . . | 67,6 | |
| | Résidu total par mètre cube. . . . | | 210,8 |

Les eaux de puits ont souvent la même composition que les eaux des sources. Mais quelquefois, elles sont beaucoup plus chargées de matières fixes, lorsqu'elles proviennent de nappes sans écoulement ou d'un écoulement très lent, surtout au milieu de terrains gypseux. C'est ce qui arrive notamment à Paris, où les eaux de puits donnent souvent des résidus de près de 2 grammes par litre, composés en majeure partie de sulfate de chaux.

Les puits étant placés en général à proximité des habitations, près de fosses à fumier ou d'aisances mal étanchées, leurs eaux renferment souvent une dose relativement élevée de matières organiques, d'ammoniaque et d'acide nitrique.

**93. Limons.** — Les cours d'eau tiennent en outre en suspension des matières non dissoutes, nommées troubles ou limons, dont les colmatages tirent parti.

La quantité de limon entraînée est très variable d'un moment à l'autre sur un même cours d'eau, ou bien d'un cours d'eau à un autre. Elle augmente avec les crues, qui donnent de la vitese au courant et favorisent les corrosions des rives. Aussi les cours d'eau torrentiels fournissent-ils beaucoup plus de limon que les rivières tranquilles. C'est ainsi que la Durance en 1860, année, il est vrai, très humide, a porté au Rhône 18.000.000 de tonnes de limon, tandis que la Seine, quoiqu'ayant un débit beaucoup plus considérable, n'en entraîne en moyenne que 200.000 tonnes par an.

Dans une période de sécheresse, comprenant les années 1869 et 1870, le Rhône, près de son embouchure, a débité, en moyenne 7.400.000 tonnes de limon, ce qui est beaucoup moins que la Durance seule en 1860. La composition moyenne de ces limons du Rhône a été :

| | |
|---|---|
| Résidu argileux insoluble dans les acides. . . . . . | 48,60 |
| Alumine et peroxyde de fer. . . . . . . . . . . | 9,95 |
| Carbonate de chaux. . . . . . . . . . . . . . | 31,84 |
| Azote. . . . . . . . . . . . . . . . . . . . | 0,14 |
| Autres matières organiques et produits non dosés. . . | 9,47 |
| | 100,00 |

**94. Eau de la mer.** — L'eau de la mer est un extrait des eaux courantes, qui y apportent continuellement des sels, et s'y concentrent par évaporation. Cependant la composition des sels de la mer est très différente de celle des matières trouvées dans les eaux courantes. Dans celles-ci c'est la chaux qui domine ; dans la mer, ce sont les alcalis. On y trouve des chlorures et des sulfates au lieu des carbonates. Cela tient au monde d'êtres organisés qui vivent au fond de la mer, et s'y assimilent certains éléments de préférence à d'autres. C'est ainsi que le carbonate de chaux est absorbé presque en entier par les madrépores et les coquillages.

Le chlorure de sodium forme les trois quarts environ des sels renfermés dans l'eau de mer. Le dernier quart se compose de chlorhydrates et de sulfates de soude, de magnésie et de chaux, avec un peu de potasse, et quelques traces de brome. La composition de ces sels peut se grouper comme il suit :

| | |
|---|---|
| Chlorure de sodium . . . . . . . | 76,5 |
| — de potassium . . . . . . | 2,0 |
| — de magnésium. . . . . . | 10,2 |
| Sulfate de magnésie . . . . . . | 6,5 |
| — de chaux. . . . . . . . | 4,0 |
| Produits divers . . . . . . . . | 0,8 |
| | 100,0 |

Quant au poids total des sels tenus en dissolution par l'eau de mer, il est en moyenne de 35 kilogrammes par mètre cube; mais il varie d'un point à un autre. La salure augmente dans les mers intérieures où l'évaporation est plus rapide que l'apport d'eau douce des fleuves. Elle diminue dans les circonstances contraires, près de l'embouchure des grands fleuves, près des glaces polaires, dont la fusion fournit de l'eau douce, dans les mers intérieures à affluents considérables et à faible évaporation.

Voici les nombres donnés par différents auteurs :

| | | |
|---|---|---|
| La mer Méditerranée contient | 44 | kilog. de sels par mètre cube. |
| L'Océan Atlantique. . . . | 36 | — |
| La Manche . . . . . . . | 35 | — |
| La mer du Nord. . . . . | 30 | — |
| La mer Noire. . . . . . | 18 | — |
| La mer d'Azof . . . . . | 12 | — |
| La mer Baltique. . . . . | 7,5 | — |
| La mer Caspienne . . . . | 6 | — |

Certaines parties du canal de Suez renferment plus de 70 kilogrammes de sels par mètre cube, et on en trouve dans la mer Morte, suivant les saisons, de 150 à 450 kilogrammes.

**95. Eaux diverses.** — En dehors des eaux qui viennent d'être énumérées, on rencontre dans la nature des eaux qui jouissent de caractères particuliers, comme les eaux minérales, dont il n'y a pas à s'occuper ici, et les eaux incrustantes, qu'il suffit de mentionner.

Les ingénieurs ont quelquefois à étudier, en outre, diverses eaux industrielles déversées par les usines, au point de vue, soit de leur utilisation pour l'agriculture, soit des inconvénients qu'elles peuvent présenter pour les cours d'eau où elles se déchargent. Il est impossible de donner ici aucune indication sur la nature de ces eaux, qui varient évidemment dans chaque cas en raison de leur origine.

## § 2.

## ANALYSE DES EAUX.

Quelle que soit l'eau à étudier, son analyse se fait toujours de la même manière. Mais, suivant les usages à laquelle on la destine, on peut se dispenser d'un ou de plusieurs des dosages que comporte une analyse complète.

**96. Gaz.** — Pour analyser les gaz tenus en dissolution, on met dans un ballon un volume déterminé d'eau, et on la fait bouillir, en ayant soin de recueillir les premières vapeurs qui s'en échappent, entraînant tous les gaz avec elles. L'expérience se dispose comme il est indiqué ci-contre. La fiole A qui reçoit l'eau est pesée vide, puis remplie d'eau presque jusqu'au rebord du goulot, et pesée en cet état. La différence est le poids de l'eau mise en essai. On y adapte un bouchon, concave par le bas, et traversé par un tube *a b c* recourbé et terminé par un petit bec. Une partie de l'eau du goulot reflue dans ce tube. On place la fiole sur un fourneau. On dispose à côté une terrine ou un mortier B, à moitié rempli de mercure, sur lequel on renverse un tube barométrique *e d*, divisé en parties égales, en centimètres cubes par exemple, et entièrement plein de mercure. On allume le fourneau, et le premier effet de la dilatation produite par la chaleur est d'achever de remplir d'eau le tube abducteur *a b c*. Quand l'eau commence à sortir par le bec, on introduit celui-ci sous le tube renversé. Bientôt l'ébullition se manifeste, et la vapeur se dégage à l'intérieur du tube, où

elle se condense, tandis que les gaz gagnent le sommet du tube et le remplissent en partie, chassant par leur pression, le mercure d'abord, puis l'eau condensée. Au moment où le tube paraît entièrement vide, on écarte le bec, on éteint le fourneau et on laisse refroidir. La pression intérieure diminuant, le mercure, surmonté d'une petite couche d'eau, remonte dans le tube. Avec un peu d'habitude on arrive à ne conserver qu'une couche d'eau de 1 à 2 centimètres de hauteur.

Lorsque le tout est revenu à la température ambiante, on place le tube bien verticalement et on note le nombre N de divisions qu'y occupent les gaz. On mesure au cathétomètre la colonne de mercure et la colonne d'eau dans le tube, et on consulte le baromètre et le thermomètre. La hauteur d'eau est divisée par 13,5 et le résultat ajouté à la hauteur du mercure : la somme représente la charge totale $h$ de l'eau et du mercure. Si H est la pression barométrique, $f$ la tension de la vapeau d'eau à la température ambiante $t$, le tout exprimé en colonnes de mercure, $H - h - f$ est la pression supportée par les gaz. Le volume V de gaz, supposé ramené à la température 0° et à la pression de $0^{m}\,760$, est :

$$V = N \frac{H - h - f}{0{,}760} \frac{1}{1 + 0{,}0037\,t}.$$

Ayant ainsi le volume total de gaz, on fait passer dans le tube un petit morceau de potasse caustique, qui gagne la surface et se dissout dans l'eau. Au bout d'un temps assez long, que l'on abrège en inclinant de temps en temps le tube, afin d'imbiber de potasse les parois de la chambre du vide, cette potasse s'empare de la totalité de l'acide carbonique. Le volume du gaz diminue, n'occupe plus qu'un nombre $N'$ de divisions, que l'on ramène comme ci-dessus au volume $V'$ pris à la température 0° et à la pression $0^{m}\,760$. La différence $V - V'$ est le volume de l'acide carbonique. Il y a ici une incertitude sur la valeur à attribuer au nombre $f$, la tension de la vapeur d'une dissolution de potasse étant sans doute moindre que celle de l'eau pure, mais dans une proportion qui n'a pas été étudiée.

Au moyen d'une pipette recourbée dont on place le bec

sous le tube, et dans laquelle on souffle légèrement, on introduit quelques centimètres cubes d'une dissolution concentrée d'acide pyrogallique. Cet acide noircit et s'altère au contact de l'oxygène en l'absorbant. Lorsque le volume ne diminue plus, on mesure de nouveau le gaz restant, et son volume V″ est celui de l'azote. La différence V′ — V″ est le volume de l'oxygène.

**97. Ammoniaque.** — Le dosage de l'ammoniaque dans l'eau est fondé sur la volatilité de cette base lorsqu'elle est en liberté. Quand on fait bouillir une dissolution d'un sel ammoniacal avec un alcali fixe, potasse ou soude, ou encore avec une terre alcaline, chaux, baryte ou magnésie, l'ammoniaque se volatilise avec les premières vapeurs d'eau: l'expérience a constaté qu'elle a disparu entièrement lorsque les deux cinquièmes de l'eau ont été vaporisés. Si donc on place dans un ballon un litre d'eau avec un peu de potasse, ou mieux de magnésie, qu'on le fasse bouillir en condensant les vapeurs, jusqu'à ce que les 2/5 aient été distillés, le liquide condensé est une dissolution pure d'ammoniaque et renferme sous un volume de 400 cent. cubes la totalité de l'ammoniaque existant dans le litre d'eau mis en expérience.

L'appareil le meilleur pour faire cette distillation est une sorte d'alambic en verre, dont la disposition est due à M. Boussingault. Le ballon A reçoit 1/2 litre de l'eau à distiller, et porte un bouchon à deux tubes; l'un *a*, droit et à entonnoir, descend jusqu'au fond du ballon; l'autre *b*, qui est le tube de dégagement, s'élève d'abord, puis redescend pour se raccorder avec le serpentin en verre *cd* au moyen d'un bouchon *c* bien ajusté dans un entonnoir placé au sommet du serpentin. Le serpen-

tin est plongé dans une allonge maintenue froide par de l'eau qu'amène à la partie inférieure *e* un vase de Mariotte B et qui s'échappe par un tube *fg* adapté à la partie supérieure. Les vapeurs ammoniacales qui se condensent sortent par le bout inférieur *d* du serpentin et sont recueillies dans une fiole *c*.

La quantité d'ammoniaque étant très faible dans les eaux, on ne peut pas toujours se contenter d'une seule opération. On distille alors successivement une série de litres d'eau, 10 par exemple, et on réunit dans un même bocal tous les produits de la distillation, formant alors 4 litres. Puis on fait passer de nouveau ces produits dans l'appareil et on recueille une nouvelle liqueur dont le volume n'est plus que les 2/5 du précédent, soit 1l,60. On recommence de nouveau, et ainsi de suite, jusqu'à ce que l'on n'ait plus qu'environ 200 centimètres cubes de liquide. A chaque distillation l'ammoniaque entière passe et se condense avec les premières vapeurs.

On peut aussi faire bouillir l'eau dans une grande capsule de porcelaine, où l'on a mis un peu d'acide sulfurique ou oxalique, qui empêche l'ammoniaque de se volatiliser à l'état de carbonate. On remplace l'eau à mesure qu'elle s'évapore, et on s'arrête lorsque le résidu se trouve concentré au volume de 1/2 litre environ. C'est ce résidu qu'on porte dans le ballon de l'appareil qui vient d'être décrit, et que l'on distille en présence d'un excès de base fixe.

D'une manière comme de l'autre, on a réuni la totalité de l'ammoniaque du volume d'eau mis en expérience dans une dissolution de 200 centimètres cubes au plus, qui ne renferme pas d'autres produits.

Pour la doser on a recours aux liqueurs titrées (n° 32). On se sert d'une dissolution normale d'acide sulfurique, dont un volume, représenté par N divisions de la burette, renferme un poids connu *p* d'acide sulfurique équivalent à un poids *a* d'ammoniaque. On place cette dissolution dans la burette, et on la verse dans la dissolution ammoniacale préalablement bleuie par la teinture de tournesol jusqu'à ce qu'elle vire au rouge. S'il faut employer pour cela *n* divisions, la dose d'ammoniaque est $\frac{n}{N}a$.

Avant de procéder à cette analyse, qui est longue et délicate, il est bon de se rendre compte par une recherche qualitative s'il y a réellement de l'ammoniaque dans l'eau. On le reconnaît facilement en y versant une dissolution d'iodure de potassium saturée d'iodure de mercure, et ajoutant de la potasse. L'eau devient jaune, si elle renferme des traces même à peine dosables d'ammoniaque.

**98. Acide azotique.** — Pour doser l'acide azotique, on commence par concentrer le volume d'eau sur lequel on veut opérer dans une grande capsule de porcelaine. Il est bon d'y ajouter un peu de carbonate de potasse, pour éviter la volatilisation partielle du nitrate d'ammoniaque qui pourrait se former. Lorsque le volume de l'eau est réduit à quelques centimètres cubes, on la jette sur un filtre, ainsi que les eaux de lavage de la capsule, et on recueille le liquide dans une fiole, où on ajoute une dissolution de sulfate d'argent pour précipiter le chlore. On fait bouillir, on filtre, et on concentre au besoin la liqueur jusqu'à ce qu'elle n'occupe plus qu'un volume de 30 à 40 centimètres cubes.

Cette liqueur est versée dans une cornue tubulée A dont le col entre dans un ballon B servant de récipient. Il est bon de mettre sur ce ballon un linge mouillé, qui le refroidit, et que l'on renouvelle quand il s'échauffe. La panse de la cornue est remplie de fragments grossiers de verre pilé, intimement mêlés de peroxyde de manganèse en poudre, et imbibés d'une dissolution concentrée de bichromate de potasse. Ces deux corps sont destinés à brûler la matière organique restée dans l'eau, sans que l'acide azotique soit altéré. On ajoute enfin de l'acide sulfurique concentré, et on chauffe avec précaution. L'acide azotique, déplacé par l'acide sulfurique, se volatilise et se rend dans le ballon B avec les vapeurs d'eau. On arrête l'opération lorsque l'apparition de vapeurs blanches annonce que l'acide sulfurique commence à se volatiliser à son tour.

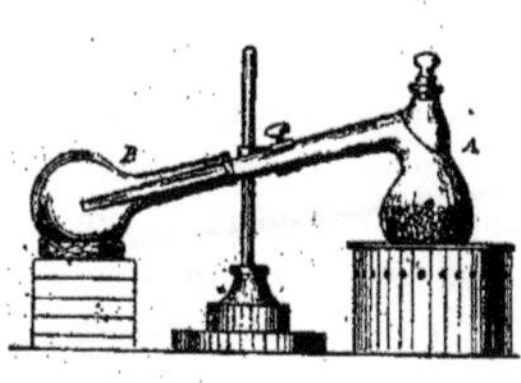

La liqueur recueillie dans le ballon est une dissolution étendue d'acide azotique, mêlé d'une petite quantité d'acide sulfurique et d'acide chromique. On la fait bouillir après y avoir mis un peu de carbonate de baryte, et on filtre. La liqueur filtrée ne renferme plus que de l'azotate de baryte, que l'on peut évaporer à sec et peser directement, ou bien doser par l'acide sulfurique à l'état de sulfate de baryte. Le calcul des équivalents donne la dose de l'acide nitrique.

**99. Matières organiques.** — Il est difficile de doser avec beaucoup de précision les matières organiques restées en dissolution dans l'eau.

On fait évaporer avec précaution un ou plusieurs litres dans une capsule tarée, qu'on laisse très longtemps au bain de sable avant de la peser. La différence de poids de la capsule avant et après l'évaporation, donne la quantité totale de matières dissoutes par l'eau; c'est le *résidu total* de l'évaporation. On porte ensuite la capsule et son contenu au rouge dans le moufle, et les matières organiques se brûlent. La différence entre la pesée faite alors et la précédente donne le poids de la matière organique.

Cette opération demande des précautions délicates. Comme, à la chaleur rouge, une partie des carbonates a pu être dissociée, on verse dans la capsule, avant d'en faire la pesée, une dissolution de carbonate d'ammoniaque. On la porte au bain de sable, et on chauffe avec précaution sur un fourneau pour chasser le carbonate d'ammoniaque non volatilisé.

Le résultat de cette opération ne donne pas exactement le poids réel des matières organiques lorsque l'eau renferme du chlorure de magnésium, qui est décomposé par la chaleur et se transforme partiellement en carbonate de magnésie.

Dans les eaux chargées de nitrates, ceux-ci se décomposent pendant la calcination en présence des matières organiques, dont le dosage est alors à peu près impossible.

Quelquefois, ce dosage par différence est complété par un dosage direct de l'azote des matières organiques. On opère sur une autre partie de l'échantillon, et le résidu total obtenu par évaporation est détaché avec soin de la capsule et porté au tube à combustion qui sera décrit au chap. VI (nº 112).

On peut enfin avoir recours à une méthode volumétrique. Dans un volume V de l'eau, légèrement acidulée, on verse au moyen d'une burette du permanganate rouge de potasse, et on note le nombre $n$ de divisions qu'il faut employer pour obtenir une coloration rose de l'eau. La dissolution du permanganate est titrée par rapport à une liqueur normale d'acide oxalique, renfermant un poids $p$ de ce corps dans un volume V. S'il faut employer N divisions de permanganate pour obtenir la coloration rose dans ce volume de la liqueur normale, l'eau essayée renferme une dose de matières organiques qui équivaut à un poids $p \frac{n}{N}$ d'acide oxalique.

**100. Sels minéraux.** — Le résidu qui reste après le grillage des matières organiques renferme les sels minéraux qui étaient en dissolution dans l'eau.

On y ajoute un peu d'acide chlorhydrique et on évapore à sec de nouveau; puis on reprend par l'eau acidulée, et on filtre. On achève alors l'analyse comme celle d'une chaux (Chap. III, § 2). On obtient de cette façon la silice, l'alumine et le peroxyde de fer, la chaux et la magnésie.

Il reste ensuite à déterminer l'acide sulfurique, le chlore et les alcalis. Pour chacun de ces éléments, on fait concentrer à part un litre ou deux de l'eau à essayer, jusqu'à ce qu'elle soit réduite à un résidu de 40 à 50 centimètres cubes, et on procède comme il suit :

*Alcalis.* — On traite le résidu par l'eau de baryte, qui précipite les acides sulfurique et carbonique, et toutes les bases, sauf les alcalis. On filtre, et dans la liqueur on ajoute un excès d'acide sulfurique, qui précipite la baryte. On filtre de nouveau, on évapore à sec la liqueur et on calcine le résidu, qui est du sulfate alcalin. On le pèse, on le reprend par l'eau et on y dose l'acide sulfurique. La différence représente les alcalis. Si on voulait séparer la soude et la potasse on opérerait comme il sera expliqué au nº 114. Mais cette recherche est rarement utile.

*Acide sulfurique.* — Le résidu est mis en digestion avec une dissolution de carbonate d'ammoniaque, que l'on agite de temps en temps, puis filtré. La liqueur est traitée par le chlorure de baryum acide, comme à l'ordinaire.

*Chlore.* — On peut doser le chlore en acidulant le résidu par l'acide nitrique, le filtrant au besoin, et le traitant ensuite par le nitrate d'argent. On obtient un précipité de chlorure d'argent, que l'on recueille sur un filtre et que l'on pèse après grillage. On en déduit le poids du chlore correspondant.

Il est préférable de doser le chlore au moyen d'une liqueur titrée de nitrate d'argent. On prépare une dissolution renfermant 40 à 50 grammes de nitrate d'argent par litre. On en cherche le titre, en prélevant une pipette, où l'on dose l'argent par l'acide chlorhydrique. On a ainsi la quantité de chlore qui répond à un volume donné de la liqueur normale. On la met dans un bocal bien bouché et on la conserve pour l'usage. On colle sur le bocal une étiquette indiquant la dose $c$ de chlore qui répond à un nombre donné N de divisions de la burette dont on se sert.

La liqueur où l'on veut doser le chlore doit être neutre. On la place dans un vase à saturation avec quelques gouttes d'une dissolution de chromate neutre de potasse, qui la colore en jaune. Puis on y verse la dissolution normale d'argent. Tant qu'il y a du chlore, celui-ci se combine à l'argent, et l'acide nitrique à la base du chlorure en dissolution. Quand tout le chlore est saturé, une nouvelle goutte de nitrate d'argent réagit sur le chromate de potasse, et produit un chromate d'argent, très légèrement soluble, doué d'une coloration rouge intense. En s'arrêtant au moment où la coloration rouge se produit et faisant la lecture, on obtient le nombre $n$ de divisions de la burette répondant au chlore en dissolution. La dose cherchée est alors $\frac{n}{N} c$.

Pour appliquer ce procédé aux eaux, il faut filtrer le résidu de leur concentration au-dessus du vase à saturation, en le lavant avec de l'eau pure.

§ 3

## APPLICATIONS.

**101. Usages domestiques.** — L'eau destinée à la boisson doit être limpide. Si elle ne l'est pas naturellement, on peut l'obtenir telle avec les fontaines à filtre. Elle doit être sans odeur ni saveur désagréable. Ce sont des défauts que les sens perçoivent directement. Il faut qu'elle soit bien aérée, riche surtout en oxygène, et qu'elle ne renferme en dissolution qu'une dose modérée de sels minéraux. Tous les sels minéraux n'exercent pas cependant une action semblable. Le sulfate de chaux est lourd à l'estomac, et rend les digestions pénibles. Le carbonate de chaux, au contraire, les facilite dans une certaine mesure ; les sels alcalins sont dans le même cas. On admet, en général, qu'une eau est à la rigueur potable, lorsque le résidu de son évaporation ne dépasse pas 0 gr. 40 par litre environ, et qu'elle est bonne lorsqu'il reste au-dessous de 0 gr. 25. Mais il y a lieu de distinguer la nature des sels, et ces limites doivent être abaissées lorsqu'il y a une forte proportion d'acide sulfurique.

Les matières organiques en dissolution dans l'eau la rendent mauvaise, aussitôt qu'elles se montrent en proportion notable. Une eau qui en contient 5 à 6 centigrammes par litre doit être rejetée.

L'eau destinée à la cuisson des aliments doit également être limpide, sans saveur ni odeur désagréable. Son degré d'aération est sans importance, et les matières organiques y sont rendues inoffensives par la cuisson. Mais il importe qu'elle renferme le moins possible de bases terreuses, chaux et magnésie. Les parties grasses des aliments forment avec ces bases des savons insolubles, durs et d'une digestion difficile, que l'on observe surtout avec les légumes farineux, tels que les haricots.

Si on applique les eaux au savonnage du linge, elles réclament à peu près les mêmes qualités, sauf l'odeur et la saveur qui sont indifférentes. Les bases terreuses y forment, par double décomposition, des savons insolubles sous forme de grumeaux, qui font perdre une partie du savon et rendent le linge aigre au toucher.

**102. Essais sommaires.** — Une analyse complète de l'eau permet seule de juger de ses qualités par sa composition. On peut cependant avoir des indices par quelques essais sommaires.

Lorsqu'on fait chauffer l'eau dans une fiole de verre, on voit se dégager des bulles de gaz, et leur abondance est un indice de l'aération de l'eau.

Si on la fait bouillir ensuite, on la voit le plus souvent se troubler, par la précipitation du carbonate de chaux dissous dans l'eau à la faveur d'un excès d'acide carbonique que la chaleur fait dégager. L'intensité du trouble fait juger de l'abondance de ce carbonate de chaux.

Enfin, quand on concentre l'eau sous un très petit volume, elle prend une odeur de vase d'autant plus prononcée qu'elle renferme plus de matières organiques.

Ces essais sont de simples indices, sans aucune précision, et pouvant seulement guider dans le choix des échantillons à étudier sérieusement.

**103. Hydrotimétrie.** — Il est un procédé d'un usage facile et prompt, qui permet de mesurer la qualité des eaux au point de vue de leur crudité, c'est-à-dire, de leur faculté de produire des grumeaux avec les corps gras. C'est la méthode hydrotimétrique. Elle est basée sur cette observation que, si on verse goutte à goutte une dissolution de savon dans une eau plus ou moins crue, les premières gouttes sont décomposées et s'emploient à former des grumeaux sous forme de précipité blanc. Ce n'est que lorsque toute la chaux et la magnésie ont disparu dans les grumeaux, qu'une nouvelle goutte ajoutée à l'eau y reste en dissolution et lui donne de l'onctuosité. Si l'on agite alors vivement, il s'y produit une mousse persistante, tandis qu'auparavant la mousse ne se formait pas ou tombait immédiatement.

On se sert d'une dissolution de savon dans l'alcool, que

l'on met dans une petite burette graduée. La liqueur et la burette hydrotimétriques se trouvent chez les marchands de produits chimiques. La liqueur est préparée de telle façon qu'une quantité de sel de chaux équivalente à $\frac{1}{25}$ de centigramme de carbonate soit saturée par le savon contenu dans une divion de la burette. Si donc on opère sur $\frac{1}{25}$ de litre ou 40 centimètres cubes, le nombre de divisions de la burette qu'il faudra y verser pour obtenir la mousse persistante indiquera la présence d'un nombre égal de centigrammes de carbonate de chaux, ou de l'équivalent en sels terreux. Ce nombre est ce qu'on appelle le *degré hydrotimétrique.*

Pour faire l'essai, on a un petit flacon jaugé à 40 centimètres cubes. On y met de l'eau jusqu'au trait ; puis avec la burette, on verse goutte à goutte la dissolution, en agitant vivement à chaque reprise jusqu'à ce qu'on obtienne de la mousse persistante. On fait alors la lecture du nombre de divisions versées, et ce nombre donne le degré de l'eau.

On juge que la mousse est persistante lorsque les bulles qui la forment ne se crèvent pas et que la mousse n'a pas perdu sensiblement de son volume au bout de cinq minutes.

Si l'eau est très chargée, en sorte que son degré dépasse 30° environ, l'abondance des grumeaux qui flottent empêche la mousse de se former librement. On ne prend alors que 10, 20 ou 30 centimètres cubes de l'eau et on l'étend à 40 au moyen d'eau distillée. Les flacons portent des subdivisions disposées à cet effet. Le degré hydrotimétrique trouvé doit alors être multiplié par 4, 2 ou $\frac{4}{3}$.

Les eaux de rivière, qui sont très bonnes pour les usages domestiques, ont un degré hydrotimétrique généralement inférieur à 20°. Dans Paris, la Seine marque de 20° à 25°. Les eaux d'Arcueil et de l'Ourcq, qui sont déjà médiocres, donnent 28° à 30°. L'eau qui était distribuée à Belleville, il y a quelques années, avant les travaux de dérivation de la Dhuys, marquait jusqu'à 128°, et les puits de Paris vont encore plus loin ; ce sont des eaux détestables.

Ce procédé permet de reconnaître immédiatement les eaux

impropres aux usages domestiques par leur crudité. Mais il ne peut remplacer une analyse, car il n'indique pas la présence des sels alcalins et des matières organiques, et il ne distingue pas la nature des acides unis à la chaux.

L'hydrotimétrie permet cependant de séparer le sulfate du carbonate de chaux. Après avoir pris le degré hydrotimétrique de l'eau, on en fait bouillir un volume déterminé. Le carbonate de chaux, insoluble dans l'eau dépourvue d'acide carbonique, se dépose pendant l'ébullition. On mesure le volume auquel l'eau s'est réduite, et on en prend le degré hydrotimétrique, que l'on multiplie par le rapport des volumes avant et après ébullition. On a ainsi le nombre des degrés dus au sulfate de chaux seul.

**104. Chaudières à vapeur.** — Il est très important de connaître la composition des eaux que l'on doit employer dans les chaudières des machines à vapeur. Lorsqu'on y fait bouillir l'eau, il se produit le même résultat que dans une capsule : l'eau s'échappe pure sous forme de vapeur, et il reste un résidu fixe dont les effets sont souvent pernicieux.

Ce résidu se compose de trois parties distinctes :

1° les sels solubles, qui restent dans les eaux mères, et disparaissent dans les lavages ;

2° les résidus solides en suspension, sable, argile, vase, qui forment au fond des chaudières une boue sans consistance, facile à enlever par de simples lavages ;

3° les sels de chaux ou de magnésie, qui étaient en dissolution dans l'eau et qui se déposent par l'ébullition ; il y en a de deux sortes, les carbonates et le sulfate de chaux.

Les carbonates sont maintenus en dissolution par l'acide carbonique en excès, à l'état de bicarbonates. Lorsqu'on les porte à l'ébullition, l'excès d'acide se volatilise et les carbonates neutres se précipitent sous forme d'une poudre grenue, qui se mélange aux boues des matières en suspension et n'offre pas plus d'inconvénients qu'elles.

Le sulfate de chaux, au contraire, est la source des plus grands dangers. Il est assez soluble dans l'eau froide, qui peut en prendre jusqu'à 2 gr. 1/2 par litre ; sa solubilité diminue quand la température s'élève, et devient nulle vers 200°. Il se dépose alors sous forme de croûtes cristallines adhérentes aux parois de la chaudière. Ces croûtes emprisonnent les dépôts pulvérulents et forment avec eux une sorte de stuc très résistant et très adhérent. Il ne peut être enlevé qu'au ciseau, dont l'emploi détériore les chaudières. En outre, ce stuc est très mauvais conducteur de la chaleur. Pour obtenir dans la chaudière la pression voulue, il faut donc chauffer la tôle, séparée de l'eau par une couche peu conductrice, bien au-delà du degré prévu. Outre une consommation inutile de combustible, il en résulte que les tôles se brûlent et sont promptement hors de service. Mais le plus grave des inconvénients de ces dépôts, c'est le danger d'explosion. La croûte cristalline est assez cassante pour qu'il s'y produise quelques fissures par les variations de température. Si une fissure se manifeste au moment où la tôle est surchauffée, il se dégage en ce moment une quantité énorme de vapeur, la pression monte subitement et il peut y avoir explosion.

Le même danger est à craindre, même en l'absence de sulfate de chaux, si on introduit dans les chaudières des eaux chargées de matières grasses. Il se produit avec les sels calcaires des savons de chaux, qui se déposent sur les parois et forment une croûte semblable à celle qui vient d'être indiquée, moins cassante, mais plus imperméable encore à la chaleur. Les explosions sont à craindre comme dans le cas précédent, et les tôles se détruisent encore plus rapidement par brûlure.

Une analyse complète permet de se rendre compte de la qualité des eaux à ce point de vue. On peut toutefois, dans bien des cas, se contenter de l'essai hydrotimétrique décrit à la fin du n° 103. On peut aussi recueillir et peser les sels déposés pendant l'ébullition, puis achever l'évaporation de l'eau et peser le résidu. Le premier dépôt contient les sels sans danger. Le second résidu se compose de ceux qui sont à redouter.

**105. Conduites d'eau.** — Les ingénieurs ont souvent à s'occuper de la qualité des eaux qui doivent circuler dans les conduites en maçonnerie ou en métal, où se produisent parfois des obstructions de diverses natures.

Celles qui sont dues au dépôt des matières entraînées en suspension par l'eau présentent peu d'inconvénients. Elles se déposent dans les points de la conduite où la vitesse est trop faible, et s'y accumulent sous forme d'une boue mobile dont il est facile de se débarrasser par des chasses.

Il n'en est pas de même des obstructions calcaires ou ferrugineuses, formées de dépôts adhérents aux parois, que l'on ne peut enlever qu'à coups de ciseau ou même en détruisant les conduites.

Les incrustations calcaires se produisent aussi bien dans les conduites en fonte que dans les conduites en maçonnerie. Elles sont dues au carbonate de chaux qui était maintenu en dissolution dans l'eau sous forme de bicarbonate à la faveur d'un excès d'acide carbonique. Lorsque cet excès vient à disparaître par une cause quelconque, le carbonate de chaux neutre se précipite, et, l'eau n'étant pas en mouvement tumultueux comme dans les chaudières, il se dépose sur les parois sous forme d'une couche cristalline et adhérente.

Les eaux qui renferment le plus d'acide carbonique libre en dissolution, relativement à leur dose de carbonate de chaux, sont les moins sujettes à produire des incrustations de cette nature.

Certaines eaux, quoique médiocrement chargées de sels fixes, sont incrustantes, parce qu'elles ont peu d'acide carbonique en excès. Telle est, par exemple, celle de l'ancien aqueduc de Nîmes, qui ne tient en dissolution par litre que 0 gr. 26 de matières, dont 0 gr. 23 de carbonate de chaux, mais où l'on ne trouve que 6 centimètres cubes d'acide carbonique, à peine assez pour former les bicarbonates solubles.

Les circonstances qui favorisent le dégagement de l'acide carbonique en dissolution dans l'eau favorisent en même temps les incrustations calcaires, la quantité de gaz qui reste dans l'eau devenant insuffisante pour conserver le sel calcaire à l'état de bicarbonate.

Ces circonstances sont assez nombreuses et permettent d'expliquer la plupart des incrustations observées. On peut citer notamment : un séjour prolongé de l'eau à l'air libre; l'agitation de l'eau et les chocs réitérés du liquide sur les corps environnants; la diminution de la pression dans certains points où les gaz peuvent se dégager; le renouvellement rapide de l'air dans des parties de conduites où l'eau ne coule relativement qu'en faible masse; les variations de température; la présence de certains végétaux aquatiques dont les parties vertes décomposent l'acide carbonique; enfin les actions électriques qui se produisent au contact des métaux d'espèces différentes.

On se mettra à l'abri des accidents de cette nature en évitant avec soin toutes ces circonstances. Il a été proposé, en outre, de saturer les eaux d'acide carbonique avant de les lancer dans les conduites: mais ce procédé n'est évidemment pas d'une application pratique.

**106. Obstructions ferrugineuses.** — Elles s'observent dans les conduites métalliques où circulent des eaux presque pures, telles que celles qui sortent des terrains primitifs. Ce sont des couronnes ou des tubercules, atteignant parfois des dimensions considérables, au point de réduire de moitié et davantage la section des tuyaux en certains endroits. L'analyse démontre que ces champignons sont entièrement formés de rouille ou peroxyde de fer hydraté.

La cause de cette oxydation n'est pas connue. Elle paraît toutefois résider dans la qualité de la fonte plutôt que dans celle des eaux. On a observé, en effet, que certains tuyaux s'oxydaient, tandis que d'autres restaient intacts; et que, si on remplaçait les tuyaux attaqués, les tubercules ne se reproduisaient pas toujours ou changeaient de place. Peut-être y a-t-il décomposition de l'eau et oxydation du fer par suite d'un phénomène électrique résultant du défaut d'homogénéité du métal, ou de son contact avec les autres métaux dans les joints et les soudures.

Pour remédier à cet inconvénient, on a essayé de tremper les tuyaux, avant leur pose, dans un bain d'huile de lin lithargée et de cire; on a proposé aussi de faire circuler dans les conduites de l'acide chlorhydrique pour dissoudre les champignons; on les a enlevés mécaniquement au moyen de hérissons puissants, analogues à ceux qui servent au ramonage des cheminées. Mais le plus souvent on est conduit à détruire les tuyaux obstrués et à les remplacer par des tuyaux neufs; et, à force de changer, on arrive à n'avoir plus que des fontes inattaquables.

**107. Irrigations.** — L'agriculture utilise les eaux naturelles soit en irrigations, soit en colmatages.

Les eaux destinées aux irrigations sont d'autant meilleures qu'elles sont plus chargées de sels en dissolution et de matières organiques. Les plus mauvaises pour la boisson sont souvent les meilleures pour l'alimentation végétale. Parmi les sels en dissolution, ceux à base de potasse sont les plus précieux. Il ne suffit donc pas ici de déterminer la dose totale des alcalis, mais il faut y distinguer la potasse de la soude.

Il importe que les eaux, lorsqu'elles sont employées en abondance, soient bien aérées, sans quoi elles nuiraient à la respiration des racines. Il ne faut pas non plus qu'elles soient incrustantes, car elles formeraient des dépôts sur les feuilles des végétaux et elles obstrueraient les rigoles. Les mêmes effets seraient dus à des limons trop abondants. Enfin, certaines eaux contractent par leur séjour dans des terrains tourbeux des principes acides et astringents qui en rendent la qualité mauvaise.

L'étude de l'eau destinée aux irrigations demande donc une analyse complète, comprenant les gaz, l'azote organique, ammoniacal et nitrique, et les substances fixes.

**108. Colmatages.** — Lorsqu'il s'agit d'opérer des colmatages, la composition de l'eau importe peu; mais il est très important de se rendre compte de la nature des limons qui doivent constituer le sol artificiel. On recueille des échantillons de ces limons, soit en faisant passer de l'eau sur un filtre, soit en les ramassant dans les points où ils se déposent naturellement sur le sol, et on les soumet à une analyse en tout semblable à celle qui sera expliquée au chap. VI, § 2.

**109. Purins, eaux vannes et eaux d'égout.** — L'agriculture emploie aussi, soit directement, soit sous forme d'engrais, les liquides que rejettent certaines industries, telles que la féculerie et la distillerie, les purins des fosses à fumier, les eaux vannes de vidanges, les eaux des égouts des villes,

les eaux ménagères de toute sorte. Toutes ces eaux sont riches en principes nutritifs pour la végétation.

Elles s'analysent suivant les procédés ordinaires. Elles renferment en quantité notable des principes azotés solides en même temps que du carbonate d'ammoniaque volatil. Pour doser d'un seul coup tout l'azote existant à ces deux états, on évapore à sec une partie de l'eau avec un excès d'acide oxalique, on pèse le résidu et on y fait un dosage d'azote (n° 112). On évapore en même temps à sec, cette fois sans acide, une autre partie du liquide, et on opère de même. La différence des deux doses d'azote représente celui qui préexistait à l'état de carbonate d'ammoniaque. Les autres éléments sont déterminés par les procédés ordinaires.

## CHAPITRE VI

# ANALYSE DES TERRES, ENGRAIS ET PRODUITS AGRICOLES

## § Ier.

### ANALYSE DES ENGRAIS ET DES CORPS ORGANISÉS.

**110. Préparation des échantillons.** — Tous les êtres organisés sont composés d'éléments semblables, que les animaux empruntent aux végétaux ; les végétaux eux-mêmes les puisent en grande partie dans le sol, où les engrais apportent ceux qui s'y trouvent en quantité insuffisante.

L'analyse de tous les produits agricoles, végétaux ou animaux, et celle des engrais, a donc un même but, qui est la détermination des éléments communs dont ils se composent.

On y distingue d'abord trois parties générales : l'eau, les matières organiques et les cendres.

Une première préparation a pour but de séparer ces trois parties les unes des autres.

On commence par porter l'échantillon dans une étuve chauffée modérément jusqu'à ce qu'il soit assez friable pour se broyer facilement au pilon, ou se réduire en poudre grossière entre les doigts. C'est ce qu'on appelle la *matière sèche*. On note le poids avant et après dessiccation.

Une partie de cette matière sèche est conservée dans un bocal bien bouché. Une autre partie, que l'on a pesée, est mise dans une capsule tarée, et portée au fourneau à moufle. Quand les cendres sont bien blanches, on les pèse, on note leur poids et on les met également dans un bocal où on les retrouve pour l'analyse.

**111. Dosage de l'eau.** — Dans la matière sèche, il reste encore une certaine quantité d'humidité que l'on dose, en portant 1 ou 2 grammes de la matière dans une étuve maintenue un peu au-dessus de 100°. La perte de poids donne l'humidité restante.

L'eau contenue dans la matière à analyser se compose donc de deux parties, celle que l'on a enlevée par la dessiccation et celle que l'on a constatée par la perte à l'étuve. Il faut les ajouter ensemble pour avoir l'eau totale.

Si donc $m$ est la quantité d'eau trouvée par dessiccation dans l'unité de poids de l'échantillon, $1 - m$ est la matière sèche; et si on constate une perte $n$, sur l'unité de poids de cette matière sèche, elle correspond à une perte $n(1 - m)$ sur la matière primitive : la proportion totale d'eau est alors $m + n(1 - m)$.

**112. Azote.** — Le poids des matières organiques est la différence entre la matière sèche, déduction faite de l'humidité, et les cendres qu'elle donne. Elles se composent de trois gaz, oxygène, hydrogène et azote, et d'un principe fixe, le carbone.

L'analyse complète de ces divers éléments se fait dans un tube à combustion avec l'oxyde de cuivre, suivant les procédés indiqués dans les traités de chimie. Mais cette opération longue et délicate est le plus souvent inutile. L'oxygène, l'hydrogène et le carbone sont toujours servis en abondance aux plantes. On n'a réellement intérêt à connaître que la proportion de l'azote, qui a seul une valeur vénale en agriculture et dont la dose sert de régulateur pour le prix des engrais.

Ce dosage se fait facilement par un procédé basé sur la transformation de l'azote en ammoniaque, lorsque l'on fait brûler les matières organiques en présence d'une base puissante. On se sert généralement de la chaux sodée.

La chaux sodée se trouve chez les marchands de produits chimiques, qui la préparent en éteignant deux parties de chaux vive dans de l'eau contenant une partie de soude caustique en dissolution. La masse est desséchée dans un creuset et réduite en poudre grossière pour l'usage.

On introduit au fond d'un tube à combustion en verre vert, de 0,50 de longueur environ, étiré en pointe fermée *a* à l'une de ses extrémités, une petite quantité de chaux sodée, au-dessus de laquelle on place un mélange fait avec soin d'un poids déterminé de la substance à essayer et de chaux sodée. Ce mélange doit occuper environ les 2/3 du tube, que l'on achève de remplir avec de la chaux sodée.

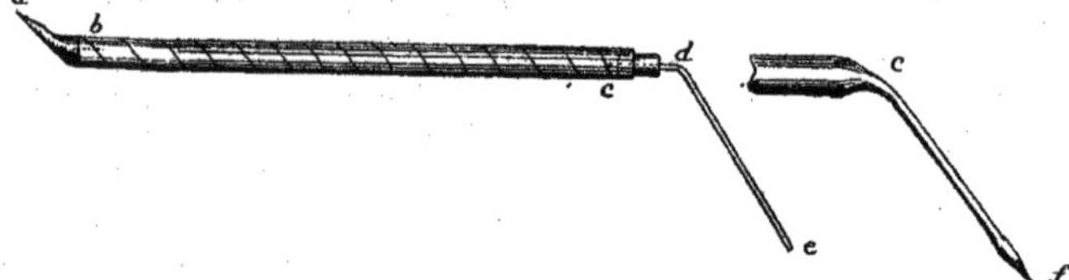


On enveloppe le tube d'une bande de clinquant *b*, *c*, roulée en spirale et on adapte à son extrémité ouverte, au moyen d'un bouchon percé, un tube de dégagement *d e*. Il est préférable de ne pas employer de liège, qui peut se brûler ou laisser échapper les gaz par les joints; on forme le tube de dégagement avec le tube à combustion lui-même. A cet effet, lorsque le tube est chargé, on chauffe au rouge sombre son extrémité *c* et on l'étire obliquement sous forme d'un tube étroit terminé par un renflement et une pointe fermée *f*. Lorsque l'on veut provoquer le dégagement des gaz, on casse cette pointe.

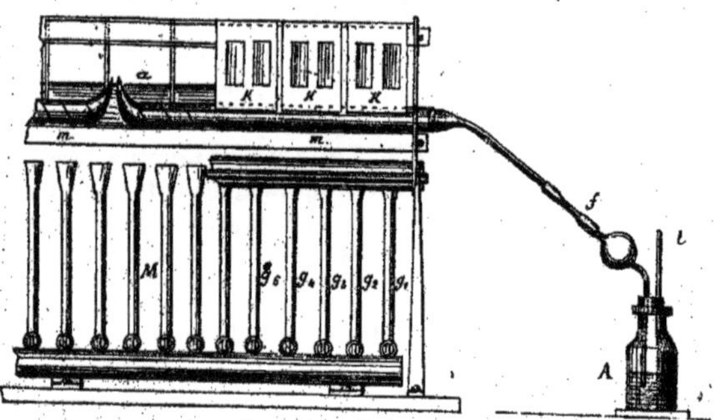


Le tube ainsi préparé est porté sur un fourneau à analyses

organiques. La pointe *f* est cassée et mise en communication par un tube en caoutchouc, avec un tube à boule de sûreté qui plonge dans un petit flacon A où l'on a mis une pipette de 10 centimètres cubes d'acide sulfurique titré.

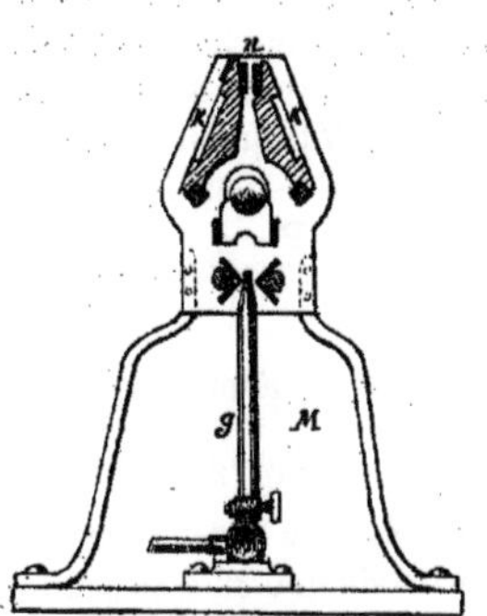


Les fourneaux à gaz M dont on se sert maintenant pour les analyses organiques se composent d'une grille *m m*, sur laquelle repose le tube, chauffée par une série de becs Bunsen *g*, *g*, portant chacun un robinet. La chaleur est concentrée par des briquettes réfractaires K, K, placées au-dessus du tube, et donnant seulement issue aux gaz de la combustion par une fente étroite *n*. Le fourneau est assez long pour que l'on puisse placer un tube à chacune de ses extrémités et faire deux analyses à la fois.

On commence par ouvrir et allumer le premier bec $g_1$. On voit alors se dégager dans le flacon A des bulles de gaz. Quand le dégagement s'arrête, on allume le second bec $g_2$ et il se produit de nouvelles bulles; lorsqu'elles cessent, on ouvre le troisième bec $g_3$, et ainsi de suite, jusqu'au bec placé sous la pointe fermée *a*. Lorsque tout dégagement a cessé, on adapte au tube libre *l* du petit flacon A un flacon aspirateur de 2 litres de capacité, dont on règle l'écoulement au moyen du robinet *p*. Puis on casse la pointe *a* du tube à combustion, qui se trouve ainsi balayé par le passage de deux litres d'air. On éteint alors les becs de gaz, on détache le petit flacon A et on procède au titrage du liquide qu'il contient.

Par suite de la combustion en présence de la chaux sodée, l'azote s'est transformé en ammoniaque, qui, au passage, s'est combinée avec l'acide sulfurique du flacon et l'a partiellement neutralisé.

Il ne reste plus qu'à chercher quelle quantité d'acide sulfurique s'est ainsi neutralisée : par les équivalents on trouve la doze d'azote correspondante. Soit P le poids d'acide sulfurique titré total contenu dans une pipette, et $a$ la quantité d'azote équivalente. Si l'on trouve qu'après la saturation partielle, il reste un poids $p$ d'acide sulfurique libre, il est clair que la dose d'azote est à $a$ comme $P-p$ est à P. Cette dose est donc donnée par la formule $x=\frac{P-p}{P}a$, dans laquelle tout est connu, excepté $p$.

On ne cherche pas la quantité $p$ elle-même, mais on détermine le rapport $\frac{P-p}{P}$ par des quantités proportionnelles plus faciles à trouver. A cet effet, on prépare à l'avance une liqueur normale de saccharate de chaux telle que 30 à 40 centimètres cubes de cette liqueur saturent 10 centimètres cubes de l'acide sulfurique titré. On s'en assure facilement en mettant dans un verre une pipette d'acide, colorée en rouge par quelques gouttes de teinture de tournesol, et cherchant combien de pipettes semblables de saccharate de chaux il faut y ajouter pour la faire passer au bleu. Cette dissolution est conservée dans un flacon bien bouché.

Pour faire le titrage de la dissolution partiellement saturée, on remplit de saccharate de chaux la burette graduée (n° 32). On recueille dans un vase à saturation le liquide du flacon A, que l'on lave avec soin, et on le rougit avec quelques gouttes de teinture de tournesol. On y verse le saccharate de chaux lentement au moyen de la burette, en agitant constamment, et on s'arrête quand la liqueur vire au bleu. On note le nombre $n$ de divisions employées. Immédiatement après, on recommence la même opération sur une pipette d'acide titré pur, et on note le nombre de divisions N nécessaires pour obtenir le virage au bleu. Il est clair que N et $n$ sont proportionnels à P et à $p$, et que $\frac{P-p}{P}=\frac{N-n}{N}$. On a donc enfin $x=\frac{N-n}{N}a$.

Ce procédé donne l'azote des corps organiques et des engrais qui est à l'état d'azote simplement combiné ou d'ammoniaque, mais non à l'état d'acide azotique.

Lorsqu'il s'agit d'un engrais où l'on suppose de l'acide

azotique, on en fait bouillir une dose, on filtre pour séparer les parties insolubles, et on traite la liqueur comme il a été expliqué au n° 98. L'azote ainsi trouvé doit être ajouté à celui que donne le procédé de la chaux sodée.

**113. Cendres.** — Les cendres des végétaux forment une substance minérale, composée de silice, de sulfates, chlorhydrates, carbonates et phosphates de chaux, de magnésie, de potasse et de soude, avec un peu d'alumine et de peroxyde de fer. Les cendres des engrais renferment les mêmes élements, mais en proportions différentes.

Le chlore se dose sur une prise d'échantillon spéciale que l'on épuise par l'eau, et que l'on traite après filtration, soit par la liqueur titrée de nitrate d'argent, en présence du chromate de potasse (n° 100), soit en le transformant, par le nitrate acide d'argent, en chlorure d'argent que l'on calcine et que l'on pèse.

L'acide sulfurique se dose sur une autre prise d'échantillon que l'on met en digestion pendant vingt-quatre heures avec du carbonate d'ammoniaque. La liqueur filtrée et acidifiée est ensuite traitée par le chlorure de baryum, et l'acide sulfurique dosé à l'état de sulfate de baryte.

Il est rare que l'on ait intérêt à doser l'acide carbonique : on le ferait d'après les méthodes expliquées au n° 64.

Pour avoir les autres éléments, on prend une dose d'échantillon, et on l'évapore à sec dans une capsule de porcelaine avec un excès d'acide chlorhydrique. On calcine au fourneau, on traite de nouveau par l'acide chlorhydrique et on évapore une seconde fois à sec. On reprend par l'eau acidulée, et on jette sur un filtre. Le résidu qui reste sur le filtre est la silice. Dans quelques engrais, il renferme en outre du sable et de l'argile.

Dans la liqueur, on ajoute de l'acétate et de l'oxalate d'ammoniaque. En présence de l'acide acétique, l'oxalate de chaux se précipite en entier, même dans les liqueurs acides. On filtre, et on calcine au rouge l'oxalate de chaux recueilli. On a ainsi le poids de la chaux.

Dans la liqueur filtrée, on verse de l'acide citrique ou tartrique, puis un excès d'ammoniaque. On laisse reposer à froid pendant un jour, et on trouve un précipité de phosphate ammoniaco-magnésien, que l'on recueille sur un filtre, que l'on calcine et que l'on pèse. On en déduit le poids de la magnésie et d'une partie de l'acide phosphorique.

La liqueur filtrée est additionnée de sulfate de magnésie et traitée de la même manière. Le précipité formé est du phosphate ammoniaco-magnésien renfermant le reste de l'acide phosphorique, qu'il faut ajouter au précédent.

Il peut arriver, dans quelques cas, que tout l'acide phosphorique ait été précipité du premier coup, et que ce soit la magnésie qui se trouve en excès. On s'en aperçoit parce que la seconde opération ne donne plus de précipité. Il faut alors recommencer l'analyse en opérant de la même façon, mais versant dans la dernière liqueur du phosphate de soude au lieu de sulfate de magnésie. Le dernier précipité recueilli donne le complément de la magnésie.

Dans la liqueur, on verse du sulfhydrate d'ammoniaque qui précipite le fer à l'état de sulfure. On filtre, et on calcine le précipité après dessiccation. On obtient ainsi le peroxyde de fer.

Outre les alcalis, qui demandent un traitement spécial, la liqueur ne contient plus que l'alumine. On peut l'obtenir par l'évaporation à sec et la calcination du résidu. Mais cette opération réussit mal. Les substances organiques qui ont été introduites pendant l'opération s'opposent à la dessiccation à une température modérée, et donnent lieu à des soubresauts et à des pertes de matière. Il est préférable de calculer l'alumine par différence. On attaque par l'acide chlorhydrique une prise d'échantillon, on l'évapore à sec comme ci-dessus pour séparer la silice, et on traite la liqueur par l'ammoniaque. On fait bouillir et on filtre. La matière restée sur le filtre est desséchée, calcinée et pesée. Elle se compose du peroxyde de fer, de l'alumine et d'une partie de l'acide phosphorique et de la chaux. On la redissout, et on y dose par les méthodes indiquées ci-dessus la chaux et l'acide phosphorique. A leur poids, on ajoute celui du peroxyde de fer précédemment déterminé, et on retranche cette somme du poids total du précipité par l'ammoniaque. La différence est le poids de l'alumine.

Le plus souvent, il est inutile de déterminer les doses de l'alumine, du peroxyde de fer et de la magnésie, et on se contente de connaître celles de la chaux et de l'acide phosphorique. L'analyse se simplifie alors beaucoup.

**114. Alcalis.** — Pour obtenir les alcalis, on a recours à une prise spéciale d'échantillon, que l'on fait bouillir avec un excès d'eau de baryte. Toutes les bases non alcalines sont précipitées, ainsi que la silice et les acides sulfurique, phosphorique et carbonique. Si l'on filtre, il ne reste dans la liqueur que des chlorures alcalins et des alcalis en liberté, avec l'excès de baryte.

On verse dans la liqueur un léger excès d'acide sulfurique, et lorsque le précipité a été bien rassemblé à chaud, on le jette sur un filtre qui laisse passer les alcalis à l'état de sulfates. On évapore à sec et on calcine le résidu. Son poids R est celui des sulfates alcalins. Si on reprend par l'eau, et que l'on cherche la dose S de l'acide sulfurique qu'ils renferment, le poids A des alcalis réunis est la différence : donc $A = R - S$.

Mais, en agriculture, la connaissance de ce poids ne peut suffire, la potasse et la soude y jouant des rôles très différents, et il est nécessaire de les séparer.

Cette opération peut se faire par le calcul. Appelant K le poids de la potasse et N celui de la soude, on a d'abord la relation $N + K = A$.

Mais les sulfates de potasse et de soude sont des sels neutres ; donc il y a autant d'équivalents d'acide que de bases. Or, les équivalents respectifs de l'acide sulfurique, de la soude et de la potasse sont entre eux comme 40, 47 et 31. On a donc :

$$\frac{S}{40} = \frac{N}{31} + \frac{K}{47}.$$

De ces deux relations on peut déduire les deux inconnues N et K.

Ce calcul ne donne pas généralement des résultats très exacts. Les erreurs de pesées se trouvent multipliées dans une forte proportion et peuvent être plus que quadruplées. En effet, si on appelle B le poids du sulfate de baryte que l'on a pesé, on trouve que :

$$N = 1,4469\,B - 1,9375\,R$$
$$K = 2,9375\,R - 1,7902\,B.$$

D'autre part, on ne peut pas toujours compter sur un résidu absolument neutre. Pendant l'évaporation à sec, il se forme des bisulfates que la calcination ne parvient pas toujours à réduire entièrement. On trouve ainsi presque toujours plus de soude qu'il n'y en a réellement.

Il est préférable de précipiter directement la potasse par le chlorure de platine. Cette opération ne peut pas se faire sur les sels à l'état de sulfates ; il faut qu'ils soient à l'état de chlorures. Après avoir fait bouillir avec l'eau de baryte et filtré, on sépare la liqueur en deux parties bien égales, dont l'une est traitée comme il est indiqué ci-dessus et donne la somme A des deux alcalis.

L'autre partie est soumise à un courant d'acide carbonique qui sature la baryte et les alcalis libres. On fait bouillir, pour décomposer les bicarbonates qui ont pu se former, et on filtre. La liqueur ne renferme plus que des chlorures et des carbonates alcalins. On y ajoute un excès d'acide chlorhydrique, on la concentre et on la place dans une capsule avec du bichlorure de platine. On fait évaporer lentement, et quand toute apparence liquide a disparu, sans attendre la dessiccation complète, on traite par l'alcool concentré, additionné d'un peu d'éther, qui dissout le chloroplatinate de soude et non celui de potasse. On filtre, on lave avec de l'alcool concentré et on dessèche.

Le chloroplatinate est séparé du filtre et pesé. On en déduit, par le calcul des équivalents, le poids de la potasse. En outre, comme le filtre a retenu nécessairement quelques parcelles du précipité, on le calcine, et le chloroplatinate qu'il renfermait se décompose en chlorure de potassium et en platine métallique. On reprend par l'eau, et on jette sur un autre filtre, que l'on lave avec soin, que l'on calcine et que l'on pèse. Du poids du platine ainsi trouvé, on déduit par les équivalents le poids de potasse à ajouter au précédent.

Quand le précipité de chloroplatinate est peu abondant, on n'essaie pas de le séparer du filtre, et on grille immédiatement celui-ci avec tout son contenu.

Connaissant le poids des alcalis réunis et celui de la potasse, chacun dans la moitié de l'échantillon, on double les résultats, et on a par différence celui de la soude.

Souvent, il n'y a aucun intérêt à savoir la dose de la soude. On se contente alors de déterminer celle de la potasse, en opérant comme il vient d'être indiqué sur la totalité de la liqueur barytique.

## § 2.

## ANALYSE DES TERRES ET AMENDEMENTS

**115. Prise d'échantillon.** — Lorsqu'on veut connaître la composition d'une pièce de terre, il faut avoir soin d'y prendre des mottes en différents points, de les réunir en tas et de les recouper en tous sens, de façon à avoir un mélange bien homogène, qui représente la composition moyenne du champ. Les mottes doivent être toutes de même épaisseur et de même surface.

Si c'est le sous-sol que l'on veut étudier, il faut procéder avec les mêmes précautions, après avoir eu soin d'enlever le sol sur la même profondeur partout où l'on veut prendre une motte.

On prélève de ce mélange 1 ou 2 kilogrammes, qui sont mis dans un bocal et portés au laboratoire.

C'est du soin extrême apporté à cette prise d'échantillon que dépend en grande partie l'utilité de l'analyse.

**116. Analyse.** — On détermine dans les terres le degré d'humidité, comme pour les engrais, par une double dessiccation à l'étuve, successivement sur la matière humide et sur la matière sèche (n° 111).

La matière sèche est broyée dans un mortier et réduite en poudre, que l'on agite pour la rendre bien homogène.

Une partie de cette poudre est brûlée au moufle et réduite en cendres.

L'autre partie est conservée pour le dosage de l'azote, qui se fait exactement comme dans les engrais (n° 112).

L'analyse des cendres est semblable à celle des calcaires. On les attaque par l'acide chlorhydrique, qui laisse un résidu insoluble, puis on traite les liqueurs successives par l'ammoniaque, l'oxalate d'ammoniaque et le phosphate de soude, pour séparer l'alumine et le peroxyde de fer, la chaux et la magnésie. (Chapitre III, § 1er.)

Les cendres des terres renferment souvent un peu de chlore et d'acide sulfurique, que l'on détermine comme à l'ordinaire (n° 113).

Le sol contient aussi des doses variables d'ammoniaque et d'acide azotique. Si on veut les obtenir, on fait digérer la terre avec de l'eau distillée et on recueille la liqueur filtrée, sur laquelle on opère comme sur les eaux naturelles (nos 97 et 98).

Il reste enfin à doser deux éléments dont la présence dans les terres arables a une grande importance : l'acide phosphorique et la potasse.

**117. Acide phosphorique.** — Cet élément se rencontre toujours à très faible dose ; il faut donc opérer sur une prise d'échantillon considérable, 10 à 20 grammes de cendres par exemple. On les attaque à froid dans une fiole par l'acide chlorhydrique faible, et on filtre. On verse de l'ammoniaque, et on recueille sur un filtre le précipité, que l'on chauffe au rouge vif, dans un creuset de platine, avec un peu de sulfate de soude. L'acide phosphorique se porte sur la soude, pour former un phosphate soluble, tandis que l'alumine et le peroxyde de fer se séparent. On reprend par l'eau et on filtre. Dans la liqueur filtrée, on verse un sel de magnésie et un excès d'ammoniaque. On obtient un précipité de phosphate ammoniaco-magnésien.

**118. Alcalis.** — Les alcalis se trouvent dans les terres sous deux états. Une partie, assimilable par les plantes, est immédiatement soluble. On l'obtient en faisant bouillir les cendres avec de l'eau de baryte et traitant la liqueur comme il a été expliqué plus haut (n° 114).

Une autre partie est insoluble et inattaquable par les acides : c'est celle qui est combinée avec la silice dans les sables provenant des roches primitives, telles que les feldspaths. Sous cet état, les alcalis n'agissent qu'en se décomposant à la longue. Il n'y a pas souvent intérêt à les déterminer. Si on le voulait, toutefois, il faudrait traiter les cendres de la terre au blanc par le carbonate de chaux, comme dans le cas des argiles (n° 76). Amenée à l'état de sulfates alcalins par la méthode du n° 72, la matière est traitée par l'eau de baryte, et l'analyse s'achève comme au n° 114.

**119. Lévigation.** — La séparation mécanique, au moyen de la lévigation, des divers éléments d'une terre arable, fournit sur sa constitution physique des renseignements fort utiles. C'est une opération très simple qui doit accompagner les essais chimiques.

On fait bouillir 200 grammes de terre dans une capsule avec un litre d'eau distillée, pendant une demi-heure environ; puis on jette la masse sur une passoire en fer-blanc ou en cuivre, à trous d'un demi-millimètre de diamètre, que l'on place audessus d'une terrine ou d'un vase à précipiter de deux litres au moins de capacité. Si on agite la terre avec une cuiller, l'eau s'écoule et entraîne à travers les trous de la passoire le sable fin et les parties les plus ténues de la terre. On reprend avec la cuiller une partie de l'eau déjà écoulée et on la rejette sur la terre en remuant sans cesse pour compléter l'entraînement des parties fines. Enfin on ajoute de l'eau pure sur la masse, par petites portions et en agitant toujours, jusqu'à ce que le liquide sorte parfaitement clair de la passoire.

Le mélange resté sur la passoire se compose de gravier plus ou moins gros, de sable moyen et de débris organiques non décomposés. On le jette dans un vase à précipiter et on l'agite avec de l'eau. Les débris organiques surnagent et sont recueillis avec une pince ou une petite écumoire. Le sable et le gravier tombent au fond du vase. On les jette sur une seconde passoire dont les trous ont trois millimètres, et on agite avec de l'eau. Le gravier reste sur la passoire et le sable moyen est entraîné.

Les débris organiques non décomposés, le sable moyen et le gravier, séparés comme on vient de le dire, sont recueillis, desséchés et pesés séparément.

Les matières entraînées par l'eau à travers la première passoire se composent de sable fin et de terre proprement dite. On agite circulairement le liquide, on laisse reposer un instant et on décante. Le sable fin reste au fond du vase, et la terre est entraînée par l'eau. On laisse reposer le liquide décanté, et on reverse l'eau claire sur les matières restées dans le premier vase. On agite de nouveau et on décante une seconde fois après quelques instants de repos. En répétant trois ou quatre fois les opérations précédentes, le départ du sable et de la terre ténue est à peu près complet. On le termine en faisant une dernière décantation avec de l'eau propre. Le sable fin ainsi séparé est desséché et pesé.

La matière ténue entraînée par l'eau est recueillie dans une capsule tarée, où on la pèse après dessiccation.

La terre se trouve ainsi partagée en cinq lots, à savoir :

Les débris organiques ;

Les graviers de plus de 3 millimètres de diamètre ;

Le sable moyen de moins de 3 millimètres et de plus de 1/2 millimètre ;

Le sable fin de moins de 1/2 millimètre ;

Les matières ténues et argileuses entraînées par l'eau.

S'il y a une perte de poids, elle provient des matières solubles dans l'eau, et de l'humidité propre de la terre.

Les proportions relatives de ces divers lots donnent une idée assez nette des qualités physiques de l'échantillon. Si, par exemple, les matières argileuses dominent, la terre est forte; si c'est le sable, elle est maigre.

**120. Amendements.** — Les amendements sont des substances terreuses que l'on introduit dans le sol pour en modifier les propriétés physiques et chimiques. Leur analyse est la même que celle des terres.

Le plus usuel des amendements est la marne. C'est un mélange de carbonate de chaux, d'argile plus ou moins sablonneuse, d'oxyde de fer et de quelques autres substances en proportions relativement assez faibles. La marne de bonne qualité se délite entièrement par l'action de l'air et de l'humidité, et se réduit en poudre impalpable. Les marnes de qualité inférieure contiennent du sable et des noyaux calcaires sans action chimique immédiate sur le sol ; elles sont d'autant plus précieuses, toutes choses égales d'ailleurs, que la quantité de ces matières inertes est moins considérable et que le carbonate de chaux contenu dans la partie susceptible de se déliter est au contraire plus abondant.

L'essai d'une marne se compose donc de deux opérations distinctes : l'analyse chimique, et la détermination par un procédé mécanique de la proportion de ses parties susceptibles de se déliter.

L'analyse chimique d'une marne se fait comme celle des calcaires (Chapitre III, § 1er.) Mais il est bon, en outre, d'y doser certains éléments spéciaux, qui y existent presque toujours en petite quantité, il est vrai, mais qui peuvent exercer une influence notable sur la composition du sol par suite des volumes considérables sous lesquels cet amendement est employé. Ces éléments sont l'acide phosphorique, la potasse et l'azote. On les dose comme dans les terres (nos 116, 117 et 118).

La détermination de la quantité de sable et de noyaux inertes se fait par lévigation. On met dans une terrine ou dans un grand bocal un ou plusieurs kilogrammes de morceaux de marne choisis dans différents points de la carrière ou de la fourniture que l'on veut apprécier. On ajoute de l'eau et on laisse reposer pendant une heure environ. On agite vivement alors, puis on laisse reposer pendant quelques secondes et on décante le liquide trouble. On ajoute de nouvelle eau claire, on laisse encore reposer pendant une heure et on recommence la même opération ; et ainsi de suite jusqu'à ce que l'eau ne se trouble plus par l'agitation. On recueille alors les noyaux et le sable restés au fond du vase, on les dessèche et on les pèse. La marne est d'autant plus active que leur proportion est moindre.

Si on a recueilli toutes les eaux de lavage de cette lévigation et qu'on les abandonne à elles-mêmes, elles laissent déposer à la longue les boues entraînées, qui représentent les parties actives de la marne. On peut alors décanter l'eau claire, dessécher cette boue et en faire l'analyse à part. Cette analyse, comparée à la proportion des parties délitables, donne la valeur réelle et immédiate de la marne.

# APPENDICE

## EXPOSÉ ET CALCUL DES ANALYSES.

Les poids trouvés dans le cours des manipulations ne sont presque jamais ceux qu'il faut inscrire sur les tableaux d'analyse, soit parce que les pesées ont été faites sur des composés définis dont les corps à inscrire sont seulement des éléments, soit parce que les prises d'échantillon né se sont pas trouvées avoir des poids simples. Il faut, par le calcul, ramener toutes les pesées à un dénominateur commun, qui est en général un poids 100 de la manière à examiner.

Les deux tables qui suivent donnent les moyens de faire rapidement ces calculs. Dans la table I, figurent les équivalents des corps, celui de l'hydrogène étant pris pour unité. La table II, qui se déduit de la précédente, donne les poids des éléments qui correspondent à l'unité de poids des composés que l'on a le plus souvent l'occasion de peser. Ce sont les coefficients par lesquels doivent être multipliés les résultats des pesées, pour donner les poids correspondants des corps cherchés.

Enfin, trois autres tables fournissent des nombres tout calculés, dont on fait continuellement usage dans l'analyse des gaz.

# TABLE I

## Formules et Équivalents chimiques.

| NOMS DES CORPS | FORMULES | ÉQUIVALENTS |
|---|---|---|
| Hydrogène | $H$ | 1 |
| Oxygène | $O$ | 8 |
| Eau | $HO$ | 9 |
| Aluminium | $Al$ | 13,75 |
| Alumine | $Al^2O^3$ | 51,5 |
| Argent | $Ag$ | 108 |
| Chlorure d'argent | $AgCl$ | 143,5 |
| Oxyde d'argent | $AgO$ | 116 |
| Nitrate d'argent fondu | $AgO.AzO^5$ | 170 |
| Azote | $Az$ | 14 |
| Acide azotique anhydre | $AzO^5$ | 54 |
| Ammoniaque | $AzH^3$ | 17 |
| Carbonate neutre d'ammoniaque anhydre | $AzH.CO^2$ | 39 |
| Sesquicarbonate d'ammoniaque anhydre | $2AzH^3.3CO^2$ | 100 |
| Baryum | $Ba$ | 68,5 |
| Baryte | $BaO$ | 76,5 |
| Carbonate de baryte | $BaO.CO^2$ | 98,5 |
| Sulfate de baryte | $BaO.SO^3$ | 116,5 |
| Calcium | $Ca$ | 20 |
| Chaux | $CaO$ | 28 |
| Carbonate de chaux | $CaO.CO^2$ | 50 |
| Sulfate de chaux (anhydre) | $CaO.SO^3$ | 68 |
| Sulfate de chaux hydraté (plâtre cru) | $CaO.SO^3+2HO$ | 86 |
| Phosphate de chaux des os | $3CaO.PhO^5$ | 155 |
| Carbone | $C$ | 6 |
| Acide carbonique | $CO^2$ | 22 |
| Oxyde de carbone | $CO$ | 14 |
| Chlore | $Cl$ | 35,5 |
| Acide chlorhydrique | $HCl$ | 36,5 |
| Cuivre | $Cu$ | 31,75 |
| Oxyde de cuivre | $CuO$ | 39,75 |
| Sulfure de cuivre | $Cu^2S$ | 79,50 |

| NOMS DES CORPS | FORMULES | ÉQUIVALENTS |
|---|---|---|
| Étain | $Sn$ | 59 |
| Acide stannique | $SnO^2$ | 57 |
| Fer | $Fe$ | 28 |
| Protoxyde de fer | $FeO$ | 36 |
| Peroxyde de fer | $Fe^2O^3$ | 80 |
| Magnésium | $Mg$ | 12 |
| Magnésie | $MgO$ | 20 |
| Carbonate de magnésie | $MgO.CO^2$ | 42 |
| Phosphate de magnésie bibasique | $2MgO.PhO^5$ | 111 |
| Manganèse | $Mn$ | 27,5 |
| Oxyde rouge de manganèse | $Mn^3O^4$ | 114,5 |
| Phosphore | $Ph$ | 31 |
| Acide phosphorique | $PhO^5$ | 71 |
| Platine | $Pt$ | 98,5 |
| Chlorure double de platine et de potasse | $PtCl^2 + KCl$ | 244 |
| Plomb | $Pb$ | 103,5 |
| Oxyde de plomb (litharge) | $PbO$ | 111,5 |
| Sulfure de plomb | $PbS$ | 119,5 |
| Sulfate de plomb | $PbO.SO^3$ | 151,5 |
| Carbonate de plomb | $PbO.CO^2$ | 133,5 |
| Potassium | $K$ | 39 |
| Potasse | $KO$ | 47 |
| Chlorure de potassium | $KCl$ | 74,5 |
| Sulfate de potasse | $KO.SO^3$ | 87 |
| Silicium | $Si$ | 14 ou 21 |
| Silice | $SiO^2$ | 30 |
| | $SiO^3$ | 45 |
| Sodium | $Na$ | 23 |
| Soude | $NaO$ | 31 |
| Chlorure de sodium | $NaCl$ | 58,5 |
| Sulfate de soude | $NaO.SO^3$ | 71 |
| Carbonate de soude | $NaO.CO^2$ | 53 |
| Soufre | $S$ | 16 |
| Acide sulfhydrique | $HS$ | 17 |
| Acide sulfureux | $SO^2$ | 32 |
| Acide sulfurique (anhydre) | $SO^3$ | 40 |
| Acide sulfurique monohydraté | $SO^3 + HO$ | 49 |
| Zinc | $Zn$ | 32,5 |
| Oxyde de zinc | $ZnO$ | 40,5 |

# TABLE II

## Coefficients.

| DÉSIGNATION des CORPS PESÉS OU DÉTERMINÉS | COEFFICIENTS | DÉSIGNATION des CORPS CHERCHÉS |
|---|---|---|
| Acide azotique........ | 0,2593 | Azote. |
| — ......... | 1,5741 | Azotate de soude. |
| Acide carbonique....... | 2,4091 | Carbonate de soude. |
| — ....... | 1,4091 | Soude. |
| Acide phosphorique..... | 2,1831 | Phosphate tribasique de chaux. |
| Acide sulfurique....... | 1,500 | Sulfate de magnésie. |
| — ........ | 0,500 | Magnésie. |
| — ........ | 0,8875 | Chlore. |
| — ........ | 3,7875 | Sulfate de plomb. |
| — ........ | 1,7000 | Sulfate de chaux. |
| Ammoniaque......... | 0,8235 | Azote. |
| — ......... | 3,3503 | Sulfate d'ammon. anhydre. |
| — ......... | 3,8823 | Sulfate d'ammon. cristallisé. |
| Azotate de soude....... | 0,3647 | Soude. |
| — — ....... | 0,6353 | Acide azotique. |
| Azote............. | 1,2143 | Ammoniaque. |
| — ............ | 4,2143 | Sesquicarbonate d'amm. crist. |
| Carbonate de chaux..... | 0,5600 | Chaux. |
| — — ...... | 0,4400 | Acide carbonique. |
| Carbonate de magnésie... | 0,4762 | Magnésie. |
| — — ... | 0,5238 | Acide carbonique. |
| Carbonate de soude..... | 0,5849 | Soude. |
| — — ..... | 0,4151 | Acide carbonique. |
| Chaux............. | 1,7857 | Carbonate de chaux. |
| — ............ | 0,2143 | Carbone. |
| — ............ | 0,7143 | Calcium. |
| — ............ | 1,2679 | Chlore. |
| — ............ | 1,9821 | Chlorure de calcium. |
| — ............ | 1,8452 | Phosphate tribasique de chaux. |

| DÉSIGNATION des CORPS PESÉS OU DÉTERMINÉS | COEFFICIENTS | DÉSIGNATION des CORPS CHERCHÉS |
|---|---|---|
| Chaux. . . . . . . . . . . . . . | 2,4286 | Sulfate de chaux. |
| Chlore. . . . . . . . . . . . . | 1,0282 | Acide chlorhydrique. |
| — . . . . . . . . . . . . . . | 2,0986 | Chlorure de potassium. |
| — . . . . . . . . . . . . . . | 1,6479 | Chlorure de sodium. |
| — . . . . . . . . . . . . . . | 0,3380 | Magnésium. |
| — . . . . . . . . . . . . . . | 0,2254 | Oxygène. |
| Chloroplatinate de potasse. . | 0,1926 | Potasse. |
| Chlorure d'argent. . . . . . . | 0,2474 | Chlore. |
| — — . . . . . . . | 0,7526 | Argent. |
| — — . . . . . . . | 0,2544 | Acide chlorhydrique. |
| Chlorure de potassium. . . | 0,4765 | Chlore. |
| — — . . . . | 1,9262 | Chlorure d'argent. |
| — — . . . . | 0,5235 | Potassium. |
| — — . . . . | 0,6309 | Potasse. |
| Chlorure de sodium. . . . . | 0,5299 | Soude. |
| Magnésie. . . . . . . . . . . | 1,7750 | Chlore. |
| — . . . . . . . . . . . | 0,6000 | Magnésium. |
| — . . . . . . . . . . . | 2,3750 | Chlorure de magnésium. |
| Oxyde de cuivre. | 0,7987 | Cuivre. |
| Oxyde rouge de manganèse. . | 0,7205 | Manganèse. |
| — — . . | 1,1397 | Peroxyde de manganèse. |
| Oxyde de plomb. . . . . . . . | 1,1973 | Carbonate de plomb. |
| — — . . . . . . . . | 0,9283 | Plomb. |
| — — . . . . . . . . | 1,0718 | Sulfure de plomb. |
| Oxyde de zinc. . . . . . . . | 0,8025 | Zinc. |
| Peroxyde de fer. . . . . . . | 0,7000 | Fer. |
| — — . . . . . . . . | 0,9000 | Protoxyde de fer. |
| Phosphate tribas. de chaux. | 0,4581 | Acide phosphorique. |
| — — . . . | 0,5419 | Chaux. |
| Phosphate bib. de magnésie. | 0,6396 | Acide phosphorique. |
| — — . . . | 0,3604 | Magnésie. |
| — — . . . | 1,3964 | Phosphate tribasique de chaux. |
| Platine. . . . . . . . . . . . . | 0,4772 | Potasse. |
| — . . . . . . . . . . . . . | 0,7564 | Chlorure de potassium. |

| DÉSIGNATION des CORPS PESÉS OU DÉTERMINÉS | COEFFICIENTS | DÉSIGNATION des CORPS CHERCHÉS |
|---|---|---|
| Potasse. . . . . . . . . . . . | 1,4681 | Carbonate de potasse. |
| — . . . . . . . . . . . . | 1,5851 | Chlorure de potassium. |
| — . . . . . . . . . . . . | 2,4189 | Azotate de potasse. |
| — . . . . . . . . . . . . | 0,8298 | Potassium. |
| Potassium. . . . . . . . . . . | 1,2051 | Potasse. |
| — . . . . . . . . . . . . | 1,9103 | Chlorure de potassium. |
| — . . . . . . . . . . . . | 2,2308 | Sulfate de potasse. |
| — . . . . . . . . . . . . | 1,7692 | Carbonate de potasse. |
| — . . . . . . . . . . . . | 2,9872 | Sulfate de baryte. |
| — . . . . . . . . . . . . | 1,0257 | Acide sulfurique. |
| Sodium. . . . . . . . . . . . | 1,3478 | Soude. |
| — . . . . . . . . . . . . | 3,0870 | Sulfate de soude. |
| — . . . . . . . . . . . . | 5,0652 | Sulfate de baryte. |
| — . . . . . . . . . . . . | 1,7391 | Acide sulfurique. |
| — . . . . . . . . . . . . | 0,3478 | Oxygène. |
| Soude. . . . . . . . . . . . . | 0,7419 | Sodium. |
| — . . . . . . . . . . . . | 1,7097 | Carbonate de soude. |
| — . . . . . . . . . . . . | 1,8871 | Chlorure de sodium. |
| — . . . . . . . . . . . . | 2,2903 | Sulfate de soude. |
| — . . . . . . . . . . . . | 3,7581 | Sulfate de baryte. |
| Soufre. . . . . . . . . . . . | 2,5000 | Acide sulfurique. |
| — . . . . . . . . . . . . | 4,2500 | Sulfate de chaux. |
| — . . . . . . . . . . . . | 1,7500 | Chaux. |
| — . . . . . . . . . . . . | 7,2813 | Sulfate de baryte. |
| Sulfate de baryte. . . . . . . | 0,3433 | Acide sulfurique. |
| — — . . . . . . . | 0,6567 | Baryte. |
| — — . . . . . . . | 0,8455 | Carbonate de baryte. |
| — — . . . . . . . | 0,1888 | Acide carbonique. |
| — — . . . . . . . | 0,0515 | Carbone. |
| — — . . . . . . . | 0,4291 | Carbonate de chaux. |
| — — . . . . . . . | 0,1373 | Soufre. |
| — — . . . . . . . | 0,1202 | Azote. |
| — — . . . . . . . | 0,4635 | Acide azotique. |
| — — . . . . . . . | 0,1460 | Ammoniaque. |

| DÉSIGNATION des CORPS PESÉS OU DÉTERMINÉS | COEFFICIENTS | DÉSIGNATION des CORPS CHERCHÉS |
|---|---|---|
| Sulfate de baryte . . . . . . | 0,3047 | Acide chlorhydrique. |
| Sulfate de plomb. . . . . . . | 0,6832 | Plomb. |
| — — . . . . . . . | 0,7360 | Oxyde de plomb. |
| Sulfate de potasse. . . . . . | 0,5402 | Potasse. |
| — — . . . . . . . | 0,4598 | Acide sulfurique. |
| — — . . . . . . . | 1,3391 | Sulfate de baryte. |
| Sulfure de cuivre. . . . . . | 0,3994 | Cuivre. |
| Sulfure de plomb. . . . . . . | 0,8661 | Plomb. |
| — — . . . . . . . | 0,9331 | Oxyde de plomb. |
| — — . . . . . . . | 1,2678 | Sulfate de plomb. |
| — — . . . . . . . | 1,1172 | Carbonate de plomb. |
| Sulfure de zinc. . . . . . . . | 0,6701 | Zinc. |

# TABLE III

## Tensions de la Vapeur d'eau en millimètres de 0°, à + 30° 9,

D'après Regnault.

| TEMP. | TENS. | TEMP. | TENS. | TEMP. | TENS. | TEMP. | TENS. | TEMP. | TENS. | TEMP. | TENS. |
|---|---|---|---|---|---|---|---|---|---|---|---|
| degrés | milli. | degrés | milli. | degrés | milli. | degrés | milli. | degrés | milli. | degrés | milli. |
| 0°,0 | 4,600 | 3°,6 | 5,930 | 7°,2 | 7,595 | 10°,8 | 9,665 | 14°,4 | 12,220 | 18°,0 | 15,357 |
| 0,1 | 4,633 | 3,7 | 5,972 | 7,3 | 7,647 | 10,9 | 9,728 | 14,5 | 12,298 | 18,1 | 15,454 |
| 0,2 | 4,667 | 3,8 | 6,014 | 7,4 | 7,699 | 11,0 | 9,792 | 14,6 | 12,378 | 18,2 | 15,552 |
| 0,3 | 4,700 | 3,9 | 6,055 | 7,5 | 7,751 | 11,1 | 9,857 | 14,7 | 12,458 | 18,3 | 15,650 |
| 0,4 | 4,733 | 4,0 | 6,097 | 7,6 | 7,804 | 11,2 | 9,923 | 14,8 | 12,538 | 18,4 | 15,747 |
| 0,5 | 4,767 | 4,1 | 6,140 | 7,7 | 7,857 | 11,3 | 9,989 | 14,9 | 12,619 | 18,5 | 15,845 |
| 0,6 | 4,801 | 4,2 | 6,183 | 7,8 | 7,910 | 11,4 | 10,054 | 15,0 | 12,699 | 18,6 | 15,945 |
| 0,7 | 4,836 | 4,3 | 6,226 | 7,9 | 7,964 | 11,5 | 10,120 | 15,1 | 12,781 | 18,7 | 16,045 |
| 0,8 | 4,871 | 4,4 | 6,270 | 8,0 | 8,017 | 11,6 | 10,187 | 15,2 | 12,864 | 18,8 | 16,145 |
| 0,9 | 4,905 | 4,5 | 6,313 | 8,1 | 8,072 | 11,7 | 10,255 | 15,3 | 12,947 | 18,9 | 16,246 |
| 1,0 | 4,940 | 4,6 | 6,357 | 8,2 | 8,126 | 11,8 | 10,322 | 15,4 | 13,029 | 19,0 | 16,346 |
| 1,1 | 7,975 | 4,7 | 6,401 | 8,3 | 8,181 | 11,9 | 10,389 | 15,5 | 13,112 | 19,1 | 16,449 |
| 1,2 | 5,011 | 4,8 | 6,445 | 8,4 | 8,236 | 12,0 | 10,457 | 15,6 | 13,197 | 19,2 | 16,552 |
| 1,3 | 5,047 | 4,9 | 6,490 | 8,5 | 8,291 | 12,1 | 10,526 | 15,7 | 13,281 | 19,3 | 16,655 |
| 1,4 | 5,082 | 5,0 | 6,534 | 8,6 | 8,347 | 12,2 | 10,596 | 15,8 | 13,366 | 19,4 | 16,758 |
| 1,5 | 5,118 | 5,1 | 6,580 | 8,7 | 8,404 | 12,3 | 10,665 | 15,9 | 13,451 | 19,5 | 16,861 |
| 1,6 | 5,155 | 5,2 | 6,625 | 8,8 | 8,461 | 12,4 | 10,734 | 16,0 | 13,536 | 19,6 | 16,967 |
| 1,7 | 5,191 | 5,3 | 6,671 | 8,9 | 8,517 | 12,5 | 10,804 | 16,1 | 13,623 | 19,7 | 17,073 |
| 1,8 | 5,228 | 5,4 | 6,717 | 9,0 | 8,574 | 12,6 | 10,875 | 16,2 | 13,710 | 19,8 | 17,179 |
| 1,9 | 5,265 | 5,5 | 6,763 | 9,1 | 8,632 | 12,7 | 10,947 | 16,3 | 13,797 | 19,9 | 17,285 |
| 2,0 | 5,302 | 5,6 | 6,810 | 9,2 | 8,690 | 12,8 | 11,019 | 16,4 | 13,885 | 20,0 | 17,391 |
| 2,1 | 5,340 | 5,7 | 6,857 | 9,3 | 8,748 | 12,9 | 11,090 | 16,5 | 13,972 | 20,1 | 17,500 |
| 2,2 | 5,378 | 5,8 | 6,904 | 9,4 | 8,807 | 13,0 | 11,162 | 16,6 | 14,062 | 20,2 | 14,608 |
| 2,3 | 5,416 | 5,9 | 6,951 | 9,5 | 8,865 | 13,1 | 11,235 | 16,7 | 14,151 | 20,3 | 17,717 |
| 2,4 | 5,454 | 6,0 | 6,998 | 9,6 | 8,925 | 13,2 | 11,309 | 16,8 | 14,241 | 20,4 | 17,826 |
| 2,5 | 5,491 | 6,1 | 7,047 | 9,7 | 8,985 | 13,3 | 11,383 | 16,9 | 14,331 | 20,5 | 17,935 |
| 2,6 | 5,530 | 6,2 | 7,095 | 9,8 | 9,045 | 13,4 | 11,456 | 17,0 | 14,421 | 20,6 | 18,047 |
| 2,7 | 5,569 | 6,3 | 7,144 | 9,9 | 9,105 | 13,5 | 11,530 | 17,1 | 14,513 | 20,7 | 18,159 |
| 2,8 | 5,608 | 6,4 | 7,193 | 10,0 | 9,165 | 13,6 | 11,605 | 17,2 | 14,605 | 20,8 | 18,271 |
| 2,9 | 5,647 | 6,5 | 7,242 | 10,1 | 9,227 | 13,7 | 11,681 | 17,3 | 14,697 | 20,9 | 18,383 |
| 3,0 | 5,687 | 6,6 | 7,292 | 10,2 | 9,288 | 13,8 | 11,757 | 17,4 | 14,790 | 21,0 | 18,495 |
| 3,1 | 5,727 | 6,7 | 7,342 | 10,3 | 9,350 | 13,9 | 11,834 | 17,5 | 14,882 | 21,1 | 18,610 |
| 3,2 | 5,767 | 6,8 | 7,392 | 10,4 | 9,412 | 14,0 | 11,910 | 17,6 | 14,977 | 21,2 | 18,724 |
| 3,3 | 5,807 | 6,9 | 7,442 | 10,5 | 8,474 | 14,1 | 11,988 | 17,7 | 15,072 | 21,3 | 18,839 |
| 3,4 | 5,848 | 7,0 | 7,492 | 10,6 | 9,537 | 14,2 | 12,064 | 17,8 | 15,167 | 21,4 | 18,954 |
| 3,5 | 5,889 | 7,1 | 7,544 | 10,7 | 9,601 | 14,3 | 12,142 | 17,9 | 15,262 | 21,5 | 19,069 |

| TEMP. | TENS. | TEMP. | TENS. | TEMP. | TENS. | TEMP. | TENS. | TEMP. | TENS. | TEMP. | TENS. |
|---|---|---|---|---|---|---|---|---|---|---|---|
| degrés | milli. | degrés | milli. | degrés | milli. | degrés | milli. | degrés | milli. | degrés | milli. |
| 21°,6 | 19,187 | 23°,2 | 21,144 | 24°,8 | 23,273 | 26°,4 | 25,588 | 28°,0 | 28,101 | 29°,6 | 30,833 |
| 21,7 | 19,305 | 23,3 | 21,272 | 24,9 | 23,411 | 26,5 | 25,738 | 28,1 | 28,267 | 29,7 | 31,011 |
| 21,8 | 19,423 | 23,4 | 21,400 | 25,0 | 23,550 | 26,6 | 25,891 | 28,2 | 28,433 | 29,8 | 31,190 |
| 21,9 | 19,541 | 23,5 | 21,528 | 25,1 | 23,692 | 26,7 | 26,045 | 28,3 | 28,599 | 29,9 | 31,369 |
| 22,0 | 19,659 | 23,6 | 21,659 | 25,2 | 23,834 | 26,8 | 26,198 | 28,4 | 28,765 | 30,0 | 31,548 |
| 22,1 | 19,780 | 23,7 | 21,790 | 25,3 | 23,976 | 26,9 | 26,351 | 28,5 | 28,931 | 30,1 | 31,729 |
| 22,2 | 19,904 | 23,8 | 21,921 | 25,4 | 24,119 | 27,0 | 26,505 | 28,6 | 29,101 | 30,2 | 31,911 |
| 22,3 | 20,022 | 23,9 | 22,053 | 25,5 | 24,261 | 27,1 | 26,663 | 28,7 | 29,271 | 30,3 | 32,094 |
| 22,4 | 20,143 | 24,0 | 22,184 | 25,6 | 24,406 | 27,2 | 26,820 | 28,8 | 29,441 | 30,4 | 32,278 |
| 22,5 | 20,265 | 24,1 | 22,319 | 25,7 | 24,552 | 27,3 | 26,978 | 28,9 | 29,612 | 30,5 | 32,463 |
| 22,6 | 20,389 | 24,2 | 22,453 | 25,8 | 24,697 | 27,4 | 27,136 | 29,0 | 29,782 | 30,6 | 32,650 |
| 22,7 | 20,514 | 24,3 | 22,588 | 25,9 | 24,842 | 27,5 | 27,294 | 29,1 | 29,956 | 30,7 | 32,837 |
| 22,8 | 20,639 | 24,4 | 22,723 | 26,0 | 24,988 | 27,6 | 27,455 | 29,2 | 30,131 | 30,8 | 33,026 |
| 22,9 | 20,763 | 24,5 | 22,858 | 26,1 | 25,138 | 27,7 | 27,617 | 29,3 | 30,305 | 30,9 | 33,215 |
| 23,0 | 20,888 | 24,6 | 22,996 | 26,2 | 25,288 | 27,8 | 27,778 | 29,4 | 30,479 | | |
| 23,1 | 21,016 | 24,7 | 23,135 | 26,3 | 25,438 | 27,9 | 27,939 | 29,5 | 30,654 | | |

# TABLE IV

## Réduction à 0° des hauteurs du baromètre à échelle gravée sur verre.

| HAUT. | 1° | 2° | 3° | 4° | 5° | 6° | 7° | 8° | 9° |
|---|---|---|---|---|---|---|---|---|---|
| mm. | millim. | millim. | millim. | millim. | millim. | millim. | millim. | millim. | millim. |
| 5 | 0,00085 | 0,00171 | 0,00256 | 0,00342 | 0,00428 | 0,00513 | 0,00599 | 0,00684 | 0,00770 |
| 10 | 0,00171 | 0,00342 | 0,00513 | 0,00684 | 0,00856 | 0,01027 | 0,01198 | 0,01369 | 0,01540 |
| 15 | 0,00256 | 0,00513 | 0,00769 | 0,01026 | 0,01284 | 0,01540 | 0,01797 | 0,02053 | 0,02310 |
| 20 | 0,00342 | 0,00684 | 0,01029 | 0,01368 | 0,01712 | 0,02054 | 0,02396 | 0,02738 | 0,03080 |
| 25 | 0,00427 | 0,00855 | 0,01283 | 0,01710 | 0,02139 | 0,02567 | 0,02995 | 0,03422 | 0,03850 |
| 30 | 0,00513 | 0,01026 | 0,01540 | 0,02052 | 0,02567 | 0,03080 | 0,03593 | 0,04107 | 0,04620 |
| 35 | 0,00598 | 0,01197 | 0,01797 | 0,02394 | 0,02995 | 0,03594 | 0,04192 | 0,04791 | 0,05390 |
| 40 | 0,00684 | 0,01368 | 0,02053 | 0,02736 | 0,03423 | 0,04107 | 0,04791 | 0,05476 | 0,06160 |
| 45 | 0,00769 | 0,01539 | 0,02310 | 0,03078 | 0,03850 | 0,04620 | 0,05390 | 0,06160 | 0,06930 |
| 50 | 0,00855 | 0,01711 | 0,02567 | 0,03422 | 0,04278 | 0,05133 | 0,05989 | 0,06844 | 0,07700 |
| 55 | 0,00940 | 0,01882 | 0,02824 | 0,03764 | 0,04706 | 0,05646 | 0,06588 | 0,07528 | 0,08470 |
| 60 | 0,01026 | 0,02053 | 0,03080 | 0,04106 | 0,05134 | 0,06160 | 0,07187 | 0,03212 | 0,09240 |
| 65 | 0,01111 | 0,02224 | 0,03337 | 0,04449 | 0,05562 | 0,06673 | 0,07786 | 0,08897 | 0,10010 |
| 70 | 0,01197 | 0,02395 | 0,03593 | 0,04791 | 0,05990 | 0,07187 | 0,08385 | 0,09582 | 0,10780 |
| 75 | 0,01282 | 0,02567 | 0,03850 | 0,05153 | 0,06417 | 0,07700 | 0,08983 | 0,10266 | 0,11550 |
| 80 | 0,01368 | 0,02738 | 0,04106 | 0,05476 | 0,06845 | 0,08213 | 0,09582 | 0,10951 | 0,12320 |
| 85 | 0,01453 | 0,02909 | 0,04363 | 0,05818 | 0,07273 | 0,08727 | 0,10181 | 0,11635 | 0,13090 |
| 90 | 0,01539 | 0,03080 | 0,04619 | 0,06160 | 0,07701 | 0,09240 | 0,10780 | 0,12320 | 0,13860 |
| 95 | 0,01625 | 0,03251 | 0,04876 | 0,06502 | 0,08129 | 0,09753 | 0,11378 | 0,13004 | 0,14630 |
| 100 | 0,01711 | 0,03422 | 0,05133 | 0,06844 | 0,08555 | 0,10266 | 0,11977 | 0,13688 | 0,15399 |
| 105 | 0,01796 | 0,03593 | 0,05390 | 0,07166 | 0,08983 | 0,10779 | 0,12576 | 0,14372 | 0,16169 |
| 110 | 0,01882 | 0,03764 | 0,05646 | 0,07528 | 0,09411 | 0,11293 | 0,13175 | 0,15057 | 0,16939 |
| 115 | 0,01967 | 0,03935 | 0,05903 | 0,07871 | 0,09839 | 0,11806 | 0,13774 | 0,15741 | 0,17709 |
| 120 | 0,02053 | 0,04106 | 0,06160 | 0,08213 | 0,10266 | 0,12320 | 0,14372 | 0,16426 | 0,18479 |
| 125 | 0,02138 | 0,04278 | 0,06416 | 0,08555 | 0,10694 | 0,12833 | 0,14971 | 0,17110 | 0,19248 |
| 130 | 0,02224 | 0,04449 | 0,06673 | 0,08898 | 0,11122 | 0,13346 | 0,15570 | 0,17795 | 0,20018 |
| 135 | 0,02309 | 0,04620 | 0,06929 | 0,09240 | 0,11549 | 0,13860 | 0,16169 | 0,18479 | 0,20788 |
| 140 | 0,02395 | 0,04791 | 0,07186 | 0,09582 | 0,11977 | 0,14374 | 0,16767 | 0,19164 | 0,21558 |
| 145 | 0,02480 | 0,04962 | 0,07442 | 0,09924 | 0,12405 | 0,14887 | 0,17366 | 0,19848 | 0,22328 |
| 150 | 0,02566 | 0,05133 | 0,07699 | 0,10266 | 0,12832 | 0,15399 | 0,17965 | 0,20532 | 0,23098 |
| 155 | 0,02658 | 0,05304 | 0,07956 | 0,10608 | 0,13260 | 0,15912 | 0,18564 | 0,21216 | 0,23868 |
| 160 | 0,02737 | 0,05475 | 0,08212 | 0,10950 | 0,13688 | 0,16426 | 0,19163 | 0,21904 | 0,24638 |
| 165 | 0,02822 | 0,05646 | 0,08469 | 0,11293 | 0,14116 | 0,16939 | 0,19762 | 0,22585 | 0,25408 |
| 170 | 0,02908 | 0,05817 | 0,08726 | 0,11635 | 0,14543 | 0,17453 | 0,20361 | 0,23270 | 0,26178 |
| 175 | 0,02994 | 0,05989 | 0,08982 | 0,11977 | 0,14971 | 0,17966 | 0,20959 | 0,23954 | 0,26948 |
| 180 | 0,03079 | 0,06160 | 0,09239 | 0,12320 | 0,15399 | 0,18479 | 0,21553 | 0,24639 | 0,27718 |

| HAUT. | 1° | 2° | 3° | 4° | 5° | 6° | 7° | 8° | 9° |
|---|---|---|---|---|---|---|---|---|---|
| mm. | millim. | millim. | millim. | millim. | millim. | millim. | millim. | millim. | millim. |
| 185 | 0,03165 | 0,06331 | 0,09495 | 0,12662 | 0,15827 | 0,18993 | 0,22157 | 0,25323 | 0,23488 |
| 190 | 0,03250 | 0,06502 | 0,09752 | 0,13004 | 0,16254 | 0,19506 | 0,22756 | 0,26008 | 0,29258 |
| 195 | 0,03336 | 0,06673 | 0,11008 | 0,13346 | 0,16682 | 0,20019 | 0,23355 | 0,26692 | 0,30028 |
| 200 | 0,03422 | 0,06844 | 0,10266 | 0,13688 | 0,17110 | 0,20532 | 0,28954 | 0,27376 | 0,30798 |
| 205 | 0,03507 | 0,07015 | 0,10523 | 0,1402[illegible] | 0,17538 | 0,21045 | 0,24553 | 0,28060 | 0,31568 |
| 210 | 0,03593 | 0,07186 | 0,10779 | 0,14372 | 0,17966 | 0,21559 | 0,25152 | 0,28745 | 0,32338 |
| 215 | 0,03678 | 0,07357 | 0,11036 | 0,14715 | 0,18394 | 0,22072 | 0,25751 | 0,29429 | 0,33108 |
| 220 | 0,03764 | 0,07528 | 0,11293 | 0,15057 | 0,18821 | 0,22586 | 0,26349 | 0,30114 | 0,33878 |
| 225 | 0,03849 | 0,07700 | 0,11549 | 0,15399 | 0,19249 | 0,23099 | 0,26948 | 0,30798 | 0,34647 |
| 230 | 0,03935 | 0,07871 | 0,11805 | 0,15742 | 0,19677 | 0,23612 | 0,27547 | 0,31483 | 0,35417 |
| 235 | 0,04020 | 0,08042 | 0,12062 | 0,16084 | 0,20105 | 0,24126 | 0,28145 | 0,32167 | 0,36187 |
| 240 | 0,04106 | 0,08213 | 0,12318 | 0,16426 | 0,20532 | 0,24639 | 0,28744 | 0,32852 | 0,36957 |
| 245 | 0,04191 | 0,08384 | 0,12575 | 0,16768 | 0,20960 | 0,25152 | 0,29343 | 0,33536 | 0,37727 |
| 250 | 0,04277 | 0,08555 | 0,12832 | 0,17110 | 0,21387 | 0,25665 | 0,29942 | 0,34220 | 0,38497 |
| 255 | 0,04362 | 0,08756 | 0,13089 | 0,17452 | 0,21815 | 0,26178 | 0,30541 | 0,34904 | 0,39267 |
| 260 | 0,04448 | 0,08897 | 0,13345 | 0,17794 | 0,22243 | 0,26692 | 0,31140 | 0,35589 | 0,40037 |
| 265 | 0,04534 | 0,09068 | 0,13601 | 0,18137 | 0,22671 | 0,27205 | 0,31739 | 0,36273 | 0,40807 |
| 270 | 0,04619 | 0,09239 | 0,13858 | 0,18479 | 0,23098 | 0,27719 | 0,32338 | 0,36958 | 0,41577 |
| 275 | 0,04705 | 0,09411 | 0,14115 | 0,18821 | 0,23526 | 0,28232 | 0,32936 | 0,37642 | 0,42347 |
| 280 | 0,04790 | 0,09582 | 0,14371 | 0,19164 | 0,23954 | 0,28745 | 0,33535 | 0,38327 | 0,43117 |
| 285 | 0,04876 | 0,09753 | 0,14628 | 0,19506 | 0,24381 | 0,29259 | 0,34134 | 0,39011 | 0,43887 |
| 290 | 0,04961 | 0,09924 | 0,14884 | 0,19848 | 0,24809 | 0,29772 | 0,34733 | 0,39696 | 0,44657 |
| 295 | 0,05047 | 0,10095 | 0,15141 | 0,20190 | 0,25237 | 0,30285 | 0,35332 | 0,40380 | 0,45427 |
| 300 | 0,05133 | 0,10266 | 0,15399 | 0,20532 | 0,25665 | 0,30798 | 0,35931 | 0,41064 | 0,46197 |
| 305 | 0,05218 | 0,10437 | 0,15656 | 0,20874 | 0,26093 | 0,31311 | 0,36530 | 0,41748 | 0,46967 |
| 310 | 0,05304 | 0,10608 | 0,15912 | 0,21216 | 0,26521 | 0,31825 | 0,37129 | 0,42433 | 0,47737 |
| 315 | 0,05389 | 0,10779 | 0,16169 | 0,21559 | 0,26949 | 0,32338 | 0,37728 | 0,43117 | 0,48507 |
| 320 | 0,05475 | 0,10951 | 0,16426 | 0,21901 | 0,27376 | 0,32852 | 0,38326 | 0,43802 | 0,49277 |
| 325 | 0,05560 | 0,11122 | 0,16682 | 0,22243 | 0,27804 | 0,33365 | 0,38925 | 0,44486 | 0,50046 |
| 330 | 0,05646 | 0,11293 | 0,16939 | 0,22586 | 0,28232 | 0,33878 | 0,39524 | 0,45171 | 0,50816 |
| 335 | 0,05731 | 0,11464 | 0,17195 | 0,22928 | 0,28659 | 0,34392 | 0,40122 | 0,45855 | 0,51586 |
| 340 | 0,05817 | 0,11635 | 0,17452 | 0,23270 | 0,29087 | 0,34905 | 0,40721 | 0,46540 | 0,52356 |
| 345 | 0,05902 | 0,11806 | 0,17708 | 0,23612 | 0,29515 | 0,35418 | 0,41320 | 0,47224 | 0,53126 |
| 350 | 0,05988 | 0,11977 | 0,17965 | 0,23954 | 0,29942 | 0,35931 | 0,41919 | 0,47908 | 0,53896 |
| 355 | 0,06074 | 0,12148 | 0,18222 | 0,24296 | 0,30370 | 0,36444 | 0,42518 | 0,48592 | 0,54666 |
| 360 | 0,06159 | 0,12319 | 0,18478 | 0,24638 | 0,30798 | 0,36958 | 0,43147 | 0,49277 | 0,55436 |
| 365 | 0,06245 | 0,12490 | 0,18735 | 0,24981 | 0,31226 | 0,37471 | 0,43716 | 0,49961 | 0,56206 |
| 370 | 0,06330 | 0,12662 | 0,18992 | 0,25323 | 0,31653 | 0,37985 | 0,44315 | 0,50646 | 0,56976 |
| 375 | 0,06416 | 0,12833 | 0,19248 | 0,25665 | 0,32081 | 0,38498 | 0,44913 | 0,51330 | 0,57746 |
| 380 | 0,06501 | 0,13004 | 0,19505 | 0,26008 | 0,32509 | 0,39011 | 0,45512 | 0,52015 | 0,58516 |
| 385 | 0,06587 | 0,13175 | 0,19761 | 0,26350 | 0,32937 | 0,39525 | 0,46111 | 0,52699 | 0,59286 |
| 390 | 0,06672 | 0,13346 | 0,20018 | 0,26692 | 0,33364 | 0,40038 | 0,46710 | 0,53384 | 0,60056 |
| 395 | 0,06758 | 0,13517 | 0,20274 | 0,27034 | 0,33792 | 0,40552 | 0,47309 | 0,54068 | 0,60826 |
| 400 | 0,06844 | 0,13688 | 0,20532 | 0,27376 | 0,34220 | 0,41064 | 0,47908 | 0,54752 | 0,61596 |
| 405 | 0,06929 | 0,13859 | 0,20789 | 0,27718 | 0,34643 | 0,41577 | 0,48507 | 0,55436 | 0,62366 |
| 410 | 0,07015 | 0,14030 | 0,21045 | 0,28060 | 0,35076 | 0,42091 | 0,49106 | 0,56121 | 0,63136 |

| HAUT. | 1° | 2° | 3° | 4° | 5° | 6° | 7° | 8° | 9° |
|---|---|---|---|---|---|---|---|---|---|
| mm. | millim. | millim. | millim. | millim. | millim. | millim. | millim. | millim. | millim. |
| 415 | 0,07100 | 0,14201 | 0,21302 | 0,28403 | 0,35504 | 0,42604 | 0,49705 | 0,56805 | 0,63906 |
| 420 | 0,07186 | 0,14373 | 0,21559 | 0,28745 | 0,35931 | 0,43418 | 0,50303 | 0,57490 | 0,64676 |
| 425 | 0,07271 | 0,14544 | 0,21815 | 0,29087 | 0,36359 | 0,43631 | 0,50902 | 0,58174 | 0,65445 |
| 430 | 0,07357 | 0,14715 | 0,22072 | 0,29430 | 0,36787 | 0,44144 | 0,51501 | 0,58859 | 0,66215 |
| 435 | 0,07442 | 0,14886 | 0,22328 | 0,30114 | 0,37215 | 0,44658 | 0,5[illegible]099 | 0,59543 | 0,66985 |
| 440 | 0,07528 | 0,15057 | 0,22535 | 0,29772 | 0,37642 | 0,45171 | 0,52698 | 0,60228 | 0,67755 |
| 445 | 0,07613 | 0,15228 | 0,22341 | 0,30456 | 0,38070 | 0,45384 | 0,53297 | 0,60912 | 0,68525 |
| 450 | 0,07699 | 0,15399 | 0,23098 | 0,30798 | 0,38497 | 0,46197 | 0,53896 | 0,61596 | 0,69295 |
| 455 | 0,07785 | 0,15570 | 0,23355 | 0,31140 | 0,38925 | 0,46710 | 0,54495 | 0,62280 | 0,70065 |
| 460 | 0,07870 | 0,15741 | 0,23612 | 0,31482 | 0,39353 | 0,47224 | 0,55094 | 0,62965 | 0,70835 |
| 465 | 0,07956 | 0,15912 | 0,23868 | 0,31825 | 0,39781 | 0,47737 | 0,55693 | 0,63649 | 0,71605 |
| 470 | 0,08041 | 0,16084 | 0,24125 | 0,32167 | 0,40208 | 0,48251 | 0,56292 | 0,64334 | 0,72[illegible]75 |
| 475 | 0,08127 | 0,16255 | 0,24382 | 0,32509 | 0,40636 | 0,48764 | 0,56890 | 0,65018 | 0,73145 |
| 480 | 0,08212 | 0,16426 | 0,24638 | 0,32852 | 0,41064 | 0,49277 | 0,57489 | 0,65703 | 0,73915 |
| 485 | 0,08298 | 0,16597 | 0,24895 | 0,33194 | 0,41491 | 0,49791 | 0,58088 | 0,66387 | 0,74685 |
| 490 | 0,08383 | 0,16768 | 0,25151 | 0,33536 | 0,41919 | 0,50304 | 0,58687 | 0,67072 | 0,75455 |
| 495 | 0,08469 | 0,16939 | 0,25408 | 0,33878 | 0,42347 | 0,50817 | 0,5[illegible]286 | 0,67756 | 0,76225 |
| 500 | 0,08555 | 0,17110 | 0,25665 | 0,34220 | 0,42775 | 0,51330 | 0,59885 | 0,68440 | 0,76995 |
| 505 | 0,08640 | 0,17281 | 0,25922 | 0,34562 | 0,43203 | 0,51843 | 0,60484 | 0,69124 | 0,77765 |
| 510 | 0,08726 | 0,17452 | 0,26178 | 0,34904 | 0,43631 | 0,52357 | 0,61083 | 0,69809 | 0,78535 |
| 515 | 0,08811 | 0,17623 | 0,26435 | 0,35247 | 0,44059 | 0,52870 | 0,61682 | 0,70493 | 0,79305 |
| 520 | 0,08897 | 0,17795 | 0,26692 | 0,35589 | 0,44486 | 0,53384 | 0,62280 | 0,71178 | 0,80075 |
| 525 | 0,08982 | 0,17966 | 0,26948 | 0,35931 | 0,44914 | 0,53897 | 0,62879 | 0,71862 | 0,80844 |
| 530 | 0,09063 | 0,18137 | 0,27205 | 0,36274 | 0,45342 | 0,54410 | 0,62478 | 0,72547 | 0,81614 |
| 535 | 0,09153 | 0,18308 | 0,27461 | 0,36616 | 0,45769 | 0,54924 | 0,64076 | 0,73231 | 0,82384 |
| 540 | 0,09239 | 0,18479 | 0,27718 | 0,36958 | 0,46197 | 0,55437 | 0,64675 | 0,73916 | 0,83154 |
| 545 | 0,09324 | 0,18650 | 0,27974 | 0,37300 | 0,46625 | 0,55950 | 0,65274 | 0,74600 | 0,83924 |
| 550 | 0,09410 | 0,18821 | 0,28231 | 0,37642 | 0,47052 | 0,56463 | 0,65873 | 0,75284 | 0,84694 |
| 555 | 0,09496 | 0,18992 | 0,28488 | 0,37984 | 0,47480 | 0,56976 | 0,66472 | 0,75968 | 0,85464 |
| 560 | 0,09581 | 0,19163 | 0,28745 | 0,38326 | 0,47908 | 0,57490 | 0,67071 | 0,76653 | 0,86234 |
| 565 | 0,09667 | 0,19334 | 0,29001 | 0,38669 | 0,48336 | 0,58003 | 0,67670 | 0,77337 | 0,87004 |
| 570 | 0,09752 | 0,19506 | 0,29258 | 0,39011 | 0,48763 | 0,58517 | 0,68269 | 0,78022 | 0,87774 |
| 575 | 0,09838 | 0,19677 | 0,29514 | 0,39353 | 0,49191 | 0,59030 | 0,68867 | 0,78706 | 0,88544 |
| 580 | 0,09923 | 0,19848 | 0,29771 | 0,39696 | 0,49619 | 0,59543 | 0,69466 | 0,79391 | 0,89314 |
| 585 | 0,10009 | 0,20019 | 0,30027 | 0,40038 | 0,50047 | 0,60057 | 0,70065 | 0,80075 | 0,90084 |
| 590 | 0,10094 | 0,20190 | 0 30284 | 0,40380 | 0,50474 | 0,60570 | 0,70664 | 0,80760 | 0,90854 |
| 595 | 0,10180 | 0,20361 | 0,30540 | 0,40722 | 0,50962 | 0,61083 | 0,71263 | 0,81444 | 0,91624 |
| 600 | 0,10266 | 0,20532 | 0,30798 | 0,41064 | 0,51330 | 0,61596 | 0,71862 | 0,82128 | 0,92394 |
| 605 | 0,11035 | 0,20703 | 0,31055 | 0,41406 | 0,51758 | 0,62109 | 0,72461 | 0,82812 | 0,93164 |
| 610 | 0,10437 | 0,20874 | 0,31300 | 0,41748 | 0,52186 | 0,62623 | 0,73069 | 0,83497 | 0,93934 |
| 615 | 0,10522 | 0,21045 | 0,31568 | 0,42091 | 0,52614 | 0,63136 | 0,73659 | 0,84181 | 0,94704 |
| 620 | 0,10608 | 0,21217 | 9,31825 | 0,42433 | 0,53041 | 0,63650 | 0,74257 | 0,84866 | 0,95474 |
| 625 | 0,10693 | 0,21338 | 0,32081 | 0,42775 | 0,53469 | 0,64163 | 0,74856 | 0,85550 | 0,96243 |
| 630 | 0,10779 | 0,21559 | 0,32337 | 0,43118 | 0,53897 | 0,64676 | 0,75455 | 0,86235 | 0,97013 |
| 635 | 0,10864 | 0,21730 | 0,32594 | 0,43460 | 0,54324 | 0,65190 | 0,76053 | 0,86919 | 0,97783 |
| 640 | 0,10950 | 0,21901 | 0,32850 | 0,43802 | 0,54752 | 0,65703 | 0,76652 | 0,87604 | 0,98553 |

| HAUT | 1° | 2° | 3° | 4° | 5° | 6° | 7° | 8° | 9° |
|---|---|---|---|---|---|---|---|---|---|
| mm. | millim. | millim. | millim. | millim. | millim. | millim. | millim. | millim. | millim. |
| 645 | 0,11035 | 0,22072 | 0,33107 | 0,44144 | 0,55180 | 0,66216 | 0,77251 | 0,88288 | 0,99323 |
| 650 | 0,11121 | 0,22243 | 0,33864 | 0,44486 | 0,55607 | 0,66729 | 0,77850 | 0,88972 | 1,00093 |
| 655 | 0,11207 | 0,22414 | 0,33621 | 0,44828 | 0,56035 | 0,67242 | 0,78449 | 0,89656 | 1,00863 |
| 660 | 0,11292 | 0,22585 | 0,33877 | 0,45170 | 0,56463 | 0,67756 | 0,79048 | 0,90341 | 1,01633 |
| 665 | 0,11378 | 0,22756 | 0,34134 | 0,45513 | 0,56891 | 0,68269 | 0,79647 | 0,91025 | 1,02403 |
| 670 | 0,11463 | 0,22928 | 0,34391 | 0,45855 | 0,57318 | 0,68783 | 0,80246 | 0,91710 | 1,03173 |
| 675 | 0,11549 | 0,23099 | 0,34647 | 0,46197 | 0,57746 | 0,69296 | 0,80844 | 0,92394 | 1,03943 |
| 680 | 0,11634 | 0,23270 | 0,34904 | 0,46540 | 0,58174 | 0,69809 | 0,81443 | 0,93079 | 1,04713 |
| 685 | 0,11720 | 0,23441 | 0,35160 | 0,46882 | 0,58602 | 0,70323 | 0,82042 | 0,93763 | 1,05483 |
| 690 | 0,11805 | 0,23612 | 0,35417 | 0,47224 | 0,59029 | 0,70836 | 0,82641 | 0,94448 | 1,06253 |
| 695 | 0,11891 | 0,23783 | 0,35673 | 0,47566 | 0,59457 | 0,71349 | 0,83240 | 0,95132 | 1,07023 |
| 700 | 0,11977 | 0,23954 | 0,35931 | 0,47908 | 0,59885 | 0,71862 | 0,83839 | 0,95816 | 1,07793 |
| 705 | 0,12062 | 0,24125 | 0,36188 | 0,48250 | 0,60313 | 0,72375 | 0,84438 | 0,96500 | 1,08563 |
| 710 | 0,12143 | 0,24296 | 0,36444 | 0,48592 | 0,60741 | 0,72889 | 0,85037 | 0,97185 | 1,09333 |
| 715 | 0,12233 | 0,24467 | 0,36701 | 0,48935 | 0,61169 | 0,73402 | 0,85636 | 0,97869 | 1,10403 |
| 720 | 0,12319 | 0,24639 | 0,36958 | 0,49277 | 0,61596 | 0,73916 | 0,86234 | 0,98554 | 1,10873 |
| 725 | 0,12404 | 0,24810 | 0,37214 | 0,49619 | 0,62024 | 0,74429 | 0,86639 | 0,99238 | 1,11642 |
| 730 | 0,12490 | 0,24981 | 0,37471 | 0,49962 | 0,62452 | 0,74942 | 0,87432 | 0,99923 | 1,12412 |
| 735 | 0,12575 | 0,25152 | 0,37727 | 0,50304 | 0,62880 | 0,75456 | 0,88030 | 1,00607 | 1,13182 |
| 740 | 0,12661 | 0,25323 | 0,37984 | 0,50646 | 0,63307 | 0,75969 | 0,88623 | 1,01292 | 1,13952 |
| 745 | 0,12746 | 0,25494 | 0,38240 | 0,50988 | 0,63735 | 0,76482 | 0,89228 | 1,01976 | 1,14722 |
| 750 | 0,12832 | 0,25665 | 0,38497 | 0,51330 | 0,64162 | 0,76995 | 0,89827 | 1,02660 | 1,15492 |
| 755 | 0,12918 | 0,25836 | 0,38754 | 0,51672 | 0,64590 | 0,77508 | 0,90426 | 1,03344 | 1,16262 |
| 760 | 0,13003 | 0,26007 | 0,39011 | 0,52014 | 0,65018 | 0,78022 | 0,91025 | 1,04029 | 1,17032 |
| 765 | 0,13089 | 0,26178 | 0,39267 | 0,52357 | 0,65446 | 0,78535 | 0,91624 | 1,04713 | 1,17802 |
| 770 | 0,13174 | 0,26350 | 0,39524 | 0,52699 | 0,65873 | 0,79049 | 0,92223 | 1,05398 | 1,18572 |
| 775 | 0,13260 | 0,26521 | 0,39781 | 0,53041 | 0,66301 | 0,79562 | 0,92821 | 1,06082 | 1,19342 |
| 780 | 0,13345 | 0,26692 | 0,40037 | 0,53383 | 0,66729 | 0,80075 | 0,93420 | 1,06767 | 1,20112 |
| 785 | 0,13431 | 0,26863 | 0,40294 | 0,53725 | 0,67157 | 0,80589 | 0,94019 | 1,07451 | 1,20882 |
| 790 | 0,13518 | 0,27034 | 0,40550 | 0,54067 | 0,67584 | 0,81102 | 0,94618 | 1,08136 | 1,21652 |
| 795 | 0,13602 | 0,27205 | 0,40707 | 0,54409 | 0,68012 | 0,81615 | 0,95217 | 1,08820 | 1,22422 |
| 800 | 0,13688 | 0,27376 | 0,41064 | 0,54752 | 0,68440 | 0,82128 | 0,95816 | 1,09504 | 1,23192 |

## EXEMPLE.

Soit à réduire à 0° une observation ayant donné une hauteur de 556$^{mm}$7 à la température 17°4. On cherche dans la première colonne le nombre immédiatement inférieur à 556$^{mm}$7, qui est 555, et on additionne les corrections suivantes, prises sur la table :

| | |
|---|---|
| Pour 10°. . . . . . . . . . . . . . . . . . . | 0,9496 |
| — 7°. . . . . . . . . . . . . . . . . . . | 0,6647 |
| — 0°4. . . . . . . . . . . . . . . . . . . | 0,0380 |
| Total. . . . | 1,6523 soit 1$^{mm}$65 |

La hauteur à 0° est 556$^{m}$7 — 1$^{mm}$65 = 555$^{mm}$05.

# TABLE V.

**Valeurs de** $\frac{1}{(1 + 0{,}00367\ t.)\ 0.760}$**, de 0° à 35°.**

| TEMP. *t.* | 0,0 | 0,1 | 0,2 | 0,3 | 0,4 | 0,5 | 0,6 | 0,7 | 0,8 | 0,9 |
|---|---|---|---|---|---|---|---|---|---|---|
| 0° | 1,31578 | 1,31530 | 1,31482 | 1,31434 | 1,31386 | 1,31337 | 1,31289 | 1,31241 | 1,31193 | 1,31145 |
| 1 | 1,31097 | 1,31049 | 1,31002 | 1,30954 | 1,30906 | 1,30858 | 1,30810 | 1,30763 | 1,30715 | 1,30667 |
| 2 | 1,30620 | 1,30572 | 1,30525 | 1,30477 | 1,304[illegible]0 | 1,30382 | 1,30335 | 1,30287 | 1,30240 | 1,30193 |
| 3 | 1,30146 | 1,30098 | 1,30051 | 1,30004 | 1,29957 | 1,29910 | 1,29863 | 1,29816 | 1,29769 | 1,29722 |
| 4 | 1,29675 | 1,29628 | 1,29581 | 1,29534 | 1,29487 | 1,29441 | 1,29394 | 1,29347 | 1,29301 | 1,29254 |
| 5 | 1,29207 | 1,29161 | 1,29114 | 1,29068 | 1,29021 | 1,28975 | 1,28929 | 1,28882 | 1,28836 | 1,28790 |
| 6 | 1,28744 | 1,28697 | 1,28651 | 1,28605 | 1,28559 | 1,28513 | 1,28467 | 1,28421 | 1,28375 | 1,28329 |
| 7 | 1,28283 | 1,28237 | 1,28191 | 1,28145 | 1,28100 | 1,28054 | 1,28008 | 1,27962 | 1,27917 | 1,27871 |
| 8 | 1,27825 | 1,27780 | 1,27734 | 1,27689 | 1,27643 | 1,27596 | 1,27553 | 1,27507 | 1,27462 | 1,27417 |
| 9 | 1,27371 | 1,27326 | 1,27281 | 1,27236 | 1,27191 | 1,27146 | 1,27100 | 1,27055 | 1,27010 | 1,26965 |
| 10 | 1,26920 | 1,26876 | 1,26831 | 1,26786 | 1,26741 | 1,26696 | 1,26651 | 1,26607 | 1,26562 | 1,26517 |
| 11 | 1,26473 | 1,26428 | 1,26384 | 1,26339 | 1,26294 | 1,26250 | 1,26206 | 1,26161 | 1,26117 | 1,26072 |
| 12 | 1,26028 | 1,25984 | 1,25940 | 1,25895 | 1,25851 | 1,25807 | 2,25763 | 1,25719 | 1,25675 | 1,25631 |
| 13 | 1,25587 | 1,25543 | 1,25499 | 1,25455 | 1,25411 | 1,25367 | 1,25323 | 1,25279 | 1,25236 | 1,25192 |
| 14 | 1,25148 | 1,25105 | 1,25061 | 1,25017 | 1,24974 | 1,24930 | 1,24887 | 1,24843 | 1,24800 | 1,24751 |
| 15 | 1,24713 | 1,24670 | 1,24626 | 1,24583 | 1,24540 | 1,24496 | 1,24453 | 1,24410 | 1,24367 | 1,24324 |
| 16 | 1,24281 | 1,24238 | 1,24195 | 1,24151 | 1,24109 | 1,24065 | 1,24023 | 1,23980 | 1,23937 | 1,23994 |
| 17 | 1,23851 | 1,23809 | 1,23766 | 1,23723 | 1,23680 | 1,23638 | 1,23595 | 1,23553 | 1,23510 | 1,23467 |
| 18 | 1,23425 | 1,23383 | 1,23340 | 1,23298 | 1,23255 | 1,23213 | 1,23171 | 1,23128 | 1,23086 | 1,23044 |
| 19 | 1,23002 | 1,22959 | 1,22917 | 1,22875 | 1.22833 | 1,22791 | 1,22749 | 1,22707 | 1,22663 | 1,22623 |
| 20 | 1,22581 | 1,22539 | 1,22497 | 1,22455 | 1,22414 | 1,22372 | 1,22330 | 1,22288 | 1,22247 | 1,22205 |
| 21 | 1,22163 | 1,22122 | 1,22080 | 1,22039 | 1,21997 | 1,21955 | 1,21914 | 1,21873 | 1,21831 | 1,21790 |
| 22 | 1,21748 | 1,21707 | 1,21666 | 1,21625 | 1,21583 | 1,21542 | 1,21501 | 1,21460 | 1,21419 | 1,21377 |
| 23 | 1,21336 | 1,21295 | 1,21254 | 0,21123 | 1,21172 | 1,21131 | 1,21091 | 1,21050 | 1,21009 | 1,20968 |
| 24 | 1,20927 | 1,20886 | 1,20846 | 1,20805 | 1,20764 | 2,20724 | 1,20683 | 1,20642 | 1,20602 | 1,20561 |
| 25 | 1,20521 | 1,20480 | 1,20440 | 1,20399 | 1,20359 | 1,20318 | 1,20278 | 1,20238 | 1,20197 | 1,20157 |
| 26 | 1,20117 | 1,20077 | 1,20036 | 1,19996 | 1,19956 | 1,19916 | 1,19876 | 1,19836 | 1,19796 | 1,19756 |
| 27 | 1,19716 | 1,19676 | 1,19636 | 1,19596 | 1,19556 | 1,19516 | 1,19476 | 1,19436 | 1,19397 | 1,19357 |
| 28 | 1,19317 | 1,19277 | 1,19238 | 1,19198 | 1,19159 | 1,19119 | 1,19080 | 1,19040 | 1,19001 | 1,18961 |
| 29 | 1,18922 | 1,18882 | 1,18843 | 1,18803 | 1,18764 | 1,18725 | 1,18685 | 1,18646 | 1,18607 | 1,18568 |
| 30 | 1,18528 | 1,18489 | 1,18450 | 1,18411 | 1,18372 | 1,18333 | 1,18294 | 1,18255 | 1,18216 | 1,18177 |
| 31 | 1,18138 | 1,18099 | 1,18060 | 1,18021 | 1,17982 | 1,17944 | 1,17905 | 1,17866 | 1,17827 | 1,17788 |
| 32 | 1,17750 | 1,17711 | 1,17673 | 1,17634 | 1,17595 | 1,17557 | 1,17518 | 1,17480 | 1,17441 | 1,17403 |
| 33 | 1,17364 | 1,17326 | 1,17288 | 1,17249 | 1,17211 | 1,17173 | 1,17134 | 1,17096 | 1,17058 | 1,17020 |
| 34 | 1,16982 | 1,16943 | 1,16905 | 1,16867 | 1,16829 | 1,16791 | 1,16753 | 1,16715 | 1,16677 | 1,16639 |
| 35 | 1,16601 | 1,16563 | 1,16525 | 1,16487 | 1,16450 | 1,16412 | 1,16374 | 1,16336 | 1,16298 | 1,16261 |

DEUXIÈME PARTIE

---

# PROPRIÉTÉS ET FABRICATION

DES

# CHAUX ET CIMENTS,

# MORTIERS ET BÉTONS

---

CHAPITRE PREMIER : *PROPRIÉTÉS DES CHAUX.*
CHAPITRE DEUXIÈME : *FABRICATION DE LA CHAUX.*
CHAPITRE TROISIÈME : *MORTIERS ET BÉTONS.*
CHAPITRE QUATRIÈME : *CIMENTS.*
CHAPITRE CINQUIÈME : *MORTIERS EN EAU DE MER.*

---

# CHAPITRE PREMIER

## PROPRIÉTÉS DES CHAUX

### § 1er

### DÉFINITION ET NOMENCLATURE.

**1. Définition et nomenclature des chaux.** — On appelle chaux, en industrie, le produit de la calcination des pierres calcaires.

Les pierres calcaires sont celles qui se composent essentiellement de carbonate de chaux. On les reconnaît à leur propriété de faire effervescence avec les acides et à divers autres caractères rappelés dans la 1re partie (n° 12).

Les pierres calcaires sont rarement pures. Le plus souvent elles renferment, outre le carbonate de chaux, des substances étrangères, dont quelques-unes ont une influence capitale sur les propriétés de la chaux, comme on le verra plus loin.

On distingue quatre classes générales de chaux, savoir :

Les chaux grasses ;

Les chaux maigres ;

Les chaux hydrauliques ;

Les ciments.

On indiquera d'abord les propriétés de chacune de ces classes de produits.

Pour qu'elles puissent être comparées, les chaux doivent être étudiées dans des conditions identiques. Or, leurs caractères se modifient lorsqu'on les laisse exposées à l'air atmosphérique, et l'altération augmente avec la durée du contact. Pour éviter toute confusion, il est bien entendu que les propriétés qui vont être mentionnées se rapportent à des chaux récemment extraites des fours où elles ont été calcinées, ou bien conservées dans un bocal hermétiquement fermé.

Les chaux du commerce et celles que l'on rencontre sur les chantiers ne se trouvent pas dans ces conditions, et en pratique leurs propriétés s'écartent plus ou moins de celles qu'indiquent les expériences de laboratoire. On reviendra, dans la suite, sur cette influence du séjour des chaux à l'air libre. Il a paru nécessaire de la signaler dès à présent, pour préciser les circonstances dans lesquelles ont été faites les recherches qui vont être rapportées.

## § 2

## CHAUX GRASSES

**2. Chaux éteinte en poudre.** — Les chaux devant être broyées avec de l'eau pour leur emploi dans les maçonneries, l'essai le plus naturel à leur faire subir consiste à voir comment elles se comportent au contact de l'eau.

On prend, à cet effet, un ou plusieurs morceaux de chaux ; on les immerge pendant une minute environ dans l'eau, jusqu'à ce qu'ils soient complètement imbibés, puis on les place dans un vase peu sujet à se briser par les hautes températures.

Lorsqu'on essaie des chaux grasses, on voit presque aussitôt les morceaux se gonfler, puis se fissurer dans diverses directions. Bientôt ils décrépitent en sifflant et dégagent d'abondantes fumées caustiques et brûlantes. La température de la chaux augmente progressivement; on ne peut bientôt plus la supporter avec la main, et vers la fin elle s'élève assez pour briser les vases en verre ou même en porcelaine dont on se serait servi : elle peut atteindre jusqu'à 300°. Enfin la masse tombe en poussière et se refroidit peu à peu.

Au sortir du four, la chaux était *vive*. Réduite en poussière à la suite de son contact avec l'eau, elle est dite *éteinte*. Dans ce nouvel état, c'est un produit chimique nouveau, un composé de chaux et d'eau, un hydrate de chaux.

L'extinction ne se produit pas toujours avec la même énergie ni la même promptitude. La chaux qui se rencontre dans le commerce peut être un peu éventée, par suite de son séjour à l'air libre, où elle a rencontré un peu d'humidité et d'acide carbonique, pour lesquels elle a une grande avidité. L'effet de l'acide carbonique est de rendre inerte la petite partie de la chaux avec laquelle il s'est combiné, et celui de l'humidité est de produire lentement et sans développement sensible de chaleur une portion de l'hydratation.

Il n'y a d'ailleurs pas de discontinuité dans la série des chaux; et parmi celles qui sont offertes comme grasses, il s'en trouve qui se rapprochent plus ou moins des autres classes par leurs éléments constitutifs et par leurs caractères.

**3. Chaux en pâte.**— Les chaux sont incorporées dans les mortiers à l'état de pâte ferme. C'est donc sous cette forme qu'il convient surtout de les étudier. A cet effet, on verse de l'eau peu à peu dans le vase où l'on a placé les morceaux de chaux, et on remue en même temps la matière avec une spatule, puis avec un pilon, jusqu'à ce qu'elle soit amenée à l'état de forte consistance argileuse. On la laisse digérer quelques heures, afin de donner aux grains qui ne seraient pas suffisamment hydratés le temps de s'éteindre.

La pâte ainsi obtenue avec les chaux grasses est ductile et onctueuse au toucher; de là vient le nom donné à la matière qui l'a formée.

Cette pâte, abandonnée à l'air libre, se dessèche peu à peu, se fendille et durcit.

Le fendillement résulte d'un retrait qui s'opère dans la masse à mesure qu'elle se dessèche. Ce retrait est très considérable et se prononce d'autant plus que la chaux est plus grasse.

Le durcissement est dû principalement à la dessiccation. L'absorption de l'acide carbonique de l'air peut également y contribuer.

La chaux est, en effet, une base puissante qui a une très grande affinité pour l'acide carbonique. Celui que l'air renferme, dans la proportion d'environ 5 dix-millièmes de son poids, se porte sur la pâte de chaux, et en ramène d'abord la surface à l'état de carbonate de chaux. Puis il pénètre progressivement de la surface vers le centre, par couches concentriques, mais avec une extrême lenteur.

Vicat, qui a observé ce phénomène avec soin, a constaté qu'au bout d'une année l'acide carbonique n'avait pas pénétré la masse de plus de quelques millimètres, et que les progrès annuels décroissaient ensuite rapidement et comme les termes d'une série très convergente. Il semble que la couche déjà carbonatée oppose à l'accès de l'air une barrière de plus en plus difficile à franchir à mesure qu'elle s'épaissit.

Lorsque la pâte de chaux reste exposée, non plus à l'air libre, mais dans une enceinte très humide, comme dans certaines caves par exemple, le durcissement est beaucoup plus lent et n'a lieu que par la carbonatation successive de la pâte de chaux. Cette pâte, maintenue constamment humide, ne peut se dessécher ; elle n'éprouve aucun retrait, et conserve sa forme et son volume. Mais rien ne s'oppose à l'action de l'acide carbonique, qui pénètre à travers la masse pâteuse, et régénère peu à peu le calcaire d'où est sortie la chaux grasse.

De telles circonstances sont exceptionnelles, et le durcissement de la pâte de chaux est presque toujours à peu près uniquement dû à sa dessiccation.

Si la pâte de chaux grasse reste dans un lieu humide, mais où l'acide carbonique de l'air n'ait pas accès, elle ne durcit point et reste indéfiniment molle.

C'est ainsi qu'on a trouvé, dans de vieilles démolitions de murs épais, des mortiers datant de plusieurs siècles, dont la chaux avait l'aspect d'une pâte récemment préparée. Vicat cite, d'après Alberti, de la chaux trouvée éteinte dans une fosse où elle était depuis 500 ans, à l'état de pâte parfaitement délayée.

**4. Action de l'eau.** — La pâte de chaux grasse mise dans l'eau se trouve dans le même cas : elle est dans une enceinte parfaitement humide. Elle se comporte donc de la même façon et ne durcit pas, quelle que soit la durée de son séjour.

La chaux est légèrement soluble. Un litre d'eau peut dissoudre environ 1 gramme de chaux. Lors donc que l'eau au contact de laquelle on a mis la pâte, au lieu de rester stagnante, est renouvelée, la chaux s'y dissout peu à peu et finit par disparaître. Les chaux les plus grasses disparaissent entièrement; les autres laissent un petit résidu.

La chaux desséchée conserve les mêmes caractères que la pâte. Si la dessiccation a eu lieu à l'abri du contact de l'acide carbonique, elle se ramollit dans l'eau stagnante, et se dissout dans l'eau constamment renouvelée.

Lorsque des pains de chaux grasse desséchés sont restés exposés à l'air libre ou dans une atmosphère d'acide carbonique, et qu'ils ont subi une carbonatation superficielle, ils ne se ramollissent pas dans l'eau et y conservent leur forme et leur solidité. Mais si on les brise avant de les immerger, la partie centrale où l'acide carbonique n'a pas pénétré se ramollit et se dissout comme la chaux pure. La croûte seule se conserve et forme une sorte de calotte solide et insoluble.

**5. Foisonnement.** — Lorsque l'on éteint la chaux grasse, elle se gonfle et fournit un volume de chaux éteinte, soit en poudre, soit en pâte, plus considérable que son volume propre. Cette propriété est désignée sous le nom de *foisonnement.*

Le foisonnement est d'autant plus grand que la chaux est plus grasse. Il varie avec la méthode employée pour obtenir la pâte. Si l'on ajoute immédiatement toute l'eau nécessaire pour constituer la pâte, la chaux foisonne beaucoup plus que si on l'éteint d'abord en poudre. Les volumes obtenus sont environ dans le rapport de 10 à 6.

**6. Résistance de la pâte de chaux grasse desséchée.** — Vicat a mesuré la dureté des blocs obtenus par la dessiccation de la chaux grasse, au moyen des appareils dont il a été question dans la 1re partie (n° 87). Il a constaté que la dureté d'un hydrate de chaux très grasse pouvait atteindre, au bout d'un an, jusqu'à la moitié de celle d'une pierre calcaire dure, et que, pour les chaux grasses ordinaires, elle s'élevait à environ un cinquième de la même unité.

Les procédés employés sont trop peu exacts pour qu'il soit utile d'exprimer les résultats avec plus de précision.

La chaux grasse n'étant jamais employée à l'état isolé, mais toujours en mélange avec les sables dans les mortiers, le degré de résistance des pâtes de chaux desséchées n'offre qu'un intérêt secondaire. Aussi possède-t-on très peu de recherches à ce sujet.

On se bornera à rappeler les résultats obtenus par Vicat sur des prismes de chaux rompus par flexion après une année de dessiccation. Il a trouvé qu'ils pouvaient supporter sans se rompre près de 9 kilogrammes de traction par cent. carré, pour les chaux très grasses, et 7 kilogrammes seulement pour les chaux ordinaires. Mais on sait que ce mode d'expérience ne peut servir à constater la résistance des corps, la formule dont on fait usage n'étant plus applicable au delà de la limite d'élasticité, et, par conséquent, au moment de la rupture.

## § 3.

## CHAUX MAIGRES

**7. Définition et caractères.** — On a pendant longtemps donné le nom de chaux maigres à toutes celles qui ne donnaient avec l'eau qu'une pâte peu liante. Elles différaient des chaux grasses principalement par le faible volume d'eau qu'on pouvait leur faire absorber.

Aujourd'hui on distingue les chaux hydrauliques des chaux maigres proprement dites. On réserve ce dernier nom pour celles qui ne sont pas grasses et ne font pas prise sous l'eau.

Les chaux maigres présentent beaucoup de caractères communs avec les chaux grasses ; mais ces caractères sont généralement moins énergiques.

Lorsqu'on les soumet à l'immersion pour les éteindre en poudre, elles gonflent peu; elles ne s'échauffent que faiblement ou même pas du tout. Elles finissent néanmoins par se mettre en poudre.

La pâte ferme fabriquée avec ces sortes de produits est aigre au toucher et peu ductile. C'est de là que provient leur nom de chaux maigres.

Cette pâte se dessèche, comme la pâte de chaux grasse, par son exposition à l'air libre. Mais elle se fendille moins, et le retrait y est moins considérable.

La pâte durcit en se desséchant, et absorbe lentement, de la surface au centre, l'acide carbonique de l'atmosphère.

Dans une enceinte humide ou dans l'eau, elle se comporte comme la pâte de chaux grasse; elle y reste indéfiniment molle.

Dans l'eau renouvelée, la chaux maigre, même après dessiccation, se ramollit, se dissout et est entraînée. Mais elle laisse un résidu insoluble sans consistance, formé de substances étrangères à la chaux.

Elle foisonne moins que la chaux grasse.

Quant à la dureté, elle doit atteindre à peu près les mêmes limites que celle des chaux grasses; mais on ne possède pas d'expériences à ce sujet.

En résumé les chaux maigres se comportent comme des chaux grasses qui seraient intimement mêlées avec des substances étrangères, et ressemblent au mélange de chaux et de sable que l'on nomme mortier. Leurs caractères sont d'autant moins énergiques que la proportion des substances étrangères est plus considérable.

Ces chaux ne sont guère utilisées dans les constructions, bien qu'elles se prêtent aux mêmes applications que les chaux grasses. Par suite de leur faible foisonnement, il en faut une quantité plus considérable pour fabriquer un volume donné de mortier: comme elles reviennent en général au même prix, elles sont d'un emploi plus coûteux, ce qui les fait écarter.

## § 4.

## CHAUX HYDRAULIQUES

**8. Définition et caractères.** — Les chaux hydrauliques sont des chaux dont la pâte durcit même sous l'eau.

Lorsqu'on les abandonne à l'air après immersion, elles se comportent comme les chaux maigres. Elles tardent des minutes, des quarts d'heure, des heures entières, à changer d'état. A la fin cependant elles commencent à fumer et à se fendiller, en décrépitant peu ou point.

Les phénomènes qui accompagnent l'extinction se manifestent tous, mais avec moins d'énergie que dans les chaux grasses. La vapeur est moins abondante, moins chaude et moins caustique. Le foisonnement est moins prononcé et quelquefois n'est pas sensible.

Les chaux hydrauliques forment une série continue, sans lacunes. L'intensité avec laquelle se manifeste l'extinction est donc variable avec les divers échantillons. Très marquée dans ceux qui se rapprochent des chaux grasses, elle diminue à mesure que l'hydraulicité se prononce davantage, et elle disparaît tout à fait avec les produits de certains calcaires, qui constituent alors la classe des ciments.

La chaux hydraulique se réduit, comme la chaux grasse, en pâte ferme, de consistance argileuse, mais moins onctueuse et moins douce au toucher.

Abandonnée à l'air libre, la pâte de chaux hydraulique se comporte comme celle de chaux maigre. Elle se dessèche et durcit, en absorbant lentement l'acide carbonique de l'air, qui la pénètre de la surface au centre, mais avec une extrême lenteur.

Elle éprouve en même temps un retrait, mais moins considérable que celui de la chaux grasse. Elle se fendille moins en se desséchant.

**9. Action de l'eau et prise des chaux hydrau-**

**liques.** — Au contact de l'humidité, la pâte de chaux hydraulique se comporte tout autrement que celle de chaux grasse.

Lorsqu'on la laisse exposée dans une enceinte parfaitement humide et où la dessiccation est impossible, elle durcit cependant au bout d'un temps plus ou moins long. Il en est de même sous l'eau.

Si l'eau est constamment renouvelée, les premières portions mises au contact avec la chaux en enlèvent une petite partie, et l'eau devient alcaline. Mais le mouvement de dissolution s'arrête bientôt, et la pâte durcie conserve en entier sa forme et sa consistance.

Ainsi la chaux hydraulique en pâte durcit au contact de l'eau et ne s'y dissout pas. Elle permet donc d'établir des constructions sous l'eau de la même manière que dans l'atmosphère.

La durée du temps nécessaire pour que les chaux hydrauliques durcissent sous l'eau est variable. Il y en a qui font prise en quelques jours, d'autres qui demandent plus d'un mois. Il en résulte des qualités diverses, qui font rechercher telle ou telle espèce de préférence dans un cas donné.

Vicat a donné à ces chaux des noms qui rappellent la plus ou moins grande rapidité de leur durcissement. Pour lui le type des chaux hydrauliques proprement dites fait prise au bout de six à huit jours.

Celles dont la prise est plus rapide sont dites éminemment hydrauliques ; celles dont la prise est moins rapide sont moyennement ou faiblement hydrauliques.

La prise des chaux n'a pas lieu d'une façon brusque. Les pâtes passent progressivement de l'état mou à leur maximum de dureté. Il fallait donc une définition pour fixer le moment où elles doivent être considérées comme prises. Vicat a donné la définition en ces termes :

« Nous disons que la chaux a fait prise, quand elle porte sans dépression une aiguille à tricoter de 0 cent. 12 de diamètre, limée carrément à son extrémité et chargée d'un poids de 0^k,30.

« Dans cet état, la matière supporte facilement la pression du pouce, poussé avec la force moyenne du bras. Elle ne peut changer de forme sans se briser. »

L'expression : *limée carrément*, doit s'entendre d'une aiguille cylindrique limée suivant un plan perpendiculaire aux génératrices. La section portante est égale à la surface d'un cercle de 0 cent. 12 de diamètre, dont l'aire est de $0^{cmq},0113$. La charge par centimètre carré est donc de $26^{k},5$.

**10. Classification des chaux hydrauliques.** — La durée de la prise a servi à classer les chaux. Bien que les expériences faites à ce sujet soient peu précises et les résultats souvent contradictoires, suivant la valeur attribuée par les auteurs aux expressions en usage, on peut néanmoins les résumer comme il suit :

Les chaux éminemment hydrauliques font prise généralement du deuxième au quatrième jour, lorsqu'elles sont maniées à la sortie du four ;

Les chaux hydrauliques proprement dites, du cinquième au neuvième jour;

Les chaux moyennement hydrauliques, du dixième au quinzième jour ;

Les chaux faiblement hydrauliques, du seizième au trentième jour.

Lorsqu'elles demandent plus d'un mois pour durcir, elles sont considérée comme grasses ou maigres.

On verra plus loin un autre mode de classification plus précis, basé sur l'analyse chimique.

**11. Influence de la température sur la prise.** — La température de l'eau paraît avoir une influence notable sur la rapidité de la prise. C'est ce qui explique en partie les anomalies des résultats annoncés par divers auteurs.

On doit à M. Minard des expériences précises à ce sujet. Elles ne portent pas sur des chaux pures, mais sur des mélanges de chaux et de sable. La chaux essayée était de la chaux hydraulique de Tournay. Les mortiers faits avec cette chaux ont été maintenus dans des locaux dont la température était à peu près invariable. A la température de 10°, la prise a eu lieu en vingt-deux jours; à 14°, en quatorze jours ; enfin à 20°, en dix jours. D'autres mortiers de chaux grasse et de pouzzolane ont fait prise dans les mêmes conditions, respectivement en dix, six et deux jours. Ainsi la chaleur accélère considérablement la prise.

M. Ponsin, employé à la Compagnie du chemin de fer d'Orléans, a fait des expériences dont les résultats sont analogues. Des pâtes de chaux, faites avec les mêmes gâchées, ont été exposées sous l'eau, pendant l'hiver, les unes à l'air libre, les autres dans une pièce chauffée pendant le jour par un poêle. Il a trouvé que la prise avait lieu, pour différentes espèces de chaux, plus rapidement dans la pièce chauffée qu'au dehors.

Les expériences nombreuses faites au bureau d'essai de l'Ecole des ponts et chaussées indiquent également une prise plus rapide en été qu'en hiver.

**12. Résistance des chaux hydrauliques.** — La résistance des pâtes de chaux hydrauliques desséchées, à la rupture par traction, par écrasement ou par flexion, est très variable. Elle n'est pas toujours en rapport avec le degré d'hydraulicité. Dans les expériences de Vicat, les échantillons essayés à la flexion n'ont pu supporter un effort dépassant 6 à 7 kilogrammes par centimètre carré, tandis que les chaux grasses lui fournissaient de 7 à 9 kilogrammes. La résistance d'une chaux hydraulique dépend beaucoup du soin apporté à sa fabrication. Avec les chaux de médiocre qualité, la résistance de la pâte ne dépasse et n'atteint même pas 1 kilogramme par centimètre carré à la traction, et quelques kilogrammes à la compression. Les chaux supérieures résistent beaucoup plus. La chaux du Teil, par exemple, ne s'arrache en moyenne que sous un effort de près de 12 kilogrammes par centimètre carré, et ne s'écrase que sous un effort de 86 kilogrammes, après trois mois d'immersion.

## § 5.

## CIMENTS

**13. Définition et caractères généraux.** — On ne dira ici que quelques mots sur les ciments. Leur étude fait l'objet d'un chapitre spécial.

Les ciments sont des chaux qui ne s'échauffent pas ou s'échauffent à peine lorsqu'on les met au contact de l'eau ; et qui, mises en morceaux dans l'eau, ne s'éteignent pas et ne se réduisent pas en poudre.

Lorsqu'on veut les avoir en poudre, il faut les broyer mécaniquement comme des pierres.

Les ciments se comportent dans l'eau à la façon des chaux hydrauliques. Réduits en pâte ferme et immergés, ils font prise sous l'eau, mais beaucoup plus promptement que les chaux.

**14. Ciments à prise lente ou rapide.** — On distingue deux grandes classes de ciments : les ciments *à prise rapide* ou ciments *romains*, et les ciments *à prise lente* ou ciments *de Portland.*

Les ciments romains ont été connus les premiers; ils doivent leur nom au préjugé fort répandu alors que les anciens employaient dans leurs constructions des mortiers spéciaux et d'une grande solidité. Ils font prise pour ainsi dire instantanément, lorsqu'ils sont gâchés au sortir du four. Un peu éventés, ils font prise en un quart d'heure au plus.

Les ciments de Portland sont ainsi nommés parce que les premiers de cette espèce, qui ont été fabriqués en Angleterre, donnaient des enduits semblables par la couleur et l'aspect à la pierre de taille de Portland. Ils sont moins actifs que les précédents. A l'état frais, ils se solidifient en un quart d'heure. Fabriqués et exposés à l'air depuis quelques mois, ils ne font prise qu'après plusieurs heures et même une demi-journée.

Les pâtes de ciment, placées sous l'eau, atteignent promptement une grande dureté. Leur résistance à la rupture est supérieure à celle des autres chaux.

Ces quelques notions suffisent pour le moment. On reviendra en détail sur les ciments dans le chapitre IV.

## § 6.

## CHAUX LIMITES

**15. Définition et caractères.** — On rencontre encore une autre classe de chaux, qui a reçu de Vicat le nom de *chaux limites*.

Ces chaux présentent le caractère singulier de faire prise sous l'eau à la manière des ciments; puis, au bout de peu de temps, elles se boursouflent, se ramollissent et se réduisent en bouillie comme des chaux grasses.

On comprend combien leur emploi serait dangereux dans les constructions sous l'eau et avec quel soin elles doivent en être bannies.

Néanmoins, ces chaux peuvent, le plus souvent, donner en fin de compte des chaux hydrauliques, si après la réduction en bouillie on les rebat et on les remanie, et si on recommence plusieurs fois cette opération, jusqu'à ce que le phénomène ne se reproduise plus. Vicat a observé qu'à la longue de semblables chaux finissaient par faire prise et prendre rang, pour la solidité, entre les chaux éminemment hydrauliques et les ciments.

Nous verrons plus loin que ces chaux, soumises à une cuisson élevée et transformées en ce que Vicat appelait des *chaux brûlées*, peuvent donner d'excellents ciments à prise lente.

## § 7.

## COMPOSITION CHIMIQUE DES CHAUX ET CIMENTS

**16. Relation entre la qualité des chaux et leur composition chimique.** — On a vu que les chaux grasses se dissolvent en entier dans l'eau renouvelée, que les chaux maigres se dissolvent en laissant un résidu inconsistant, et que les chaux hydrauliques n'abandonnent presque rien à l'eau. Il était donc naturel de chercher une relation entre le degré d'hydraulicité et la nature des éléments étrangers unis à la chaux.

L'ingénieur anglais John Smeaton paraît être le premier qui se soit préoccupé de cette relation. Il a fait la remarque, en 1756, que la plupart des calcaires fournissant des chaux susceptibles de durcir sous l'eau renfermaient de l'argile; mais il ne poussa pas plus loin cette observation et n'en tira aucune conséquence pratique.

Au commencement du siècle présent, divers savants portèrent leur attention sur la question. Bergmann et Guyton attribuèrent à la présence de quelques centièmes de manganèse l'hydraulicité des pâtes. Th. de Saussure renouvela l'idée de Smeaton, et affirma que cette propriété était due à la présence de la silice et de l'alumine combinées en certaines proportions. Descotils, en 1814, conclut de l'analyse du calcaire de Senonches que la condition essentielle de l'hydraulicité était une grande quantité de silice disséminée dans la pierre.

La question en était là lorsque Vicat la reprit de toutes pièces, en essayant de former par synthèse des chaux hydrauliques avec toutes les substances qui avaient été indiquées.

« L'observation de Saussure, dit-il en 1818, nous a conduit à faire l'essai de substances principalement composées de silice et d'alumine. Nous avons réussi à les combiner avec la chaux par un moyen différent de celui qu'indique Guyton; le succès a surpassé nos espérances. L'opération que nous allons décrire est une véritable synthèse qui réunit d'une manière intime, par l'action du feu, les principes partiels que l'analyse sépare dans les chaux hydrauliques. Elle consiste à laisser réduire spontanément (1) en poudre, dans un endroit sec et couvert, la chaux que l'on veut modifier, à la pétrir ensuite à l'aide d'un peu d'eau, avec une certaine quantité d'argile grise ou brune, ou simplement avec de la terre à briques, et à tirer de cette pâte des boules qu'on laisse sécher, pour les faire cuire ensuite au degré convenable.

« On conçoit déjà qu'étant maître des proportions, on l'est également de donner à la chaux factice le degré d'énergie qu'on désire et d'égaler ou de surpasser à volonté les meilleures chaux naturelles. »

Ces quelques lignes résument la grande découverte de Vicat.

Il était dès lors établi que les propriétés des chaux résultaient de leur composition chimique, puisqu'on pouvait à volonté les régler en modifiant cette composition.

**17. Éléments étrangers trouvés dans les calcaires.** — Les matières étrangères qui se rencontrent dans les calcaires, en dehors de l'acide carbonique et de la chaux, sont essentiellement :

La silice ;
L'alumine ;
L'oxyde de fer ;
La magnésie ;

et subsidiairement :

De l'acide sulfurique ;
De l'acide phosphorique ;
Des matières bitumineuses ou charbonneuses ;
Des substances organiques et de l'eau.

En outre, les chaux obtenues par la cuisson des calcaires contiennent souvent une partie des cendres du combustible employé.

(1) « L'extinction spontanée n'est pas indispensable, mais c'est le mode de réduction le plus économique. » (Note de Vicat). Il faut faire abstraction de cette supériorité attribuée à tort par Vicat au procédé de l'extinction spontanée au début de ses recherches. On a dû faire la citation textuelle.

On va étudier successivement l'influence de ces diverses substances sur la qualité des chaux.

**18. Influence des matières combustibles et volatiles.** — Les substances volatiles, eau, matières organiques ou bitumineuses, sont sans influence, car elles disparaissent pendant la cuisson et ne se retrouvent pas dans la chaux. Il n'y a donc pas à s'en occuper.

Toutefois, les chaux renferment presque toujours un peu d'acide carbonique qui a échappé à la calcination, ou qui a été absorbé par une longue exposition à l'air libre, et un peu d'humidité empruntée à la même source. La présence de l'acide carbonique en dose considérable fait perdre à la chaux une partie de l'énergie de ses propriétés.

**19. Influence de la silice.** — C'est la silice qui a la plus grande influence sur l'hydraulicité des chaux. Tous les calcaires à chaux hydraulique renferment de la silice, pure ou combinée avec l'alumine à l'état d'argile. Les chaux hydrauliques les plus anciennement connues et les plus renommées sont des chaux siliceuses. Ainsi la chaux du Teil renferme normalement de 23 à 24 pour 100 de son poids en silice ; celle de Senonches, de 16 à 17 pour 100.

L'efficacité de la silice a été mise en lumière par des expériences directes de Vicat et de Berthier. Il en est résulté que la silice jouit de la vertu hydraulisante, lorsqu'elle peut entrer en combinaison chimique avec la chaux, c'est-à-dire lorsqu'elle a été préalablement rendue attaquable aux réactifs. Telle est la silice gélatineuse ou hydratée obtenue par l'action des acides énergiques sur les silicates. Telle est encore la silice unie à l'alumine, dans les argiles cuites. Des mélanges de chaux avec cette silice ont toujours donné des composés hydrauliques.

Au contraire, la silice ne manifeste aucune énergie lorsqu'elle reste à l'état inattaquable aux réactifs, comme dans le quartz. Réduit mécaniquement en poudre, même aussi fine que possible, le quartz ne communique pas à la chaux la propriété de durcir sous l'eau.

Dans les calcaires où la silice est à l'état d'argile, ou bien sous forme de poudre impalpable disséminée dans la masse, la cuisson en opère la transformation en silice chimiquement attaquable, et c'est ainsi que le produit devient hydraulique.

Lorsque le sable siliceux est sous forme de grains de grosseur appréciable, il reste rebelle à la cuisson et n'entre pas en combinaison chimique avec la chaux. Il ne sert alors qu'à amaigrir les chaux et non à leur communiquer des propriétés hydrauliques.

**20. Influence de l'alumine.** — Le rôle de l'alumine n'est pas aussi net. Il est certain que sa présence n'est pas nécessaire pour constituer des chaux hydrauliques, puisqu'il y en a, comme celles du Teil, qui en sont presque entièrement dépourvues.

Les expériences de Vicat et de Berthier ont démontré, en outre, que l'alumine seule est impuissante à procurer aux chaux grasses la propriété de durcir sous l'eau, qu'on la prenne en gelée ou desséchée par calcination.

Néanmoins, cet élément est loin de pouvoir être considéré comme inerte. En présence de la silice, probablement par son affinité chimique pour cet acide, il exalte les caractères hydrauliques des chaux, et leur degré d'énergie croît dans la proportion, non seulement de silice, mais d'argile ou silicate d'alumine qu'elles renferment.

Il faut toutefois que la proportion de l'alumine par rapport à la silice soit maintenue dans de certaines limites. Lorsque cette limite est dépassée, une partie seulement de l'alumine est efficace ; le reste se comporte comme une matière inerte n'ayant pour effet que d'amaigrir la chaux. Vicat fixe cette limite aux proportions de l'argile normale, ou bisilicate d'alumine, ayant 36 d'alumine pour 64 de silice.

Il est fort rare que cette limite soit atteinte dans la nature. Aussi, le plus souvent, on ne considère pas séparément la dose de chacun de ces éléments, mais simplement celle de leur somme, que l'on confond sous la dénomination générale d'*argile*.

**21. Influence de l'oxyde de fer.** — La présence de l'oxyde de fer paraît sans influence sur la qualité des chaux.

Pris isolément, soit en gelée, soit après dessiccation, le fer, à l'état de protoxyde ou de peroxyde, ne communique aux chaux aucune hydraulicité. Sa présence, même dans des chaux déjà siliceuses, ne paraît pas augmenter leur qualité.

En un mot, l'oxyde de fer se comporte comme un corps inerte, dont l'abondance peut seulement amaigrir les chaux.

MM. Malaguti et Durocher ont attribué au contraire une certaine action à cet élément. Ils ont fait l'observation que les ciments qui résistaient le mieux, tels que ceux de Pouilly, de Vassy et de Parker, étaient riches en oxyde de fer, et en renfermaient, le dernier 14 pour 100 de son poids, et les autres 7 pour 100. Ils ont remarqué, en outre, que des combinaisons variées de silice, d'alumine et de chaux donnaient, toutes choses égales d'ailleurs, des réactions fort différentes, suivant qu'elles étaient dépourvues ou qu'elles contenaient beaucoup d'oxyde de fer.

Ces essais, qui avaient surtout pour objet l'étude de la stabilité des constructions à la mer, n'ont pas été poursuivis et ne suffisent pas pour attribuer une vertu hydraulisante aux oxydes de fer.

**22. Influence de l'oxyde de manganèse.** — La présence de l'oxyde de manganèse a été considérée d'abord par Bergmann et Guyton comme la condition essentielle pour qu'une chaux fît prise sous l'eau. Vicat déclara en 1818, avoir reconnu : « par des essais multipliés que le fer et le manganèse ne sont point indispensables. » La question du manganèse n'a pas été étudiée depuis lors ; elle perdait de son intérêt en présence des découvertes relatives à l'argile, le manganèse se rencontrant rarement en quantité notable dans les calcaires. On est donc conduit à ranger cet oxyde parmi les corps inertes et produisant simplement un amaigrissement des chaux. Tout au plus pourrait-il jouer un rôle analogue à celui de la magnésie, dont il va être question maintenant.

**23. Influence de la magnésie.** — L'action de la magnésie n'est pas jusqu'à ce jour parfaitement définie. Il résulterait des expériences analytiques et synthétiques de Berthier que la magnésie peut remplacer avantageusement l'alumine dans les chaux hydrauliques ordinaires à base d'argile, mais qu'elle n'a pas plus d'efficacité que l'alumine elle-même, lorsqu'elle est seule, pour rendre les chaux hydrauliques.

Après avoir partagé longtemps cette manière de voir, Vicat annonça tout à coup, en 1836, qu'il s'était trompé et que la magnésie toute seule, lorsqu'elle est en quantité suffisante, peut rendre hydrauliques des chaux parfaitement pures.

Il fit, pour le démontrer, des expériences synthétiques. Il réduisait en poudre fine et mélangeait, par une trituration prolongée, un équivalent de chaux pure, provenant de la calcination d'un marbre blanc, avec un équivalent de carbonate de magnésie, et il en constituait une pâte ferme qu'il divisait en boulettes. Portées au moufle d'un fourneau de coupelle et maintenues au rouge pendant 4 heures, les boulettes se transformaient en une chaux hydraulique artificielle faisant prise en 8 ou 9 jours.

La question a été reprise en 1865 par M. H. Sainte-Claire Deville. Il a constaté que la magnésie provenant de la calcination au rouge sombre de son chlorhydrate ou de son nitrate, réduite en pâte et exposée sous un filet d'eau, durcit en quelques semaines et devient un corps tout à fait hydraulique. Si on la mélange avec du sable, soit siliceux, soit calcaire, avec du grès de Fontainebleau pulvérisé ou avec de la craie en poudre, on obtient un mortier hydraulique. Mais si la magnésie a été calcinée au blanc, elle perd cette propriété.

Les dolomies, qui sont des mélanges de carbonate de chaux et de carbonate de magnésie, chauffées à 300° ou 400°, c'est-à-dire un peu au-dessous du rouge sombre, fournissent des ciments hydrauliques. Mais les mêmes roches, calcinées au rouge vif, comme dans les fours à chaux, donnent des produits qui se délitent sous l'eau sans faire prise.

Ces observations de M. Deville rendent parfaitement compte des résultats contradictoires obtenus avec les chaux magnésiennes. Leur succès dépend d'un degré de cuisson déterminé, souvent difficile à obtenir. Elles concordent d'ailleurs avec l'expérience de Vicat, qui avait fait cuire ses échantillons au moufle, probablement au rouge sombre seulement.

En somme, la magnésie seule ne paraît concourir à l'hydraulicité des chaux que dans des circonstances toutes spéciales, qui ne se trouvent pas généralement réalisées dans la fabrication industrielle. Autrement elle reste inerte.

Quant à l'opinion de Berthier, suivant laquelle, en présence de la silice, la magnésie peut se substituer à l'alumine pour contribuer à l'hydraulicité du produit, elle n'est fondée que sur des essais de laboratoire peu nombreux, et rien ne prouve que la prise des mélanges essayés n'eût pas été la même sans la magnésie.

En fait, les calcaires magnésiens signalés par Vicat comme pouvant fournir des chaux hydrauliques, notamment dans la Dordogne et dans la Haute-Saône, sont en même temps siliceux, et renferment un résidu insoluble dans les acides suffisant pour expliquer leurs qualités. Ainsi les calcaires de Lardin dans la Dordogne, qu'il citait à l'appui de son opinion, renferment 26 de silice et d'alumine contre 100 de chaux, et rentrent par cela seul, sans qu'il soit nécessaire de tenir compte de leur forte teneur en magnésie, dans la classe des pierres à chaux moyennement hydrauliques.

La difficulté de régler la cuisson des chaux magnésiennes non siliceuses a fait renoncer presque partout à leur fabrication. Ainsi l'usine qui produisait à Montbron, dans la Charente-Inférieure, des ciments magnésiens que Vicat n'hésitait pas à déclarer excellents et supérieurs aux ciments de Pouilly, a cessé d'exister depuis de longues années. Dans la Haute-Saône, où Vicat avait signalé une série de bancs de calcaires dolomitiques propres à donner des chaux hydrauliques, on en continue l'exploitation, parce que ces calcaires sont en même temps argileux ; mais on exploite concurremment et avec le même succès des bancs qui n'ont que des traces de magnésie.

**24. Influence du soufre et de l'acide sulfurique.** — Certains calcaires renferment de l'acide sulfurique, sous forme de sulfate de chaux, ou des sulfures, par exemple des pyrites de fer. Pendant la calcination, les gaz de la combustion produisent une action différente suivant leur composition. Les sulfures peuvent être grillés et se transformer en sulfates lorsque la flamme est oxydante. En général l'action n'est complète ni dans un sens ni dans l'autre, et on a un mélange de sulfates et de sulfures.

A l'état de sulfate, le soufre exerce une action fâcheuse sur les chaux où il est incorporé. Le sulfate de chaux, ou plâtre, fait prise à la façon des ciments ; mais, sensiblement soluble, il nuit à la qualité des chaux immergées dans une eau renouvelée. Sa prise est extrêmement rapide et précède de beaucoup celle de la chaux elle-même : elle produit un gonflement de la matière. Il en résulte, si le plâtre est abondant, une désagrégation dans les mortiers. Aussi les chaux qui renferment plus de 5 pour 100 de sulfate doivent elles être rejetées.

Lorsque le soufre est à l'état de sulfure, son action est différente, et il paraît même exalter la propriété hydraulique des chaux. Une expérience synthétique, due à M. Hervé Mangon, démontre cette influence. On place des bâtons de craie dans un tube de porcelaine chauffé au rouge, où l'on fait circuler un courant de vapeur de soufre ; les bâtons, après le refroidissement, donnent une chaux qui, mise en pâte, fait prise à la façon des chaux hydrauliques. Mais les essais de fabrication fondés sur cette propriété ne semblent pas avoir donné de résultats pratiques.

**25. Influence de l'acide phosphorique.** — On trouve des traces d'acide phosphorique dans la plupart des calcaires, et certains ciments de Portland en renferment près de 1/1000e de leur poids. On n'a pas encore étudié l'influence que l'acide phosphorique peut avoir sur la prise des chaux. Si la dose en est un peu considérable, il est probable qu'il n'a d'autre effet que de neutraliser et rendre inerte un poids de chaux un peu supérieur au sien.

Il est rare, du reste, que les calcaires aient de l'acide phosphorique en proportion notable, et dans ce cas ils sont employés surtout en agriculture et non à la confection des chaux pour les constructions.

**26. Influence des alcalis.** — On trouve dans un grand nombre de chaux, et surtout dans les ciments, une petite dose d'alcali fixe, potasse ou soude, qui provient soit de l'argile de la matière première, soit des cendres du combustible. Ces alcalis paraissent avoir une influence au moins indirecte sur la qualité des chaux. Lorsqu'on fait cuire un calcaire argileux au contact des substances alcalines, celles-ci attaquent les silicates et en facilitent la fusion. Avec un même degré de chaleur, on doit donc obtenir, par les alcalis, une silice plus fortement combinée et des réactions chimiques plus énergiques. Cette influence se fait sentir principalement dans la fabrication des ciments, dont la qualité, on le verra plus loin, dépend en grande partie de la cuisson et du degré de fusibilité des silicates obtenus.

**27. Chaux incomplètement cuites.** — Lorsque les calcaires ne sont pas cuits à une température suffisante, les chaux renferment encore une certaine dose d'acide carbonique. Ces chaux incomplètement cuites ont attiré longtemps l'attention des ingénieurs et des savants, parce qu'on avait cru remarquer qu'elles jouissaient de propriétés hydrauliques. M. Minard, qui a fait des expériences à ce sujet, expliquait cette prétendue hydraulicité par la formation d'un composé stable, d'un sous-carbonate de chaux à proportions définies, qui se serait constitué par la combinaison, en présence de l'eau, du carbonate de chaux avec la chaux libre. Il donnait comme preuve de cette théorie que, dans un même foyer, un morceau de calcaire avait perdu 13 pour 100 de son poids, tandis qu'un morceau de chaux provenant du même calcaire en avait gagné 31 pour 100. La théorie de la dissociation, alors inconnue, permet aujourd'hui d'expliquer ce phénomène sans avoir recours à l'hypothèse de la formation d'un sous-carbonate défini, que la chaux et le carbonate de chaux mis en présence auraient tendance à former.

Vicat a essayé vainement de faire de la chaux hydraulique avec de la craie imparfaitement cuite.

M. Lacordaire et M. de Villeneuve ont obtenu, au contraire, de bons résultats en employant, non pas des calcaires absolument purs, mais des matières premières qui, par une cuisson complète, eussent donné des chaux faiblement hydrauliques.

M. Minard, dans ses études sur les chaux incuites, a trouvé que les unes tombaient en déliquescence et que d'autres durcissaient. Celles-ci, ajoute-t-il, ne contenaient souvent que 6 ou 7 pour 100 d'argile.

On peut expliquer tous ces phénomènes de la manière suivante. La chaux qui reste en combinaison avec l'acide carbonique forme du carbonate de chaux, matière inerte et qui produit l'effet d'une dose de sable. La chaux décarbonatée, qui est en combinaison avec l'argile, est alors proportionnellement en moindre quantité. L'indice d'hydraulicité, c'est-à-dire le rapport de l'argile à la chaux libre, se trouve augmenté. C'est ainsi que les chaux faiblement hydrauliques peuvent passer à l'état de chaux moyennement hydrauliques.

Ce procédé permet donc d'enrichir les chaux ; mais comme il est très difficile de régler la cuisson de façon à obtenir une dose déterminée d'acide carbonique, tout en assurant l'attaque de la chaux par la silice, il n'a pas donné lieu à des applications industrielles suivies.

**28. Résumé.** — En résumé, la substance hydraulisante par excellence est la silice, amenée à l'état de combinaison chimique attaquable aux réactifs. L'alumine, sans exercer la même action, facilite l'influence de la silice, et doit être rangée parmi les substances qui exaltent l'hydraulicité des produits. Les autres corps étrangers sont inertes et ne produisent qu'un amaigrissement de la chaux. La magnésie seule paraît pouvoir se substituer à l'alumine, ou même agir toute seule dans des circonstances déterminées. Mais dès qu'elle intervient en forte proportion, elle est inerte et même dangereuse pour la qualité des chaux.

On admet donc que l'hydraulicité des chaux est due à la silice combinée et à l'alumine qu'elles renferment.

La silice et l'alumine étant les éléments essentiels de l'argile, et se trouvant en effet souvent combinées ensemble à l'état d'argile dans les calcaires, on désigne souvent leur réunion sous le nom plus court d'*argile*. Il est bon de se rappeler que l'usage de cette expression ne préjuge pas l'état chimique où la silice et l'alumine peuvent se rencontrer.

## § 8

## CLASSIFICATION DES CHAUX

**29. Nomenclature; Indice d'hydraulicité.** — On a déjà vu (n° 20) que l'on classe les chaux d'après le temps qu'elles emploient à faire prise, lorsqu'elles sont mises en pâte et immergées immédiatement après la sortie du four. La nomenclature adoptée par Vicat, et conservée sans modification, comprend :

Les chaux grasses ou maigres;
Les chaux faiblement hydrauliques;
Les chaux moyennement hydrauliques;
Les chaux hydrauliques proprement dites;
Les chaux éminemment hydrauliques;
Les chaux-limites;
Les ciments.

La prise d'une chaux n'est pas toujours facile à constater exactement. Elle varie beaucoup suivant la quantité d'eau incorporée à la chaux et suivant la durée du malaxage. En outre, si la chaux reste exposée à l'air, elle s'évente, et passe successivement d'une classe à l'autre. Il est donc difficile de déterminer d'après ce caractère la catégorie où elle doit être rangée.

La composition chimique fournit au contraire une base fixe et infaillible de classification.

On a remarqué, en effet, que non seulement la silice et l'alumine concourent seules à l'hydraulicité, mais encore que le degré d'hydraulicité est en relation avec la dose de ces éléments, et qu'une chaux est placée d'autant plus haut dans la série qu'elle en contient davantage.

Pour calculer cette dose, il faut faire d'abord abstraction des matières inertes, et prendre seulement le rapport du poids de l'argile (silice combinée et alumine) à la chaux caustique réelle.

Ce rapport est désigné sous le nom d'*indice d'hydraulicité*.

**30. Formule de Vicat.** — Vicat employait pour cette classification un mode de calcul un peu différent, basé sur la quantité d'argile qu'eût contenue le carbonate calcaire capable de fournir la chaux. Il disait, par exemple, qu'un calcaire contenant 10 pour 100 d'argile donnait une chaux moyennement hydraulique.

Ce n'est que vers la fin de sa carrière qu'il a eu recours aux indices d'hydraulicité, mais en les compliquant de restrictions qui ont apporté une certaine obscurité dans cette matière.

La formule primitive, d'une application souvent pénible, pouvait donner lieu à des méprises. On en a vu un exemple frappant dans les travaux de Vicat lui-même sur les chaux magnésiennes. L'argile et le carbonate de chaux intervenant seuls pour la classification des produits, il fallait, pour avoir des résultats comparables, éliminer par un premier calcul les autres éléments, savoir : le sable, la magnésie, l'oxyde de fer, les matières charbonneuses et l'eau. S'il s'agissait non pas de roches calcaires, mais de chaux et ciments, il fallait par un autre calcul ajouter à la chaux caustique trouvée assez d'acide carbonique pour la supposer à l'état de carbonate. Enfin, par une règle de proportion, on ramenait les doses à un poids total, représenté par 100 d'argile et de carbonate de chaux.

L'indice d'hydraulicité est, au contraire, un simple nombre; c'est le rapport de deux quantités données immédiatement par l'analyse.

**31. Classification des chaux d'après leur indice d'hydraulicité.** — Les divers produits calcaires forment une série non interrompue où l'indice d'hydraulicité marque la place de chacun. Nul dans les calcaires absolument purs, comme certains marbres, il s'élève, en passant par toutes les valeurs, jusqu'à l'infini, qu'il atteint dans les argiles absolument dépourvues de chaux.

Quelle étendue de cette série comprend chacune des classes de la nomenclature rappelée ci-dessus? C'est là une recherche qui semble simple, et qui a fixé dès l'origine l'attention des auteurs, et de Vicat en particulier. Mais, sous la plume de l'illustre ingénieur lui-même, cette délimitation des classes varie d'une année à l'autre. La nomenclature subit aussi quelquefois des transformations capitales. Ainsi, les chaux moyennement hydrauliques résulteraient, d'après le *Résumé* de 1828, de calcaires renfermant de 8 à 12 p. 100 d'argile ; tandis que le *Traité théorique et pratique* de 1856 les attribue aux calcaires donnant un résidu argileux de 15 à 17 pour 100.

Sans entrer dans une discussion qui a été donnée ailleurs (1) avec tous ses éléments, il suffira de rappeler les conclusions auxquelles conduit l'étude attentive des œuvres de Vicat.

*Chaux grasses.* Les chaux absolument grasses, dépourvues de toute argile, sont rares. Mais il y a un grand nombre de calcaires assez purs pour que la chaux fournie par eux ait sensiblement les mêmes propriétés que la chaux grasse, et n'en diffère pas dans la pratique.

La dose d'argile qui commence à produire l'hydraulicité doit nécessairement rester douteuse. Une chaux qui fait prise en plusieurs mois, par exemple, est hydraulique pour l'avenir, mais grasse dans le présent. Suivant les circonstances, elle sera rattachée par l'observateur qui l'a employée à l'une ou à l'autre des deux catégories.

La limite où s'arrêtent les chaux grasses est donc un peu arbitraire. On peut choisir celle qui s'exprime par le nombre le plus simple. Ce sera l'indice d'hydraulicité 0,10, qui correspond à la dose 5,3 d'argile pour 100 de calcaire argileux.

Ainsi, toute chaux où l'indice d'hydraulicité dépasse 0,10, c'est-à-dire où le rapport du poids de la silice combinée et de l'alumine à celui de la chaux caustique est plus grand que 0,10, peut être exclue de la catégorie des chaux grasses. Elle rentre dans celle des chaux faiblement hydrauliques ou dans les classes supérieures.

*Chaux maigres.* Les calcaires qui renferment des matières étrangères autres que l'argile, telles que sable, oxyde de fer, magnésie, donnent des produits dont la prise est indépendante de ces éléments. Si ceux-ci sont abondants, les chaux

(1) Voir *Annales des Ponts et Chaussées*, 1871, tome I.

sont maigres. Elles peuvent en même temps être hydrauliques. Mais on attribue de préférence la désignation de chaux maigres à celles qui ne font pas prise sous l'eau, c'est-à-dire dont l'indice d'hydraulicité est inférieur à 0,10.

*Chaux hydrauliques.* Les chaux hydrauliques de diverses énergies ont des indices d'hydraulicité compris entre 0,10 et 0,50 ; elles peuvent être classées comme l'indique le tableau ci-après.

*Chaux-limites et ciments.* Lorsque le degré argileux s'élève encore, on arrive aux chaux-limites, qui, par un mode de cuisson particulier, peuvent devenir des ciments de Portland ou à prise lente, constituant une des branches les plus précieuses des matériaux calcaires. Leur indice d'hydraulicité paraît s'étendre de 0,50 à 0,65 environ.

Au delà, on trouve les ciments romains ou à prise rapide. La classe qui commence à cette limite s'étend jusqu'aux matières argilo-calcaires trop pauvres en chaux pour faire prise quand on les gâche avec de l'eau. La propriété de faire prise semble disparaître lorsque ces matières renferment environ trois fois autant d'argile que de chaux. C'est là que s'arrêtent à peu près la plupart des tableaux de Vicat. On peut donc dire que la classe des ciments comprend tous les indices d'hydraulicité depuis 0,65 jusqu'à 3.

Il y a toutefois une distinction à faire. La plupart des ciments employés couramment ont un indice d'hydraulicité inférieur à 1,20 ; lorsque la proportion d'argile augmente, les produits sont rarement de bonne qualité. Vicat appelle ceux-ci des ciments maigres, et désigne les roches qui les fournissent sous le titre de pierres à essayer comme ciments.

Il semble utile de conserver cette distinction et d'adopter deux classes : celle des ciments ordinaires, comprenant les indices de 0,65 à 1,20, et celle des ciments maigres, de 1,20 jusqu'à 3.

*Pouzzolanes.* Les produits où la dose d'argile est plus de trois fois celle de la chaux ne peuvent plus servir de ciments calcaires. Ce sont seulement des matières pouzzolaniques.

*Tableau.* La classification définitive des produits calcaires est en résumé celle du tableau suivant :

| DÉSIGNATION DES PRODUITS | INDICES D'HYDRAULICITÉ |
|---|---|
| Chaux grasse ou maigre . . . . . . . . | de 0,00 à 0,10 |
| — faiblement hydraulique. . . . . | de 0,10 à 0,16 |
| — moyennement hydraulique. . . | de 0,16 à 0,31 |
| — hydraulique proprement dite. . | de 0,31 à 0,42 |
| — éminemment hydraulique. . . . | de 0,42 à 0,50 |
| — limite ou ciment à prise lente. . | de 0,50 à 0,65 |
| Ciment à prise rapide. . . . . . . . . . | de 0,65 à 1,20 |
| Ciment maigre . . . . . . . . . . . . . | de 1,20 à 3,00 |
| Pouzzolane. . . . . . . . . . . . . . . | au-dessus de 3,00 |

Si l'on revenait à la formule primitivement suivie par Vicat, en calculant le carbonate de chaux qui répond à la chaux réelle et prenant le rapport de la dose d'argile à la somme des doses d'argile et de carbonate, le tableau prendrait la forme suivante :

| DÉSIGNATION DES PRODUITS | PROPORTIONS SUR 100 DE CALCAIRE | |
|---|---|---|
| | ARGILE | CARBONATE DE CHAUX |
| Chaux grasse ou maigre. . . . . | de 0,0 à 5,3 | de 100,0 à 94,7 |
| — faiblement hydraulique. . | de 5,3 à 8,2 | de 94,7 à 91,8 |
| — moyennement id. | de 8,2 à 14,8 | de 91,8 à 85,2 |
| — hydraulique proprement dite. . . . . . . . . . . | de 14,8 à 19,1 | de 85,2 à 80,9 |
| — éminemment hydraulique. . . . . . . . . . . | de 19,1 à 21,8 | de 80,9 à 78,2 |
| — limite ou ciment à prise lente. . . . . . . . . | de 21,8 à 26,7 | de 78,2 à 73,3 |
| Ciment à prise rapide. . . . . . | de 26,7 à 40,0 | de 73,3 à 60,0 |
| Ciment maigre . . . . . . . . . | de 40,0 à 62,6 | de 60,0 à 37,4 |
| Pouzzolane . . . . . . . . . . . | au-dessus de 62,6. | au-dessous de 37,4 |

**32. Tableau graphique.** — On peut éviter le calcul des indices d'hydraulicité, ou celui qui réclame l'adoption de

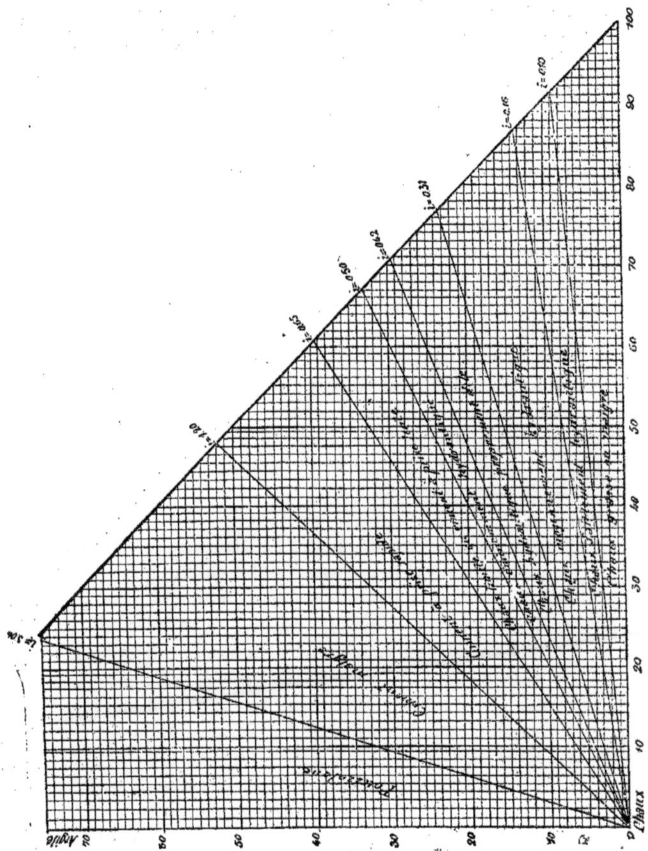

la méthode de Vicat, en recourant à un tableau graphique semblable à celui que représente la figure ci-dessus.

On y a tracé, à partir de l'origine des coordonnées, un faisceau de lignes dont l'inclinaison sur l'axe horizontal est égale à l'indice d'hydraulicité de chacune des limites entre les diverses classes. Chaque secteur compris entre deux rayons consécutifs porte le nom de la classe que ces rayons délimitent. Les abscisses représentent en centièmes les doses de chaux, et les ordonnées les doses d'argile. Lorsque l'on possède l'analyse d'un échantillon calcaire, on n'a qu'à porter en abscisse la dose de chaux indiquée par l'analyse, et en ordonnée celle de l'argile : le point ainsi défini tombe dans le secteur auquel appartient l'échantillon.

**33. Observation.** — La classification résultant de la composition chimique, bien que la plus sûre, se trouve quelquefois modifiée en pratique, surtout dans les ciments. Leur mode de fabrication, et surtout leur degré de cuisson, a sur la qualité des produits une influence considérable, ainsi qu'on le verra au chapitre IV. C'est ainsi que le même calcaire peut quelquefois donner à volonté du ciment portland, au lieu de chaux-limite ou même de chaux éminemment hydraulique. Certains ciments à prise rapide auraient pu être des ciments à prise lente, dont ils ne diffèrent que par la préparation et non par la composition chimique.

**34. Aspect extérieur et gisement géologique des chaux hydrauliques.** — La chimie fournit, on vient de le voir, un moyen simple et immédiat de juger les applications qui peuvent être faites d'un calcaire. Une analyse permet de calculer immédiatement l'indice d'hydraulicité et de fixer le degré de l'échelle où la pierre se classe.

Mais on n'a pas toujours un laboratoire à sa disposition, et on a été conduit à se demander si les calcaires hydrauliques ne pourraient pas se distinguer à leur aspect extérieur.

Les seules indications que l'on ait constatées à ce sujet peuvent se résumer dans ces phrases de Vicat :

« Quoiqu'à rigoureusement parler, la couleur et la texture ne puissent fournir aucun indice certain sur la composition, intime des roches, nous avons constamment reconnu cependant que l'argile se trouve beaucoup plus fréquemment dans le tissu des pierres tendres ou d'une dureté médiocre, dont la couleur tire sur le gris sale ou cendré, ou vert, ou bleuâtre, que dans celui des pierres dures à texture compacte ou saccharoïde et d'une couleur claire.

« Les chaux hydrauliques sont quelquefois blanches et peu colorées (Exemples : chaux de Montélimar, de Nîmes et de Viviers) ; mais elles affectent le plus souvent une teinte gris de boue ou de brique crue (Exemple : chaux de Cahors, de Saint-Céré, de la Bourgade). »

Il était naturel de présumer que la géologie fournirait les indications nécessaires pour découvrir les couches où les calcaires hydrauliques se rencontrent de préférence, et en effet les inductions qu'on en déduit sont quelquefois un guide précieux. Mais on ne peut se dispenser de l'analyse chimique, qui seule prononce en dernier ressort sur la nature d'une roche calcaire.

**35. Analyse de chaux et ciments divers.** — Les analyses qui suivent ont été faites sur des échantillons réunis à l'occasion de l'Exposition universelle de 1878, et actuellement déposés dans les galeries de l'École des ponts et chaussées.

| Nos D'ORDRE DU CATALOGUE | PROVENANCE | | NOMS DES FABRICANTS | COMPOSITION CENTÉSIMALE | | | | | | | | INDICE D'HYDRAULICITÉ |
|---|---|---|---|---|---|---|---|---|---|---|---|---|
| | USINES | DÉPARTEMENTS | | SABLE SILICEUX | SILICE COMBINÉE | ALUMINE | PEROXYDE DE FER | CHAUX | MAGNÉSIE | ACIDE SULFURIQUE | PERTE AU FEU et produits non dosés | |
| | **Chaux moyennement hydrauliques** | | | | | | | | | | | |
| 33 | Ablancourt. | Marne. | Pochet. | » | 12,20 | 4,90 | 2,50 | 59,50 | 0,90 | » | 20,00 | 0,29 |
| 60 | Beaune. | Côte-d'Or. | Ve Favelier-Rogier. | 0,85 | 13,85 | 1,75 | 1,35 | 60,90 | 0,70 | 0,20 | 20,40 | 0,26 |
| 139 | Cardalou (près Albi). | Tarn. | Lavergne. | 0,70 | 13,60 | 3,60 | 2,35 | 67,30 | 3,20 | 0,60 | 8,65 | 0,26 |
| 54 | les côtes d'Alun. | Haute-Marne. | Ve Micault. | 0,75 | 13,35 | 5,65 | 2,75 | 61,70 | 1,45 | 0,20 | 14,15 | 0,31 |
| 2 | Doué. | Maine-et-Loire. | Raveneau. | » | 14,35 | 2,90 | 2,20 | 63,85 | 0,80 | 0,40 | 15,50 | 0,27 |
| 127 | Échoisy (la Grave). | Charente. | Nivet. | » | 11,70 | 4,60 | 2,30 | 59,20 | 1,40 | » | 20,80 | 0,28 |
| 128 | Échoisy (Mansle). | Id. | Briand. | 0,25 | 10,90 | 4,20 | 1,75 | 61,10 | 1,40 | 0,50 | 19,90 | 0,25 |
| 141 | Estialescq. | Basses-Pyrénées. | Armagnacq. | 0,65 | 11,90 | 4,60 | 2,45 | 55,25 | 0,85 | 0,90 | 24,10 | 0,29 |
| 20 | Fresnes. | Seine. | Boucher. | 1,35 | 11,65 | 5,80 | 2,05 | 59,00 | 0,30 | 0,90 | 18,95 | 0,30 |
| 14 | La Hève. | Seine-Inférieure. | Bowès. | » | 12,35 | 5,10 | 2,60 | 61,05 | 1,25 | 1,15 | 16,50 | 0,29 |
| 59 | Malain. | Côte-d'Or. | Branget. | » | 10,60 | 4,45 | 1,35 | 65,85 | 0,50 | 0,80 | 16,45 | 0,23 |
| 69 | Massay. | Cher. | Bié-Mayet. | 0,90 | 10,50 | 2,40 | 1,45 | 64,75 | 0,85 | 0,90 | 18,25 | 0,20 |
| 106 | La Nerthe. | Bouches-du-Rhône. | Carvin. | 0,40 | 10,95 | 2,65 | 2,95 | 63,35 | 0,50 | 0,25 | 18,95 | 0,21 |
| 6 | Les Ormes. | Vienne. | de Mandion. | 2,30 | 9,80 | 3,05 | 1,30 | 64,50 | 0,80 | » | 18,25 | 0,20 |
| 95 | Les Pomets (Toulon). | Var. | Carvin. | 0,20 | 12,15 | 4,75 | 1,60 | 62,40 | 0,75 | 0,70 | 17,45 | 0,27 |
| 135 | Saint-Antonin. | Tarn-et-Garonne. | Pénard. | » | 12,65 | 5,30 | 2,35 | 62,80 | 2,30 | 3,40 | 11,20 | 0,29 |
| 9 | Trognes. | Indre-et-Loire. | Gris. | 0,50 | 10,40 | 2,50 | 2,35 | 65,35 | 0,65 | 0,90 | 17,35 | 0,20 |

## Chaux hydrauliques proprement dites

| | | | | | | | | | | | | |
|---|---|---|---|---|---|---|---|---|---|---|---|---|
| 29 | Argenteuil. | Seine-et-Oise. | Parmentier. | » | 17,85 | 5,20 | 2,40 | 56,80 | 1,35 | 1,30 | 14,90 | 0,41 |
| 44 | Bar-sur-Seine. | Aube. | Passé-Disle. | » | 17,30 | 5,20 | 2,60 | 59,20 | 1,90 | » | 13,80 | 0,38 |
| 101 | La Bédoule. | Bouches-du-Rhône. | Carvin. | 0,35 | 16,80 | 5,65 | 3,45 | 58,80 | 0,85 | 0,70 | 13,40 | 0,38 |
| 68 | Beffes. | Cher. | Daumy et Sauzède. | 1,35 | 15,50 | 4,25 | 3,20 | 61,35 | 1,05 | 0,45 | 12,85 | 0,32 |
| 118 | La Blaquière. | Gard. | Rath. | 4,40 | 12,30 | 9,25 | 2,45 | 57,30 | 0,25 | 1,15 | 12,90 | 0,38 |
| 16 | Bondy. | Seine. | Schacher et Cie. | 1,10 | 13,70 | 6,80 | 1,85 | 57,65 | 0,65 | 0,80 | 17,45 | 0,36 |
| 32 | Bougival. | Seine-et-Oise. | Pointelet. | » | 16,55 | 5,00 | 2,10 | 57,80 | 1,00 | 1,05 | 16,50 | 0,37 |
| 56 | le Champ du Role (près Dôle). | Jura. | Métrod. | » | 18,85 | 5,75 | 1,85 | 61,85 | 0,50 | 0,75 | 10,45 | 0,40 |
| 7 | les Cordeliers. | Vienne. | Brun-Prélong et Rivereau. | » | 13,65 | 6,25 | 2,35 | 60,60 | 1,45 | 0,95 | 14,75 | 0,33 |
| 83 | Cruas. | Ardèche. | Ravel et Cie. | 0,30 | 21,60 | 2,00 | 1,25 | 65,80 | 0,35 | 0,15 | 8,55 | 0,36 |
| 84 | Id. | Id. | Société anonyme. | 0,25 | 21,55 | 2,20 | 1,35 | 65,35 | » | 0,15 | 9,15 | 0,36 |
| 86 | Id. | Id. | Valette. | 0,70 | 21,40 | 2,20 | 1,25 | 66,10 | 0,30 | 0,15 | 7,90 | 0,36 |
| 87 | Id. | Id. | Verger. | 0,65 | 20,70 | 2,30 | 1,30 | 65,25 | » | 0,15 | 9,65 | 0,35 |
| 123 | Frascati (près Castelnaudary). | Aude. | Douarche et Agam. | 1,10 | 15,65 | 4,95 | 1,45 | 59,90 | 0,70 | » | 16,25 | 0,34 |
| 46 | la Gravière (près Mussy-sur-Seine). | Aube. | Langlois et Thiney. | 1,65 | 15,80 | 5,05 | 2,70 | 58,90 | 0,25 | 0,30 | 15,35 | 0,35 |
| 90 | l'Homme d'armes (près Savasse). | Drôme. | Pinot frères. | 0,75 | 17,35 | 0,90 | 0,90 | 58,90 | 0,60 | 0,80 | 19,80 | 0,31 |
| 5 | la Jonnelière. | Loire-Inférieure. | Gris. | » | 17,15 | 3,10 | 1,25 | 63,85 | 0,90 | » | 13,75 | 0,32 |
| 1 | Laigle. | Orne. | Hérissay et Cie. | 0,55 | 18,95 | 2,05 | 1,30 | 63,25 | 0,65 | » | 13,25 | 0,33 |
| 43 | Longchamp. | Aube. | Lassaux. | » | 14,35 | 4,45 | 4,40 | 56,65 | 1,00 | 0,45 | 18,70 | 0,33 |
| 3 | Lormandière. | Ille-et-Vilaine. | Doret et Paitel. | 1,15 | 11,40 | 12,25 | 2,50 | 59,55 | » | 1,70 | 11,45 | 0,40 |
| 34 | les Louvières. | Marne. | Roze, Robert et Cie. | 0,35 | 13,80 | 6,70 | 2,40 | 63,00 | 0,45 | 0,30 | 13,00 | 0,33 |
| 125 | Marans. | Charente-Inférieure. | Nivet. | » | 13,70 | 5,90 | 2,70 | 58,10 | 1,40 | » | 18,20 | 0,34 |
| 126 | Id. | Id | Cappon. | » | 13,40 | 6,25 | 2,40 | 63,15 | 0,85 | 0,30 | 13,65 | 0,31 |
| 15 | les Moulineaux. | Seine. | Schacher et Cie. | » | 12,90 | 5,75 | 2,85 | 58,85 | 0,50 | 0,50 | 18,65 | 0,32 |
| 18 | les Moulineaux. | Seine. | Deschamps-Hévin. | 2,40 | 19,45 | 3,00 | 3,15 | 57,80 | 0,55 | 0,75 | 10,90 | 0,42 |
| 45 | Mussy-sur-Seine (fours Saint-Roch). | Aube. | Villejean. | 1,10 | 14,90 | 4,95 | 2,15 | 60,70 | 0,95 | 0,30 | 14,95 | 0,33 |
| 8 | Paviers. | Indre-et-Loire. | Guillemain et Cie. | » | 23,00 | 2,05 | 1,05 | 61,50 | 0,65 | » | 14,75 | 0,44 |
| 22 | Romainville. | Seine. | Héloin. | 0,35 | 16,15 | 5,80 | 2,60 | 57,40 | 1,50 | 0,90 | 15,30 | 0,38 |

| Nos D'ORDRE DU CATALOGUE | PROVENANCE | | NOMS DES FABRICANTS | COMPOSITION CENTÉSIMALE | | | | | | | | INDICE D'HYDRAULICITÉ |
|---|---|---|---|---|---|---|---|---|---|---|---|---|
| | USINES | DÉPARTEMENTS | | SABLE SILICEUX | SILICE COMBINÉE | ALUMINE | PÉROXYDE DE FER | CHAUX | MAGNÉSIE | ACIDE SULFURIQUE | PERTE AU FEU et produits non dosés | |
| 129 | Saint-Astier. | Dordogne. | Blanc. | » | 21,85 | 1,35 | 2,85 | 62,25 | 1,05 | 0,50 | 10,15 | 0,37 |
| 88 | Sainte-Aule (près Viviers). | Ardèche. | Damon. | 0,85 | 16,30 | 3,95 | 2,45 | 58,00 | 0,65 | 2,60 | 15,20 | 0,35 |
| 119 | Saint-Bauzille. | Hérault. | Société anonyme. | » | 17,00 | 4,80 | 2,15 | 61,75 | 1,55 | 1,00 | 11,75 | 0,35 |
| 57 | Saint-Martin (près Dôle). | Jura | Besson. | » | 17,90 | 6,40 | 2,20 | 58,65 | 1,40 | 1,15 | 12,30 | 0,41 |
| 73 | Saint-Michel. | Savoie. | Compagnie des usines. | » | 14,20 | 5,40 | 2,10 | 62,20 | 2,40 | » | 13,70 | 0,31 |
| 89 | Savasse (Homme d'armes). | Drôme. | Société anonyme. | 0,15 | 19,70 | 0,75 | 1,10 | 63,55 | 0,60 | 0,30 | 13,85 | 0,32 |
| 39 | Le Seilley, à Ville-sous-la-Ferté. | Id. | Société des bétons agglomérés. | » | 14,10 | 5,30 | 2,80 | 60,50 | 1,70 | » | 15,60 | 0,32 |
| 40 | Montant du Seilley. | Aube. | Jacob, Baudin et Cie. | 0,50 | 17,20 | 6,60 | 2,80 | 56,90 | 0,85 | 0,40 | 14,75 | 0,42 |
| 38 | Senonches. | Eure-et-Loir. | Hérissay et Cie. | » | 21,60 | 1,60 | 1,30 | 61,10 | 1,70 | » | 12,70 | 0,38 |
| 79 | Teil (Lafarge du). | Ardèche. | Pavin de Lafarge. | » | 23,13 | 1,72 | 0,73 | 63,76 | 0,97 | » | 9,69 | 0,39 |
| 81 | Teil (détroit du). | Id. | Soullier et Brunot. | 0,30 | 19,05 | 1,60 | 0,55 | 65,10 | 0,65 | 0,30 | 12,45 | 0,32 |
| 10 | Trogues. | Indre-et-Loire. | Daveu et Mexme. | 1,45 | 20,40 | 2,80 | 1,10 | 61,95 | 0,55 | 0,20 | 11,55 | 0,37 |
| 114 | Vaison. | Vaucluse. | Liautaud. | 0,65 | 23,60 | 1,50 | 0,65 | 61,25 | 0,30 | 0,30 | 11,75 | 0,41 |
| 115 | Id. | Id. | Duffrène. | 0,75 | 22,60 | 1,05 | 0,80 | 61,30 | 0,50 | 0,45 | 12,55 | 0,39 |
| 49 | Wareq. | Ardennes. | Martinet-Pérm. | 1,40 | 14,70 | 3,85 | 4,15 | 55,75 | 0,95 | 0,95 | 18,25 | 0,33 |
| 132 | Xaintrailles. | Lot-et-Garonne. | Cassaigne de Mary. | 0,25 | 18,35 | 7,80 | 2,55 | 66,30 | 1,20 | 0,10 | 3,45 | 0,39 |

## Chaux éminemment hydrauliques

| | | | | | | | | | | | | |
|---|---|---|---|---|---|---|---|---|---|---|---|---|
| 138 | Albi. | Tarn. | Barrau. | 3,60 | 19,60 | 6,30 | 2,60 | 49,40 | 5,75 | 0,35 | 12,40 | 0,52 |
| 51 | Bertaucourt. | Ardennes. | Martinet-Périn. | 6,50 | 19,35 | 4,20 | 3,45 | 47,85 | 0,60 | 1,60 | 16,45 | 0,49 |
| 74 | Chanaz. | Savoie. | Cavar. | 1,00 | 18,10 | 7,85 | 2,50 | 54,85 | 1,30 | 0,95 | 13,45 | 0,47 |
| 47 | Charleville. | Ardennes. | Périn frères. | 6,75 | 21,85 | 4,55 | 3,75 | 47,85 | 0,75 | 1,05 | 13,45 | 0,55 |
| 55 | Chatenois. | Haut-Rhin. | Bouquet. | » | 21,95 | 9,25 | 3,20 | 57,90 | 0,25 | 0,10 | 7,35 | 0,54 |
| 93 | Contes-les-Pins. | Alpes-Maritimes. | Société anonyme. | » | 22,55 | 5,00 | 2,60 | 57,75 | 0,60 | 1,35 | 10,15 | 0,48 |
| 53 | Côtes d'Alun. | Haute-Marne. | Ve Trouillet. | 1,00 | 16,30 | 7,75 | 1,65 | 54,00 | 0,30 | 3,05 | 15,95 | 0,45 |
| 137 | Renteils. | Tarn. | Thermes. | 3,75 | 17,55 | 5,60 | 2,45 | 51,35 | 2,60 | 0,50 | 16,20 | 0,45 |
| 92 | Sigonce. | Basses-Alpes. | Lanzier. | 1,15 | 20,80 | 3,70 | 1,95 | 55,65 | 0,25 | 1,15 | 15,35 | 0,44 |
| 42 | Ville-sous-la-Ferté. (Fours St-Bernard.) | Aube. | Convert et Maugras. | 0,10 | 20,25 | 7,30 | 2,50 | 54,15 | 0,60 | 0,25 | 14,85 | 0,50 |
| 72bis | Virieu-le-Grand. | Ain. | Jurron, Delattre et Cie. | 2,50 | 19,90 | 5,75 | 2,70 | 56,10 | 1,50 | 1,00 | 10,55 | 0,46 |
| Id. | Id. (Chaux lourde). | Id. | Id. | 4,10 | 22,55 | 6,50 | 2,85 | 51,80 | 1,40 | 1,30 | 9,50 | 0,56 |

## Ciments à prise lente ou portlands

| | | | | | | | | | | | | |
|---|---|---|---|---|---|---|---|---|---|---|---|---|
| 30 | Argenteuil. | Seine-et-Oise. | Parmentier. | » | 24,50 | 9,50 | 4,25 | 57,90 | 1,50 | 0,80 | 1,55 | 0,59 |
| 17 | Bassin de Paris. | Seine. | Schacher et Cie. | » | 22,30 | 9,35 | 3,90 | 59,80 | 1,15 | 0,50 | 3,00 | 0,53 |
| 11 | Boulogne-sur-Mer. | Pas-de-Calais. | Lonquéty et Cie. | 1,65 | 24,10 | 7,20 | 3,35 | 59,40 | 0,95 | 0,55 | 2,80 | 0,53 |
| 4 | Campbon. | Loire-Inférieure. | Fourcade. | » | 18,75 | 9,65 | 3,80 | 51,80 | 12,95 | 0,60 | 2,45 | 0,55 |
| 48 | Charleville. | Ardennes. | Périn frères. | 1,80 | 23,65 | 4,70 | 4,35 | 51,30 | 0,25 | 1,70 | 12,25 | 0,55 |
| 66 | Chouard-Angély (Rotton). | Yonne. | Grenan. | » | 22,60 | 9,05 | 5,95 | 49,40 | 0,90 | 3,45 | 8,65 | 0,64 |
| 78 | Comboire (Rocher de). | Isère. | Meurgey, Porteret et Guingat. | » | 23,15 | 9,55 | 4,35 | 53,00 | 4,45 | 1,80 | 3,70 | 0,62 |
| 85 | Gruas. | Ardèche. | Société anonyme. | 0,85 | 26,75 | 3,70 | 1,80 | 59,10 | 0,90 | 0,30 | 6,60 | 0,54 |
| 12 | Desvres. | Pas-de-Calais. | Famchon et Cie | » | 24,03 | 8,52 | 3,31 | 61,31 | 0,81 | 0,66 | 1,36 | 0,53 |
| 67 | Frangey, près Lessines. | Yonne. | Quillot frères. | » | 21,64 | 7,53 | 3,17 | 63,70 | 1,22 | 0,61 | 21,6 | 0,46 |
| 105 | Marseille. | Bouches-du-Rhône. | Carvin. | 1,10 | 19,90 | 7,60 | 3,66 | 53,00 | 1,20 | 0,80 | 12,80 | 0,52 |
| 121 | Saint-Bauzille. | Hérault. | Société anonyme. | » | 22,10 | 9,55 | 4,25 | 60,85 | 1,30 | 0,95 | 1,00 | 0,52 |
| 13 | Samer. | Pas-de-Calais. | Doucz frères. | 1,45 | 24,70 | 8,25 | 2,95 | 60,50 | 0,85 | 0,20 | 1,10 | 0,55 |

| Nos D'ORDRE DU CATALOGUE | PROVENANCE | | NOMS DES FABRICANTS | COMPOSITION CENTÉSIMALE | | | | | | | | INDICE D'HYDRAULICITÉ |
|---|---|---|---|---|---|---|---|---|---|---|---|---|
| | USINES | DÉPARTEMENTS | | SABLE SILICEUX | SILICE COMBINÉE | ALUMINE | PEROXYDE DE FER | CHAUX | MAGNÉSIE | ACIDE SULFURIQUE | PERTE AU FEU et produits non dosés | |
| 41 | Scilley (Montant du). | Aube. | Jacob, Baudin et Cie. | 2,75 | 21,15 | 7,15 | 3,20 | 54,75 | 1,10 | » | 9,90 | 0,54 |
| 80 | Teil (Lafarge du). | Ardèche. | Pavin de Lafarge. | 1,95 | 25,70 | 3,25 | 1,40 | 59,10 | 0,95 | 0,30 | 7,35 | 0,49 |
| 82 | Teil (détroit du). | Id. | Soullier et Brunot. | 0,40 | 21,90 | 2,35 | 1,65 | 56,40 | 0,65 | 0,20 | 16,45 | 0,43 |
| 71 | Tenay (portland artificiel). | Ain. | Meurgey, Porteret et Guingat. | 2,10 | 24,30 | 6,90 | 3,85 | 53,25 | 1,70 | 0,70 | 7,20 | 0,58 |
| 72 | Tenay (portland ciment). | Id. | Id. | » | 23,10 | 10,70 | 3,95 | 56,75 | 2,15 | 1,40 | 1,95 | 0,60 |
| 100 | La Valentine. | Bouches-du-Rhône. | Achard et Cie. | 0,85 | 21,25 | 8,60 | 4,20 | 50,45 | 2,05 | 1,65 | 10,95 | 0,59 |
| 98 | La Valentine (de la Méditerranée). | Id. | D. Michel et Cie. | » | 20,20 | 9,40 | 4,35 | 55,65 | 1,90 | 1,05 | 7,45 | 0,53 |
| 72 bis | Virieu-le-Grand. | Ain. | Jurron, Delattre et Cie. | 2,10 | 24,25 | 7,35 | 3,50 | 52,80 | 1,90 | 1,30 | 1,80 | 0,60 |
| | **Ciments à prise rapide ou romains** | | | | | | | | | | | |
| 70 | l'Albarine. | Ain. | Meurgey, Porteret et Guingat | 2,40 | 25,45 | 9,25 | 3,85 | 47,95 | 1,45 | 0,70 | 8,95 | 0,72 |
| 31 | Argenteuil. | Seine-et-Oise. | Parmentier. | » | 29,55 | 8,35 | 4,10 | 47,50 | 3,85 | 1,35 | 5,30 | 0,80 |
| 103 | la Bédoule. | Bouches-du-Rhône. | Carvin. | 3,20 | 25,45 | 11,60 | 4,75 | 49,05 | 1,05 | 1,25 | 3,65 | 0,75 |
| 136 | Cahors. | Lot. | Belmont. | » | 28,20 | 10,75 | 3,50 | 50,65 | 1,05 | 2,10 | 3,75 | 0,77 |
| 64 | Champréau (Bourrey). | Yonne. | Gogois. | » | 21,00 | 8,40 | 5,10 | 52,05 | 1,00 | 2,50 | 9,95 | 0,56 |
| 75 | Chanaz. | Savoie. | Cavar. | 5,60 | 23,25 | 8,95 | 4,15 | 46,50 | 1,60 | 1,10 | 8,85 | 0,69 |

| | | | | | | | | | | | | |
|---|---|---|---|---|---|---|---|---|---|---|---|---|
| 65 | Chouard-Angély (Rotton). | Yonne. | Grenan. | » | 23,40 | 12,90 | 3,30 | 47,70 | 1,05 | 3,30 | 8,35 | 0,76 |
| 63 | Courterolles. | Yonne. | Lombardot-Curé. | » | 22,15 | 9,15 | 5,45 | 49,15 | 0,70 | 2,45 | 10,95 | 0,64 |
| 21 | Fresnes. | Seine. | Boucher. | 0,85 | 29,05 | 7,95 | 3,75 | 46,05 | 2,80 | 1,10 | 8,45 | 0,80 |
| 91 | Gap. | Hautes-Alpes. | Sarlin et Tourrès. | » | 26,70 | 9,90 | 3,75 | 53,45 | 1,05 | 1,25 | 3,90 | 0,69 |
| 140 | Guéthary. | Basses-Pyrénées. | Broquedis. | » | 25,40 | 8,85 | 3,05 | 53,80 | 1,15 | 1,15 | 6,85 | 0,63 |
| 134 | Lesquibat (près Fumel). | Lot-et-Garonne. | Trenty. | » | 25,85 | 9,10 | 4,10 | 51,60 | 0,85 | 1,50 | 7,00 | 0,68 |
| 19 | les Moulineaux. | Seine. | Deschamps-Hévin. | 4,35 | 27,35 | 7,75 | 3,85 | 50,25 | 1,05 | 0,55 | 4,85 | 0,70 |
| 102 | Roquefort. | Bouches-du-Rhône. | Carvin. | 0,85 | 27,20 | 11,05 | 4,45 | 48,05 | 1,40 | 1,65 | 5,35 | 0,79 |
| 120 | Saint-Bauzille. | Hérault. | Société anonyme. | » | 25,85 | 10,00 | 4,85 | 54,20 | 1,65 | 1,00 | 2,45 | 0,66 |
| 99 | la Valentine. | Bouches-du-Rhône. | Achard et Cie. | 4,45 | 24,55 | 10,85 | 5,20 | 47,85 | 1,60 | 1,60 | 3,95 | 0,74 |
| 96 | la Valentine (de la Méditerranée). | Id. | D. Michel et Cie. | » | 29,10 | 12,50 | 4,65 | 48,60 | 1,70 | 1,90 | 1,55 | 0,86 |
| 104 | la Valentine (Ile du Rocher bleu). | Id. | Carvin. | 3,40 | 24,65 | 11,35 | 5,25 | 50,45 | 1,15 | 1,25 | 2,50 | 0,71 |
| 62 | Vassy. | Yonne. | Prévost. | 0,50 | 20,00 | 8,40 | 5,70 | 52,05 | 0,95 | 2,80 | 9,60 | 0,55 |
| 77 | Vimines (ciment dit lent). | Savoie. | Perrier-Robert, Routin et Grumel. | 2,25 | 25,50 | 9,50 | 4,35 | 49,70 | 2,55 | 1,40 | 4,75 | 0,70 |
| 78 | Vimines (ciment rapide). | Id. | Id. | 2,50 | 25,85 | 10,30 | 5,05 | 50,25 | 1,85 | 1,00 | 3,00 | 0,72 |
| 72 bis | Virieu-le-Grand. | Ain. | Jurron, Delattre et Cie. | 3,00 | 26,00 | 7,60 | 3,75 | 50,00 | 1,75 | 0,80 | 7,10 | 0,67 |
| 52 | Warcq. | Ardennes. | Martinet-Périn. | 2,60 | 27,10 | 4,10 | 3,75 | 48,70 | 0,65 | 0,95 | 12,15 | 0,64 |

*Remarques* : 1° Les chaux hydrauliques les plus renommées se trouvent dans la classe des chaux hydrauliques proprement dites, et non dans celle des chaux éminemment hydrauliques, comme pourrait tendre à le faire croire la nomenclature de Vicat.

2° Les meilleures chaux hydrauliques sont surtout siliceuses et contiennent très peu d'alumine.

3° Les ciments ont été classés, sur le tableau ci-dessus, dans les deux catégories à prise lente ou rapide d'après leurs caractères, plus encore que d'après leur composition chimique. Quelques ciments romains, notamment dans l'Yonne, ont l'indice d'hydraulicité des ciments portlands, mais n'ont pas subi une cuisson convenable pour atteindre cette classe, à laquelle les rendrait, du reste, assez peu propres leur dose considérable d'acide sulfurique.

---

# CHAPITRE II

# FABRICATION DE LA CHAUX

## § 1er.

## PRINCIPES GÉNÉRAUX

**36. Effets de la cuisson des calcaires.** — La chaux s'obtient dans l'industrie par la calcination des pierres à chaux ou calcaires, roches composées essentiellement de carbonate de chaux, et renfermant, en outre, en proportions variables, les divers éléments étrangers qui ont été indiqués au chapitre 1er. La calcination a pour premier effet de chasser les parties volatiles de la pierre, c'est-à-dire l'eau et les matières organiques qu'elle renferme, puis de dissocier l'acide carbonique combiné à la chaux.

Lorsqu'il s'agit de calcaires argileux, tels que ceux qui fournissent les chaux hydrauliques, il se produit, en outre, au rouge, une réaction chimique entre les corps mis en présence. A cette température, la silice, étant fixe, chasse l'acide carbonique de ses combinaisons même les plus stables, et se combine elle-même avec les bases. Il se produit donc un silicate de chaux, ou, pour mieux dire, des silicates complexes à base de chaux, d'alumine, de fer et de magnésie, qui constituent la chaux hydraulique.

Cette combinaison chimique est mise facilement en lumière par ce fait que, si on vient à attaquer par l'acide chlorhydrique la chaux provenant d'un calcaire argileux, elle s'y dissout tout entière sans résidu, tandis que le calcaire d'où elle provient laisse au fond du vase une boue argileuse.

La cuisson des calcaires à chaux hydraulique doit donc être conduite de façon à atteindre ce double résultat : dissociation complète de l'acide carbonique et combinaison chimique de la chaux et des éléments de l'argile.

**37. Extraction et cassage du calcaire.** — On n'a rien de particulier à dire sur l'extraction des pierres à chaux. Elle se fait comme toute exploitation de carrière à moellons.

On fera remarquer seulement combien il importe de s'assurer, par de fréquentes analyses, si les bancs que l'on exploite conservent une composition constante. Il est rare de rencontrer une carrière parfaitement homogène. Non seulement les divers bancs, mais souvent les divers points d'un même banc, diffèrent notablement les uns des autres.

Lorsque les différences sont peu accentuées, l'inconvénient n'est pas sérieux. Si, au contraire, le four reçoit des calcaires très dissemblables, et livre après cuisson des chaux de qualités différentes, les constructeurs ne sachant plus sur quoi compter rejettent les produits de ce four, qui perd ainsi toute clientèle. L'insuccès de bien des chaufourneries n'a pas d'autre cause que le défaut de constance de leurs produits.

Toutefois, les variations d'un même banc sont généralement négligeables au point de vue de la qualité des chaux ; le danger commence lorsqu'on exploite successivement des bancs différents. On peut en diminuer les conséquences, en abattant la carrière à la fois depuis le haut jusqu'en bas et mélangeant intimement les produits des diverses couches, non seulement au sortir de la carrière, mais dans les opérations successives de la fabrication.

Les pierres à chaux qui arrivent à l'usine sont le plus souvent trop grosses pour être soumises immédiatement à la calcination. La chaleur, appliquée extérieurement, pénètre, en raison de la conductibilité du calcaire, de la surface au centre, où elle doit être encore assez énergique pour chasser l'acide carbonique et produire la combinaison de l'argile et de la chaux. Si les morceaux sont très gros, ce résultat ne pourrait être obtenu qu'au moyen d'une chaleur excessive, qui brûlerait la surface, c'est-à-dire qui la porterait à une température capable de la fondre et de la vitrifier. On obtient dans ce cas des parties surchauffées dont l'extinction est paresseuse ou nulle. C'est ce qu'on appelle des *biscuits*.

Si on ménageait le feu pour éviter cet inconvénient, le centre des morceaux ne serait pas atteint, et il y aurait des noyaux restés à l'état de carbonate de chaux mélangé d'argile, donnant ce qu'on appelle des *incuits*, qui sont rebelles à l'extinction, et se comportent comme des cailloux inertes.

La production de ces incuits et de ces biscuits, que l'on désigne ensemble sous le nom de *pigeons* ou de *grappiers*, doit être évitée avec grand soin; l'une des précautions à prendre dans ce but, c'est d'éviter les trop grosses pierres.

Elles seraient d'ailleurs la cause d'une dépense considérable en combustible. Non seulement elles exigeraient une température plus élevée que des morceaux plus petits, mais cette température devrait être soutenue plus longtemps, car l'acide carbonique des parties intérieures, qui doit traverser le bloc du centre à la circonférence, rencontrerait un plus grand obstacle.

Les moellons doivent donc être cassés au chantier. Mais ce cassage est une main-d'œuvre assez coûteuse, et, s'il était poussé trop loin, il compenserait les économies obtenues sur la cuisson. Si d'ailleurs les matériaux étaient amenés à un degré de finesse exagéré, les interstices entre les pierres seraient trop petits pour le tirage, et la combustion se ferait difficilement. On s'arrête donc à une certaine limite que l'expérience place le plus souvent vers 6 à 8 centimètres de grosseur maxima en tous sens.

La nature du calcaire détermine les dimensions les plus favorables. Le cassage doit être d'autant plus fin que le calcaire est plus compact.

**38. Activité du feu.** — La dissociation complète de l'acide carbonique et de la chaux n'a lieu qu'à la chaleur rouge intense, presque au blanc. En outre, elle s'arrêterait presque immédiatement en vase clos, l'acide carbonique n'ayant pas d'issue, quelle que fût la température. Il faut donc un courant qui entraîne l'acide carbonique à mesure qu'il se sépare;

tout ce gaz peut ainsi disparaître et laisser la chaux entièrement libre.

L'élévation de la température accélère ce mouvement, et il y a avantage sous ce rapport à chauffer aussi activement que possible. Toutefois, on doit éviter une température qui déterminerait la fusion des silicates, et il faut tenir compte des conditions auxquelles est subordonné le tirage des foyers. Pour obtenir une température très élevée, il faut activer le feu, c'est-à-dire faire passer par les foyers une très grande quantité d'air, dont la partie inerte, l'azote, doit être amenée en pure perte à la température que l'on veut obtenir; il peut en résulter une dépense supérieure à l'avantage résultant d'une cuisson plus rapide. On est donc conduit à s'arrêter à une limite que l'expérience fixe dans chaque cas particulier.

**39. Nature des combustibles.** — La méthode de cuisson des chaux et la disposition des fours varient surtout suivant la nature des combustibles dont on dispose. Ces combustibles peuvent se ranger en deux classes. La première renferme le bois à brûler sous toutes ses formes : bois de corde, fagots, cotrets, fascines de genêts ou de bruyères; la tourbe sèche, les lignites et les houilles très grasses. Ce sont des produits qui, outre le carbone, renferment en forte proportion des éléments volatils. Pendant la combustion, ils subissent une distillation dont les produits s'allument au-dessus du foyer et donnent une flamme longue et éclatante.

La seconde classe comprend tous les combustibles qui brûlent sans flamme, c'est-à-dire qui se composent presque exclusivement de carbone. Ce sont les charbons de bois, le coke, la houille sèche et l'anthracite.

Avec ces derniers matériaux, la chaleur est due principalement au rayonnement des morceaux de charbon incandescents. Dans les autres, au contraire, le rayonnement est relativement peu considérable, et la majeure partie du calorique est due à la combustion des gaz inflammables.

On peut toutefois faire brûler avec flamme les combustibles fixes, en lançant sous le foyer de la vapeur d'eau, qui en se décomposant donne lieu à des gaz analogues aux produits de la distillation du bois. C'est un procédé quelquefois employé dans l'industrie métallurgique. Tous les combustibles deviennent alors à longue flamme.

**40. Fours à chaux.** — Quelque combustible qu'on lui applique, le calcaire doit être porté pendant longtemps à une température très élevée ; il est donc nécessaire de le renfermer avec son combustible dans une enveloppe épaisse et peu conductrice de la chaleur. Cette enveloppe constitue le four à chaux.

Elle est destinée à empêcher la perte de chaleur due au rayonnement à l'air libre. Si elle est construite en matériaux convenables, sa paroi intérieure renvoie par réflexion vers le centre du four, sur le calcaire qui y est accumulé, la majeure partie des rayons calorifiques qu'elle reçoit. Une portion seulement en est perdue, soit dans l'atmosphère, par suite du tirage du four, soit sur les corps ambiants par un faible rayonnement extérieur.

**41. Construction de l'enveloppe des fours.** — L'épaisseur de l'enveloppe doit être considérable pour que la chaleur en atteigne difficilement la paroi extérieure. On lui donne de $0^m60$ à $2^m00$ suivant la dimension des fours.

Elle se construit en maçonnerie ordinaire, avec les matériaux en usage dans la contrée où l'on se trouve. A l'intérieur elle est revêtue d'une chemise en briques réfractaires. Cette chemise a une épaisseur d'un rang ou d'un rang et demi de briques, soit $0^m22$ ou $0^m34$.

Les maçonneries des fours ont une grande tendance à se déformer et à se disloquer par suite des différences énormes de température auxquelles sont soumises leurs diverses parties, et des variations qu'éprouve cette température.

On a essayé de parer à ces dislocations, auxquelles remédient imparfaitement les frettes en fer en usage pour les fours métallurgiques, par différents artifices de construction. On construit par exemple une chemise entièrement distincte et isolée du massif général du four. La chemise est formée de briques réfractaires soutenues par des briques ordinaires. Entre la chemise et le massif du four, il y a un espace vide où l'on bat du sable, des cendres, des scories, ou autres matières sans cohésion et mauvaises conductrices de la chaleur. La chemise intérieure, sans solidarité avec le massif extérieur, peut se dilater sans obstacle, et n'entraîne pas le massif dans son mouvement. Les dislocations restent locales et leur réparation et facile.

**42. Types généraux de fours.** — Les formes adoptées pour les fours à chaux sont très variées ; mais elles se rapportent à un petit nombre de types, déterminés à la fois par la nature du combustible employé et par la marche que l'on veut imprimer à la fabrication.

On peut, en effet, opérer par fournées successives et distinctes, ou bien prendre des dispositions pour que le travail ne soit jamais interrompu. Dans le premier cas, on a des fours *intermittents* ou à *feu discontinu:* lorsque la cuisson d'une fournée est terminée, on laisse éteindre le feu et refroidir le four ; il en résulte à la fois une perte de temps et de combustible, car, pendant que le four se refroidit, le chaufournier reste sans occupation et la chaleur accumulée dans le four se trouve entièrement perdue. Ces inconvénients sont évités dans le second système, où les fours sont dits *coulants* ou à *feu continu.*

De là trois types généraux de fours : 1° les fours pour combustibles à courte flamme, toujours disposés pour une marche continue ; 2° les fours à longue flamme et à feu discontinu ; 3° les fours à longue flamme et à feu continu.

## § 2

## FOURS A COURTE FLAMME

**43. Marche à feu continu.** — Avec les combustibles à flamme courte ou nulle, il est nécessaire que le combustible soit en contact immédiat avec les pierres à calciner. Si on les faisait brûler dans un foyer isolé, la majeure partie de la chaleur, celle qui provient du rayonnement des charbons incandescents, se concentrerait sur les morceaux les plus proches ; la première couche du chargement éprouverait une surcuisson excessive et formerait comme un écran pour le reste, qui ne profiterait que de la faible quantité de chaleur entraînée par le mouvement des gaz de la combustion et n'atteindrait pas la température de la cuisson. On a donc été conduit à mêler le combustible avec le calcaire, afin que chaque morceau de pierre fût exposé au rayonnement direct du charbon.

La disposition la plus convenable consiste à stratifier le combustible par couches alternatives avec le calcaire. On donne aux couches de calcaire de 0m20 à 0m30 d'épaisseur, et à celles du combustible l'épaisseur correspondante, suivant la proportion que l'expérience enseigne et qui varie généralement du tiers au cinquième. On allume seulement la couche inférieure de combustible, dont la combustion produit la cuisson du calcaire superposé, puis transmet le feu à la seconde couche de combustible, et ainsi de suite, de proche en proche, jusqu'au sommet. A mesure que le combustible se consume, il se forme des vides qui sont remplis par la chaux, et la masse tend à s'affaisser.

On retire la chaux par la base du four, à mesure qu'elle est produite. Le vide qui en résulte à la partie supérieure est rempli par des couches alternatives de calcaire et de combustible, dès que le niveau s'abaisse. Il n'est pas nécessaire pour cela d'interrompre la cuisson; on peut ainsi continuer, sans intermittence, pendant un temps indéfini, à extraire la chaux par la base et à charger du calcaire et du combustible par le gueulard.

**44. Profil des fours.** — L'expérience et le raisonnement indiquent les profils évasés comme les plus favorables à

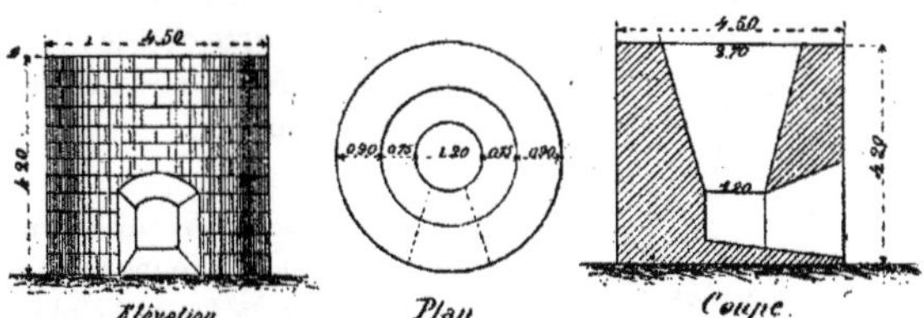


une cuisson régulière. Le volume des matières diminuant à mesure qu'elles descendent par la destruction du combustible et par le retrait qu'éprouve le calcaire en se cuisant, il est naturel, pour obtenir une descente uniforme, de rétrécir la section du four vers la base.

La forme d'un tronc de cône renversé, recommandée par Vicat, satisfait à ces conditions. Tel est le four ci-dessus, que M. Hervé Mangon cite comme ayant donné d'excellents résultats.

Toutefois cette forme conduit à des épaisseurs excessives de maçonnerie lorsque les fours atteignent une certaine hauteur. En outre, le gueulard se trouvant très large, il s'y produit une grande déperdition de chaleur.

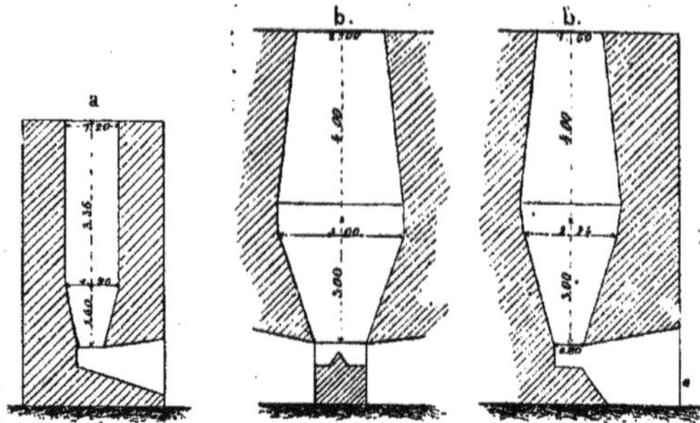


On évite ces inconvénients en rétrécissant la partie supérieure de la cuve, ou plutôt en coiffant le tronc de cône renversé par un fût cylindrique (*fig. a*), ou mieux en forme de tronc de cône dressé (*fig. b*), En arrondissant les lignes, on obtient la forme ovoïde (*fig. c*), la plus usitée aujourd'hui pour les fours continus.

c

**15. Section horizontale.** — Quant à la coupe horizontale des fours, la forme la plus convenable est évidemment la forme circulaire, qui présente la plus grande section dans la moindre enveloppe, et qui laisse perdre par conséquent la moindre quantité de chaleur pour une capacité donnée. Cette forme est d'ailleurs celle qui offre le plus de résistance à la poussée extérieure des terres dont les fours sont généralement enveloppés, et le moins de chance de dislocation par suite des variations de température. Elle ne présente pas à l'intérieur d'angles, où il y a toujours à craindre des remous, un défaut de cuisson et une descente des matériaux moins régulière, par suite de la résistance qu'y opposerait le frottement de deux parois.

**46. Grille.** — La charge repose sur une grille, soit fixe, soit à barreaux volants, qui la sépare du cendrier. On réserve un accès au cendrier au moyen d'une porte ménagée dans la partie inférieure du four, comme on le voit dans les figures précédentes.

Lorsque la grille est fixe, il faut une autre ouverture, placée au-dessus de la grille, pour sortir la chaux. Cette disposition est peu usitée. Le seul avantage qu'elle présente, c'est d'éviter en partie le mélange des cendres du combustible avec la chaux. Mais ce mélange est sans inconvénients dans la plupart des cas.

Le plus souvent les barreaux sont volants, et on les retire aussitôt que l'opération est en marche régulière. Ils ne servent que dans les premiers moments.

Lorsque le four est chargé, on place sous la grille des fagots ou un autre combustible analogue, et on y met le feu pour allumer la première couche de charbon. Lorsque la combustion est bien active et s'est transmise à plusieurs couches, on enlève les barreaux, et la chaux descend sur la sole du cendrier. On la retire avec des crochets, quand elle est suffisamment refroidie pour être maniée, et elle est remplacée par la chaux des couches suivantes, qui s'écoule successivement par cet orifice.

**47. Causes d'irrégularité dans la marche des fours.** — La conduite de ces fours demande une assez grande habileté de la part du chaufournier : « Un simple « changement dans la direction ou dans l'intensité du vent, « dit Vicat, quelques dégradations sur la paroi intérieure du

« four, une trop grande inégalité dans la grosseur des fragments, sont autant de causes qui retardent ou accélèrent le tirage, produisent des mouvements irréguliers dans la descente des matériaux, qui s'arc-boutent, forment voûte, et précipitent tantôt le charbon, tantôt la pierre sur un même point ; de là excès ou défaut de cuisson.

« Quelquefois un four fonctionne parfaitement pendant plusieurs semaines, puis se dérange tout d'un coup sans qu'on puisse en remarquer la cause ; une simple altération dans les qualités de charbon suffit pour mettre en défaut le chaufournier le plus expérimenté ; en un mot, la cuisson à la houille à feu continu est une affaire de tâtonnement et d'habitude. »

On peut ajouter à ces causes les explosions qui se produisent dans les fours pendant la cuisson. Les pierres à chaux renferment toujours de l'eau de carrière ; chauffées subitement, elles éclatent en fragments, qui sont projetés avec force, et dont quelques-uns même peuvent sortir des fours. Ces explosions ont nécessairement pour effet de déranger l'ordonnance des couches de chaux et de combustible.

**48. Capacité des fours.** — La capacité du four, ou, pour mieux dire, le rapport de sa section moyenne à sa hauteur, a aussi une grande influence sur la cuisson. En général, les fours de grande section sont préférables. La descente y est plus régulière, et l'on a moins à craindre ces accidents d'arc-boutement que signalait Vicat : le tirage y est plus régulier. Enfin, comme la capacité augmente pour une même hauteur comme le carré du diamètre, tandis que le développement de l'enveloppe est proportionnel au simple diamètre, il y a économie à la fois dans la construction et dans la consommation du combustible, la déperdition de chaleur par le rayonnement extérieur des parois étant en raison de ce développement.

D'un autre côté, il faut que le chargement du four puisse se faire régulièrement et que toute la surface du gueulard soit accessible aux ouvriers chargés de cette main-d'œuvre. Il faut aussi que l'extraction de la chaux soit facile. Il résulte de ces conditions que le diamètre est limité à environ 4 mètres dans la partie la plus large, et à 2 mètres en gueule.

**49. Four de Malain.** — On va donner maintenant quelques exemples de fours à chaux d'un bon fonctionnement.

Le premier est un four tronconique qui avait été construit à Malain, pour les travaux du chemin de fer de Paris à Lyon, aux abords de Dijon.

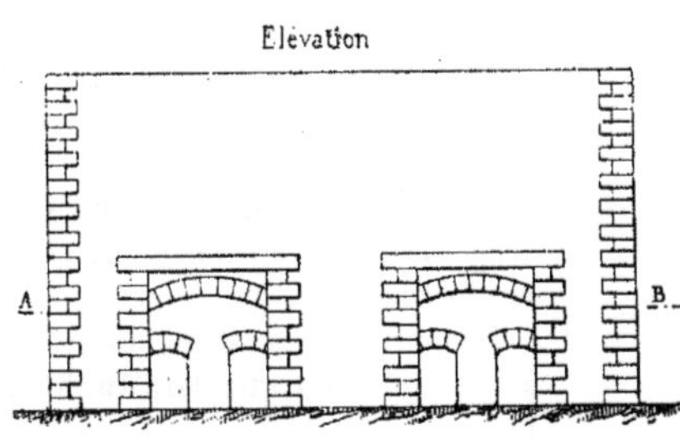


Il était composé de deux cuves distinctes, maintenues dans un fort massif de maçonnerie. La hauteur du four était de 5 mètres. La profondeur des cuves était de 3^m50 ; elles affectaient la forme d'un tronc de cône renversé dont les deux bases avaient respectivement 2^m00 et 3^m00 de diamètre. La chaux était extraite par 8 orifices, placés deux à deux de chaque côté des deux cuves. La capacité totale de ce four double était d'environ 34 mètres cubes. On y fabriquait en moyenne 10 mètres cubes de chaux par jour. La dépense de construction s'est élevée à 1.725 fr. non compris la fourniture de l'argile employée comme mortier pour la liaison des briques réfractaires.

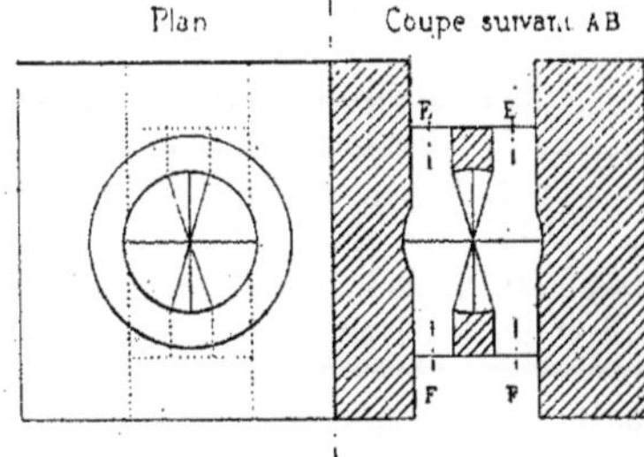


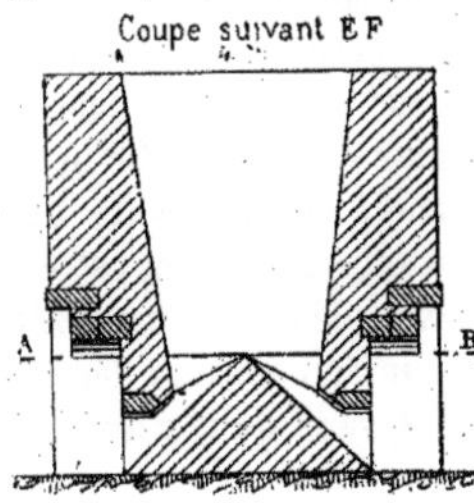

**50. Fours de Paviers.** — Le type suivant est celui des fours de la grande usine de Paviers. La hauteur totale est de 10 mètres. Les cuves ont 8m50 de profondeur. On leur a donné la forme ovoïde, 2m80 de diamètre en gueule, 3m06 au milieu de la hauteur, et 0m80 au creuset (voir page 221).

Le dessin ci-contre donne l'épure de la section verticale de la cuve de ces fours.

La pierre à chaux met quatre jours à descendre du gueulard au fond de la cuve.

Il y a une série de fours semblables accolés les uns aux autres sur tout le front de l'usine.

**51. Fours du Teil.** — Les fours de l'importante usine de MM. Pavin de Lafarge, au Teil, ont des dispositions analogues.

Les anciens fours ont 10m20 de hauteur, leur diamètre est de 1m40 au gueulard et de 3m32 au ventre. Il se réduit à 2m00 à la base.

Ils sont munis de divers perfectionnements destinés à assurer la régularité de leur marche.

A la partie supérieure se trouve un couvercle en tôle, fixé à l'une des branches d'un levier tournant autour de deux axes, l'un vertical, l'autre horizontal, qui permettent de soulever ce couvercle et de le mettre au-dessus du four, de façon à en boucher l'orifice, ou de l'en éloigner à volonté. Le but de ce couvercle est de diminuer le tirage, et même de l'arrêter complètement, soit lorsqu'il pleut ou que le vent est excessif ou défavorable, soit lorsque le travail de l'usine est arrêté, les jours fériés par exemple. La chaleur se conserve dans le four et le travail peut être ensuite repris, sans qu'il y ait interruption dans la cuisson.

## FOUR DU TEIL

Coupe verticale.

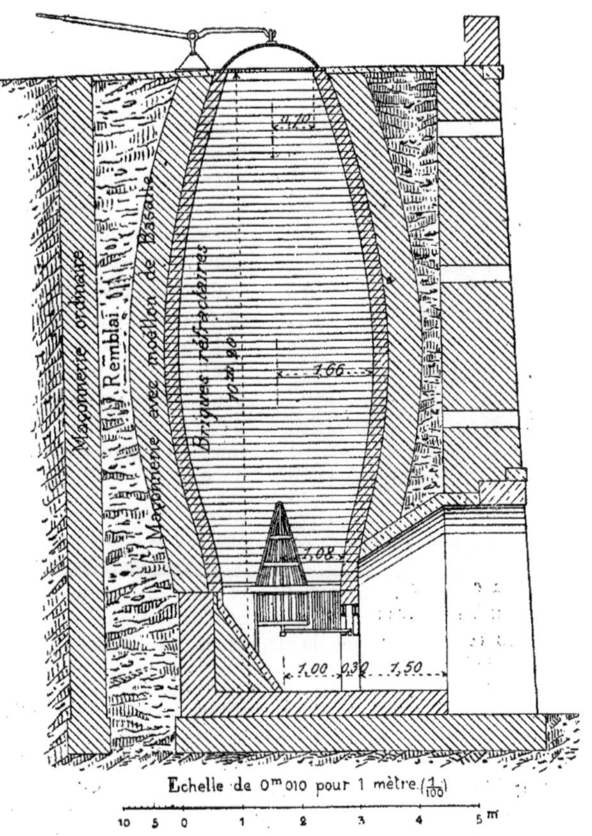


Le bas du four est garni d'une grille à barreaux mobiles. Au-dessus se trouve une autre grille en fer en forme de cône, servant de diviseur de charge et en même temps de tuyau d'aérage. Ce perfectionnement breveté n'est en usage que dans les usines de MM. Pavin de Lafarge.

Une porte en fer, placée contre la base du four, permet de fermer toute issue à l'air quand le couvercle est mis sur le gueulard.

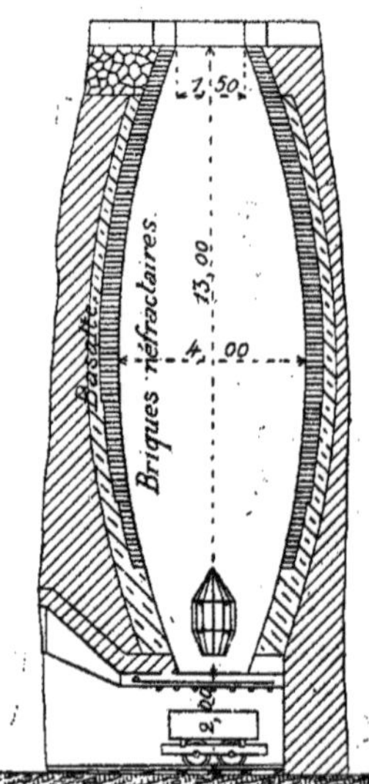


Les fours les plus récents ont jusqu'à 13$^m$,50 de hauteur. Leur diamètre est de 1$^m$,50 en gueule et atteint 4$^m$,00 au ventre. Il se réduit à 1$^m$,50 à la base. La grille est assez élevée pour qu'on introduise par-dessous les wagonnets destinés à conduire la chaux aux chambres d'extinction.

Ces fours portent les mêmes perfectionnements que les précédents : ils sont munis, comme eux, d'un couvercle mobile, d'une grille en cône et d'une porte en fer qui ferme le petit tunnel donnant accès à la base du four.

Les fours du Teil sont construits dans l'intérieur d'un massif de maçonnerie ordinaire séparé de la cuve proprement dite par une enceinte de remblai sablonneux. La cuve se compose d'une chemise en briques réfractaires enveloppée de maçonnerie en moellons de basalte.

**52. Moyens de reconnaître que la cuisson est terminée.** — Lorsque les proportions de calcaire et de charbon sont réglées suivant les indications de l'expérience, on est certain, en les suivant, d'obtenir toujours des produits cuits convenablement. Mais au commencement d'une exploitation, avant d'obtenir un roulement continu, ou bien si l'on vient à changer la nature du combustible, on est conduit à tâtonner, et à chercher les moyens de se rendre compte si la cuisson est bonne et complète.

On peut à cet effet prendre sur des morceaux de chaux des fragments que l'on essaie avec un acide. Si la cuisson est incomplète, on voit se dégager des bulles d'acide carbonique. Il faut alors forcer la dose de charbon.

Un autre procédé plus pratique et plus facile à réaliser dans les usines consiste à essayer la chaux avec de l'eau. On en met des morceaux dans des bassins et on les arrose. On voit si les phénomènes de l'extinction se produisent convenablement.

Le plus souvent, on se contente de juger de la cuisson en observant l'état physique de la chaux. On enfonce des barres de fer dans la masse qui recouvre l'autel du four. Ces barres doivent y pénétrer sans qu'un corps dur s'oppose à leur enfoncement, comme ferait une pierre.

**53. Interruption dans la marche des fours.** — La marche d'un four ne doit jamais être interrompue.

Les chaufourniers ont fait depuis longtemps une remarque qui, pour n'être pas encore bien expliquée, n'en est pas moins réelle. Quand la température d'un four à chaux vient à s'abaisser notablement avant que la cuisson soit complète, il est presque impossible ensuite, quelle que soit la température employée, de chasser le reste de l'acide carbonique pour terminer l'opération. Si on se trouve obligé d'arrêter momentanément la marche d'un four à feu continu, il faut boucher soigneusement toutes les ouvertures, étouffer le feu, comme disent les ouvriers, et s'opposer par tous les moyens possibles au refroidissement de la masse.

On a vu comment les fours du Teil sont disposés à cette effet et se trouvent munis d'un couvercle pour le gueulard et d'un vantail pour la porte. A défaut de dispositif spécial on se sert de mottes de terre grasse pour étouffer le feu.

## § 3.

## FOURS A LONGUE FLAMME

**54. Nécessité d'un foyer séparé.** — Lorsque l'on emploie des combustibles à longue flamme, la disposition des fours doit être changée. La cuisson n'a plus lieu au contact du combustible, ni par l'effet du rayonnement de ses fragments portés au rouge. Elle est due à la chaleur propre de la flamme qu'il émet. Le combustible doit donc être brûlé à part, dans un foyer séparé de la charge de calcaire, et assez éloigné pour que les gaz qui en proviennent aient le temps de s'enflammer avant d'atteindre cette charge. Sans cela, ils éprouveraient à son contact un refroidissement relatif qui s'opposerait à leur combustion complète.

Bien que ces fours ne soient plus guère en usage, il a paru utile d'entrer dans quelques détails sur leur construction, parce que les ingénieurs peuvent avoir occasion de les employer dans les cas, aujourd'hui fort rares, où ils n'auraient pas de fabrique de chaux de bonne qualité à proximité des travaux qu'ils dirigent, et où le combustible à courte flamme leur ferait défaut.

**55. Nature des combustibles.** — Les combustibles les plus convenables sont ceux de petit échantillon, tels que fagots, bourrées et branchages. Si l'on a recours au bois de corde, il est bon de le refendre : les gros bois présentent plusieurs inconvénients, comme on va l'expliquer.

Le premier effet qui se produit au moment où l'on jette du bois dans un foyer, est une distillation des éléments volatils, et principalement de l'humidité qu'il contient. Ces éléments développent peu de chaleur, et en empruntent même dans les fours à la masse incandescente de chaux ; ils dégagent beaucoup de fumée. Ce n'est qu'après ce premier effet que se produisent les gaz carbonés, qui sont secs et brûlent avec une forte chaleur. Vers la fin de la combustion du bois, il reste du carbone pur, sous forme de braise, qui brûle sans flamme et chauffe à courte distance.

La distillation, très rapide dans les petits bois, dure beaucoup plus avec ceux de gros échantillon, parce qu'elle ne se manifeste que successivement de la surface au centre. On a donc longtemps des gaz mélangés de vapeur d'eau et relativement froids.

Les gros bois donnent aussi plus de braise que les petits. Il en résulte que les fragments de calcaire les plus proches du foyer reçoivent une cuisson excessive.

Les houilles grasses, quoique donnant de la flamme, présentent cet inconvénient à un haut degré. Elles ne peuvent donc guère être employées dans cette sorte de fours. Difficiles également à être utilisées par stratification, dans les fours à courte flamme, à cause du boursouflement qu'elles éprouvent pendant la période de distillation, elles ne peuvent guère servir à la fabrication de la chaux.

**56. Chargement du combustible.** — Le rechargement du foyer doit se faire de préférence par fortes doses à la fois, et à de longs intervalles. La distillation de l'humidité, qui a lieu dans les premiers moments, est bientôt terminée, et le calcaire reste ensuite exposé longtemps, sans intermittence et sans alternatives de refroidissement, à la chaleur intense qui se produit dans la période suivante.

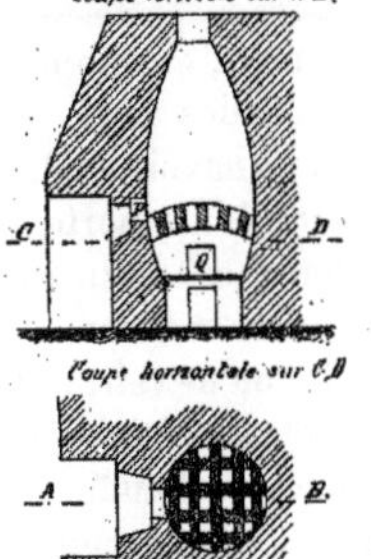


**57. Fours continus à foyer central.** — Lorsque l'on veut opérer d'une façon continue avec les feux à longue flamme, voici comment on dispose les fours. A une certaine hauteur au-dessus de la sole du four on établit une voûte à claire-voie, qui sépare sa capacité en deux parties. La chambre inférieure est le foyer, la chambre supérieure est le four proprement dit. Deux portes sont ouvertes dans la paroi du four, l'une au niveau du sol, servant d'accès au foyer, l'autre au-dessus de la voûte, pour l'extraction des produits.

La figure ci-dessus représente un four de cette espèce qui a été établi à Brest sur les projets de M. Petot. La voûte est en briques réfractaires. Elle se compose d'une série d'arceaux parallèles, susceptibles de résister aux poussées indépendamment les unes des autres, et seulement contre-butés par des claveaux isolés.

La marche de ces fours est la suivante. On remplit la cuve de calcaire, et on ferme la porte supérieure P. On met le combustible sous la voûte par la porte inférieure Q, on allume, et on entretient le feu. Lorsque l'on suppose la partie inférieure de la charge suffisamment cuite, on ouvre la porte P, on retire la chaux avec un crochet, puis on referme. On charge de nouveau calcaire par le gueulard, et on continue à donner du feu. Le four peut marcher ainsi de suite indéfiniment.

La forme ovoïde est celle qui convient encore le mieux à cette espèce de fours. Elle donne lieu à la moindre déperdition de chaleur, et fournit la cuisson la plus régulière.

**58. Fours continus à foyer latéral.** — La méthode précédente est peu employée. L'avantage de la marche continue est compensé par les pertes énormes de chaleur qui ont lieu chaque fois que l'on ouvre la porte d'extraction. L'air froid s'y engouffre et se réchauffe aux dépens de la charge du four.

On a essayé de remédier à cet inconvénient, en supprimant la voûte et la grille et intervertissant le rôle des deux portes. Le foyer est placé latéralement à la cuve, et envoie sa flamme à une certaine hauteur au-dessus de l'autel. La porte d'extraction est au niveau de la sole. La chaux est cuite au moment où elle passe devant l'orifice qui amène la flamme. Mais elle continue à descendre jusqu'à la sole, en se refroidissant au profit de la masse contenue dans la cuve. L'air qui pénètre, lorsqu'on extrait cette chaux refroidie, se réchauffe, avant d'arriver à la partie supérieure du four, en empruntant la chaleur de la chaux cuite elle-même.

**59. Fours intermittents.** — Le plus souvent, quand

on brûle du bois ou tout autre combustible à longue flamme, on a recours à la méthode des fours intermittents, ou à feu discontinu.

Ces fours présentent des dispositions analogues à celles qui viennent d'être décrites; seulement, il n'y a pas de porte d'extraction : la porte du foyer suffit. Le foyer est séparé de la charge par une voûte à claire-voie, non plus construite à demeure en briques réfractaires, mais formée par des morceaux du calcaire à calciner lui-même.

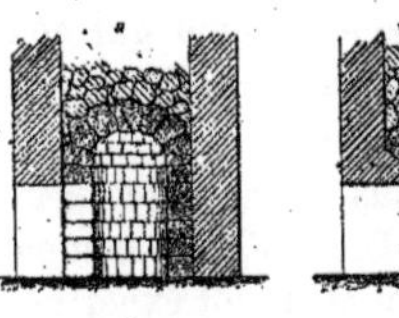

Fig. a. Fig. b.

Quelquefois, cette voûte repose sur des piédroits établis avec les mêmes matériaux et eux-mêmes pleins ou en arcades (*fig. a*). Souvent, on construit des piédroits en maçonnerie, à demeure, en même temps que le four (*fig. b*). Ils servent pour toutes les fournées que l'on doit faire, et la voûte seule est renouvelée chaque fois.

Par-dessus la voûte on range avec soin, et en laissant des intervalles aussi réguliers que possible, la pierre à chaux préalablement concassée. Les plus gros morceaux doivent être placés dans le bas et au centre du four, où ils reçoivent une chaleur plus intense.

Quand tout le four est rempli, on donne le feu, que l'on entretient jusqu'à ce que la cuisson de la masse soit complète. On laisse alors refroidir; puis, avec une barre, on démolit la voûte, et toute la chaux tombe sur la sole, où on la ramasse.

**60. Conditions d'établissement des fours intermittents.** — La construction de ces fours est moins arbitraire que celle des fours précédents. Elle est soumise à certaines conditions rationnelles, qui ont été étudiées au port de Brest par M. Petot, et qui résultent de la nécessité où l'on est de cuire la totalité de la charge d'un seul coup, c'est-à-dire d'amener une chaleur aussi uniforme que possible dans toutes les parties du four, de façon à éviter les incuits et les biscuits.

**61. Hauteur.** — La première dimension qui est limitée par ces conditions, c'est la hauteur de la charge. Dans les fours continus, on l'augmente le plus possible, de façon que les gaz de la combustion sortent du gueulard à la température la plus basse. Mais ici il faut que la cuisson atteigne toutes les parties de la charge, celles même qui sont au gueulard. Les gaz sortent donc à une température assez élevée pour que la cuisson ait encore lieu.

La hauteur de la charge au-dessus de la voûte varie suivant la qualité du calcaire à cuire. Lorsqu'il est compact et à grain serré, comme celui sur lequel M. Petot expérimentait à Brest, cette hauteur ne doit pas dépasser 3 mètres. Avec des pierres tendres, on peut aller jusqu'à 4 mètres. Les fours ne s'élèvent donc pas en tout à plus de 5 à 6 mètres.

**62. Forme des parois.** — La forme des parois est également déterminée par les conditions de la cuisson.

Les gaz de la combustion, produits dans un espace libre, c'est-à-dire sous le dôme de la voûte, continuent ensuite leur chemin à travers les interstices des moellons. Pour que leur vitesse ne soit pas subitement arrêtée et que le tirage soit suffisant, il faut que la section au niveau de la base de la charge, c'est-à-dire au niveau du sommet de la voûte, soit plus large que la sole. La partie inférieure de la cuve doit donc s'évaser.

Après avoir traversé la voûte, les gaz de la combustion traversent la masse du calcaire. A mesure qu'ils s'élèvent, ils se refroidissent en cédant une partie de leur chaleur aux pierres à cuire. Leur volume va donc en diminuant. Si la cuve était cylindrique, la colonne de gaz tendrait à prendre une forme rétrécie vers le haut, telle que *abcd*. Il y aurait le long des parois un vide qui serait rempli par l'air froid venu du dehors, et il se produirait des remous comme ceux qu'indiquent les flèches de la figure.

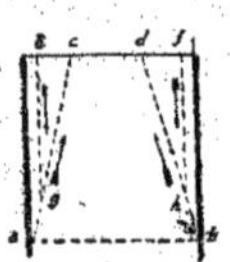

On les évite en donnant à la partie supérieure des fours une forme de tronc de cône droit ou de dôme ovoïde tronqué.

La plus grande section se trouve donc placée au niveau du sommet de la voûte, où se trouve la base de la charge.

**63. Capacité.** — La capacité des fours doit être aussi grande que possible, pour diminuer la perte de chaleur due au rayonnement de l'enveloppe. Mais, d'un autre côté, la durée de la calcination augmente avec la capacité, et s'il se perd moins de chaleur par jour, cette perte se continue plus longtemps. M. Petot a trouvé que le minimum de dépense en combustible répondait à une section moyenne de 6 mètres carrés. Il n'y avait pas d'avantage à aller au delà. Mais en en deçà, la consommation augmentait rapidement en sens inverse de la capacité.

**64. Grille.** — Le foyer de ce genre de fours peut être établi sans grille ou avec grille.

Dans le premier cas, le combustible est brûlé sur la sole même du four. Il en résulte, sur cette sole, un amas de cendres rougies et de débris de charbon incandescents, qui produisent un rayonnement excessif et encombrent le foyer. L'air arrive au feu sans être divisé, il tourbillonne sur place et fait tourbillonner la flamme. Certaines parties sont surcalcinées, et d'autres ne reçoivent pas assez de chaleur. Enfin, au moment des rechargements de combustible, l'ouverture du foyer laisse toujours perdre une quantité de chaleur importante.

Les foyers avec grilles divisent l'air affluent, évitent par conséquent les remous, retiennent et brûlent les fragments charbonnés, laissent passer la cendre, et peuvent être disposés de façon à ne laisser perdre que très peu de chaleur par l'ouverture.

L'expérience apprend que le vide des grilles doit être, pour un bon tirage, le quart de la surface totale, de façon que, pour des barreaux de 3 centimètres de large, il reste un intervalle de 1 centimètre entre deux barreaux consécutifs.

Le diamètre total de la grille est compris entre 5 et 6 dixièmes de celui de la base de la charge, c'est-à-dire du four vers le sommet de la voûte et dans sa plus large section. S'il était plus petit, l'air prendrait une vitesse excessive, qui ne pourrait s'amortir assez vite pour éviter la surcuisson en certains points. Il n'y a d'ailleurs pas intérêt à augmenter les dimensions de la grille au delà du nécessaire : il convient, au contraire, de laisser sur la sole, au pourtour de la grille, une base libre pour l'établissement des piédroits de la voûte.

D'après M. Petot, le maximum d'effet utile d'une grille a lieu lorsqu'elle brûle 350 kilogrammes de bois en une heure par mètre carré de surface.

**65. Cendrier.**— Au-dessous de la grille est le cendrier, auquel donne accès un orifice pour l'entrée de l'air nécessaire à la combustion et pour l'enlèvement des cendres. Une section égale au quart de la surface totale de la grille est suffisante pour cet orifice. Elle ne doit pas toutefois descendre au-dessous de 40 centimètres de côté, qui sont nécessaires pour les manœuvres. On y règle l'introduction de l'air soit par une porte, soit par une dalle ou une planche qui sert de registre.

**66. Porte du foyer.** — Au-dessus du niveau de la grille est un autre orifice, auquel on donne 0,40 sur 0,40, qui est destiné à l'introduction du combustible. Il est séparé de l'orifice inférieur par une cloison en briques, ou mieux en plaques de fonte qui peuvent se déplacer facilement au moment du chargement du four. Cet orifice est pourvu d'une porte fermant hermétiquement, de façon que l'air froid ne soit pas appelé par là, en dehors du moment où l'on introduit du combustible dans le foyer.

**67. Voûte.** — Les piédroits qui supportent la voûte proprement dite, lorsqu'ils ne sont pas construits à demeure, sont faits avec les plus gros morceaux de calcaire dont on dispose. On les établit tout au pourtour du four en leur donnant $0^m,40$ d'épaisseur environ.

La voûte se construit par-dessus, avec une hauteur sous clef de 1 à 2 mètres au-dessus de la grille. Cette hauteur doit être d'autant plus grande que le foyer est plus actif, et se régler de façon que les gaz carbonés soient bien enflammés avant de rencontrer la masse relativement froide du calcaire. Un mètre convient pour une consommation de 200 kilogrammes de bois par heure, et 2 mètres pour 600 kilogrammes.

La voûte peut être construite sur un cintre volant. Le plus souvent, on l'établit sans cintre, en posant les moellons, à partir de la base, par rangées horizontales en encorbellement les unes sur les autres. On obtient ainsi une sorte de dôme ou de voûte en ogive.

**68. Chargement des pierres.** — La principale difficulté des fours à feu discontinu, c'est d'arriver à répartir la chaleur également dans toutes les parties. Les pierres qui forment la voûte et celles qui sont à son contact immédiat reçoivent, par le rayonnement du foyer, une chaleur beaucoup plus intense que les autres, et tendent à se surcalciner, alors que celles de la partie supérieure sont à peine cuites. Le courant des gaz brûlés se trouve appelé vers le sommet de la voûte et tend à s'élever dans l'axe du four. La chaleur est donc plus intense dans le bas et au centre du four que dans le haut et le long des parois.

On tient compte de cette circonstance, en rangeant les pierres par ordre de grosseur. Les plus volumineuses servent à faire la voûte ; les plus petites sont placées dans le haut et au pourtour.

**69. Emploi de la vapeur d'eau.** — Une précaution qui permet d'éviter la surcalcination des pierres inférieures et des parties centrales consiste à envoyer sous le foyer un courant de vapeur d'eau.

La vapeur d'eau, en se mélangeant aux gaz du foyer, y subit une décomposition qui produit un refroidissement de ces gaz à l'origine et allonge la flamme. En même temps les grilles sont rafraîchies et se détériorent moins vite.

La vapeur d'eau a, en outre, l'avantage de diminuer considérablement la durée de la calcination. Elle permet d'abréger le temps consacré à chaque fournée, en facilitant la sortie de l'acide carbonique du calcaire. Une expérience de Gay-Lussac a mis en évidence cette propriété. On chauffe au rouge dans un tube de porcelaine des morceaux de calcaire, et on recueille sous une cloche l'acide carbonique produit. Au bout d'un certain temps le dégagement du gaz cesse. A ce moment, on fait traverser le tube par un courant de vapeur d'eau. Aussitôt le dégagement d'acide carbonique reprend.

La meilleure disposition pour alimenter les foyers de vapeur d'eau consiste à construire, en avant des grilles, un bassin que l'on tient plein d'eau à un niveau tel que le cendrier soit constamment noyé. La chaleur des cendres et le rayonnement du foyer produisent la vapeur nécessaire. La consommation peut atteindre environ 1 mètre cube d'eau pour 10 mètres cubes de chaux.

Bien que la vapeur accélère la décomposition du calcaire, elle ne paraît être la source d'aucune économie de combustible. Si elle aide à la sortie de l'acide carbonique, elle absorbe pour se former une grande quantité de chaleur qui compense cet avantage. Son utilité réelle consiste à rafraîchir la base de la charge, de sorte que les pierres de la voûte donnent d'aussi bonne chaux que les autres.

**70. Four à trois foyers de Vicat.** — Un autre moyen de régulariser la cuisson, indiqué d'abord par Vicat, et appliqué à Brest par M. Petot, consiste à adapter aux fours plusieurs foyers, que l'on allume successivement, et dont la flamme va toujours chercher les parties qui ont été le moins atteintes par le foyer précédent.

Le four de Vicat est resté à l'état de projet. L'idée consistait à placer à la base trois foyers distincts, *a*, *b*, *c*, et à maintenir le feu dans chacun d'eux pendant le tiers du temps nécessaire à la cuisson. Ainsi, pour une chaux nécessitant six jours de feu, on eût maintenu le premier foyer *a* en marche pendant deux jours. Puis on aurait allumé le second foyer *b*, et laissé éteindre le premier. Deux jours après, on eût allumé le troisième foyer et abandonné le second. La chaux placée vers le gueulard aurait reçu la chaleur pendant la durée entière de la cuisson, tandis que les parties voisines des foyers n'y seraient res-

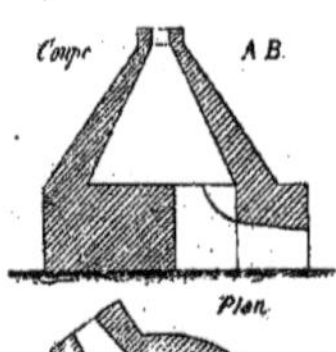


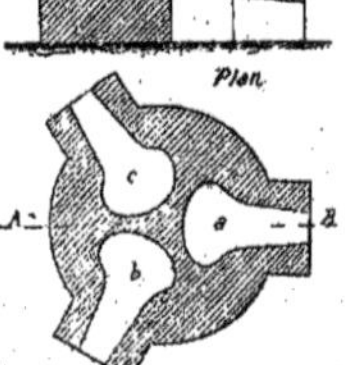

tées exposées que pendant le tiers du même temps.

**71. Four à deux étages de M. Petot.** — Le procédé appliqué par M. Petot consiste à donner aux fours une très grande hauteur, 10 mètres par exemple, et à placer au niveau où la cuisson commence à être incomplète, c'est-à-dire à 6 mètres environ au-dessus de la sole, un second foyer, qui achève la calcination des parties supérieures alors que le foyer principal est éteint.

La figure ci-contre donne le dessin du four établi à Brest sur cette donnée. On voit que cela revenait à superposer au four principal un autre four de moindre dimension. Le four inférieur (A) avait les dimensions et la hauteur d'un bon four ordinaire. Le four supérieur (B), plus petit, avait sa grille et sa porte spéciale. On remplissait le tout de pierre à chaux, comme à l'ordinaire. On fermait hermétiquement la porte du foyer supérieur, et on mettait le feu en bas. La cuisson s'opérait dans le four inférieur, comme s'il avait été seul. Mais la chaleur sortant du gueulard, au lieu de se perdre dans l'atmosphère, s'accumulait sur les pierres du second four et en commençait la cuisson, qui restait incomplète. Quand la cuison du four inférieur était terminée, on chargeait du combustible sur la grille supérieure, dont on fermait immédiatement la porte. La combustion était alimentée par de l'air qui s'introduisait par la grille du bas, traversait la chaux déjà cuite, et lui empruntait une grande quantité de chaleur. Alimenté par de l'air très chaud, le foyer supérieur dégageait une chaleur intense, et en peu de temps la cuisson de la chaux était achevée.

A. Four principal.
B. Four secondaire.
C. Foyer inférieur.
D. Foyer supérieur.
E. Cendrier.
F. Caisse à eau.

On obtenait avec ces fours une économie notable de combustible.

En pratique, cette ingénieuse disposition a donné lieu à des inconvénients sérieux. Comme on ne pouvait fournir de la vapeur d'eau au foyer supérieur, et que la combustion y était des plus intenses, les barreaux de la grille de ce foyer se brûlaient et disparaissaient avec une grande rapidité.

On a été obligé de supprimer la grille et de jeter le bois à nu sur la chaux déjà cuite. Mais, par suite du tassement, la surface de la chaux se trouvait en contre-bas de l'orifice du four inférieur, et, à cause de l'intensité de la combustion, il se formait là un brasier ardent qui dégradait les parois, quelque soin que l'on apportât dans leur construction.

D'un autre côté, en allongeant outre mesure la hauteur du four, on était conduit à des bardages qui compensaient en partie l'économie de combustible.

En résumé, on a dû renoncer à l'usage de ces fours et se contenter d'utiliser la partie supérieure pour la cuisson des briques, qui se faisait avec la chaleur issue de la fournée inférieure, sans qu'il fût le plus souvent nécessaire de donner le feu au foyer supérieur. Les briques étaient alors supportées par une voûte fixe à claire-voie.

**72. Fours de campagne.** — Lorsqu'il ne s'agit pas d'établir une usine ou une fabrication considérable, mais simplement de se procurer la chaux nécessaire pour une campagne ou un seul ouvrage, on peut simplifier la construction des fours. On a recours alors à des chambres prismatiques, à base rectangulaire ou circulaire, auxquelles on donne une faible hauteur et où la cuisson s'opère sans grille. Les parois, au lieu d'être en maçonnerie, peuvent alors même se faire en terre battue, que l'on entoure d'un clayonnage grossier. C'est ce qu'on appelle un four de campagne.

**73. Marche de la cuisson discontinue.** — Lorsqu'on se sert de fours à feu discontinu, il ne faut pas donner immédiatement tout le feu. Dans les premiers moments, la chaleur doit être ménagée.

Une fois le chargement opéré avec les précautions qui ont été indiquées, on place dans le foyer quelques fagots et un peu de paille et on y met le feu. Il arrive quelquefois, surtout en été, quand l'air est plus chaud au dehors qu'à l'intérieur, que le four refuse de tirer et que la fumée sort par la porte. On y remédie en allumant quelques fagots à la partie supérieure du four ; l'air se trouve aspiré de bas en haut et le tirage se détermine.

Pendant dix à douze heures, on chauffe avec précaution, en accélérant toutefois les chargements de combustible à mesure que le calcaire s'échauffe. Dans cette première période, les pierres froides condensent l'humidité issue du combustible et deviennent noires par l'absorption du charbon entraîné dans la fumée. Puis bientôt elles éclatent avec bruit, soit à cause de l'évaporation de l'eau de carrière, soit à cause de la différence de dilatation entre la surface et le centre.

A ce moment il faut ralentir le feu, car ces explosions bouleversent la charge, si elles sont fréquentes, et peuvent même produire la chute des voûtes.

Après dix à douze heures, on pousse le feu à son maximum, et on le maintient uniforme jusqu'à la fin. Si on emploie la vapeur d'eau, il faut commencer à la faire dégager après vingt ou vingt-quatre heures de chauffe.

**74. Moyens de reconnaître que la cuisson est achevée.** — On reconnaît que la cuisson est terminée à certains caractères que les chaufourniers ont l'habitude d'observer. A mesure que les pierres se cuisent, elles se contractent un peu, et il se forme des éclats qui bouchent les interstices. Le volume de la masse diminue et la surface s'affaisse. On doit s'arrêter lorsque ce mouvement de descente cesse ; mais c'est un point difficile à saisir.

On peut recourir aux procédés qui ont été indiqués à propos des fours continus, c'est-à-dire faire l'essai chimique ou par extinction des morceaux de chaux les plus éloignés du foyer. Le mieux encore est de pousser dans la masse une barre de fer, qui doit s'y enfoncer sans éprouver de résistance ni de choc.

Enfin la couleur et l'aspect des pierres fournissent des indications précieuses. Chaque chaux a sa couleur propre, qui résulte des éléments étrangers qu'elle renferme et du degré de cuisson qu'elle a atteint. On s'arrête lorsque la couleur convenable est obtenue.

Ainsi le plus souvent, après la première période de la cuisson, où les pierres deviennent noires, elles prennent une teinte grise qui passe au bleuâtre, au vert plus ou moins prononcé, puis enfin au blanc, au blanc rosé ou au fauve, qui est la couleur définitive quand la cuisson est achevée.

**75. Fermeture des issues.** — Lorsque l'on juge la cuisson terminée, on ferme toutes les ouvertures, afin de ne pas refroidir brusquement les pierres des couches supérieures, dont la calcination est à peine achevée et qui profitent encore des dernières traces de chaleur du four. Ce refroidissement dure de dix à douze heures, au bout desquelles on fait le déchargement, en ouvrant les issues, enlevant la grille et les plaques de fonte qui séparent les portes, puis faisant écrouler la voûte avec un ringard.

## § 4

## OBSERVATIONS GÉNÉRALES ET DISPOSITIONS ACCESSOIRES

**76. Durée de la cuisson.** — La durée de la cuisson varie suivant une infinité de circonstances, telles que la nature et la grosseur des pierres, la nature du combustible, l'état de l'atmosphère, la capacité, la disposition et la conduite des fours.

M. Petot a fait à ce sujet, sur les fours intermittents, un grand nombre d'expériences dont les résultats sont les suivants :

Dans un four de 4 mètres de hauteur et de 26 mètres cubes de capacité, où l'on chargeait un calcaire dur et compact sous la forme où il sortait de la carrière, sans cassage et avec morceaux tout venants dont quelques-uns atteignaient $0^m$16 et même $0^m$,20 de grosseur, la durée de cuisson a été de quatre-vingt-treize heures, non compris le temps du chargement. Cela fait $3^h$,6 par mètre cube de capacité.

Dans un autre four de même hauteur, et de 42 mètres cubes de capacité, la durée de la cuisson a été en moyenne de cent dix-sept heures, soit 2h, 8 par mètre cube de capacité.

Vicat calcule, pour un four de 70 à 75 mètres de capacité, une durée variant de cent à cent cinquante heures, soit moins de 2 heures en moyenne par mètre cube.

L'emploi de la vapeur d'eau accélère la calcination. M. Petot a constaté que des fours où la cuisson demandait ordinairement trois jours en moyenne, donnaient la chaux en deux jours seulement lorsqu'on y faisait circuler de la vapeur d'eau.

Dans les fours continus, on extrait en général chaque jour la valeur d'un tiers ou un quart de la capacité totale. La pierre reste donc dans le four de deux jours et demi à trois jours et demi.

**77. Consommation de combustible.** — La consommation de combustible varie également par suite des mêmes causes.

Dans le four cité ci-dessus, de 23 mètres cubes de capacité, chargé avec pierres toutes venantes, on a brûlé, en moyenne, 1.087 kilogrammes de bois par mètre cube de chaux.

Dans le four de 42 mètres cubes, la consommation s'est réduite à 1.039 kilogrammes.

Un autre four de 3 mètres de hauteur et de 9 mètres cubes de capacité a consommé 1.900 kilogrammes de bois par mètre cube de chaux.

Ce même four n'a plus absorbé que 1.053 kilogrammes, lorsqu'au lieu de prendre le tout venant de la carrière, on avait soin de casser tous les morceaux en petits fragments de même volume.

Avec les fours à deux étages, la consommation était réduite à 800 kilogrammes environ.

Le combustible était le plus souvent du petit bois en fagots, et quelquefois du bois de corde pesant environ 400 kilogrammes par stère.

On voit par ces simples constatations faites sur des fournées où l'on cuisait le même calcaire avec le même bois, combien la consommation du combustible est variable.

Les chiffres suivants, donnés par Vicat, représentent une moyenne approximative qui peut donner une idée grossière des quantités de combustible à employer. Pour obtenir un mètre cube de chaux, il faut, en moyenne, d'après lui :

1 st, 70 de bois de corde ;

22 stères de fagots ;

30 stères de fascines de genêt ou de bruyère ;

3 hectolitres de charbon de terre ou de charbon de bois.

**78. Influence des intempéries.** — Parmi les causes qui font varier la durée de la cuisson et la consommation en combustible, les influences atmosphériques jouent un rôle important.

La pluie produit sur les fours un refroidissement en pure perte, qui est à la fois une cause de retard et une source de dépense. L'augmentation, tant en durée qu'en quantité de combustible, peut aller jusqu'à 15 ou 20 pour cent.

L'action du vent est différente. Il accélère le tirage, et la température s'élève plus rapidement et plus haut par les grands vents. Mais les gaz chauds s'écoulent alors trop vite, et leur chaleur n'est pas entièrement utilisée. Si d'ailleurs la cuisson est plus rapide, elle demande des rechargements en combustible plus fréquents ou plus copieux. En somme, cette cause paraît sans influence sur la consommation finale du combustible par mètre cube.

Toutefois le vent peut devenir nuisible, lorsqu'il devient excessif, en produisant des déviations dans les courants gazeux qui traversent les fours.

**79. Constructions accessoires.** — Un four comporte un certain nombre de constructions accessoires dont il reste à dire quelques mots.

Il est bon que le chaufournier qui surveille le feu soit protégé contre les intempéries. Il doit donc avoir un abri en avant de la porte du four.

Un hangar est indispensable à la suite, pour mettre la chaux à couvert au moment où elle est extraite, surtout lorsqu'elle est livrée à la consommation à l'état vif.

D'autres magasins sont nécessaires pour la conservation des produits fabriqués. En outre, lorsque la chaux est livrée, non pas en pierre, mais en poudre, comme cela se pratique aujourd'hui presque partout, elle est soumise à des manipulations diverses, extinction, blutage, broyage, mise en sacs ou en tonneaux, qui demandent souvent un développement considérable d'ateliers et de constructions.

**80. Abords des fours.** — La disposition des abords immédiats des fours mérite quelques explications.

Pour en opérer le chargement, il faut pouvoir atteindre le gueulard, ce qui nécessite une rampe d'accès ayant la hauteur du four. Cette rampe se fait généralement en terrassements, et comme elle a une hauteur totale de 6 à 15 mètres, elle devient assez coûteuse. Aussi recherche-t-on pour les fours un emplacement où ils puissent être adossés à une terrasse ou à un escarpement du sol, qui permet d'établir la rampe à peu de frais.

Cette disposition présente un autre avantage. Le four peut s'entailler dans le terrain et être contre-buté sur trois de ses faces. La terre étant un corps mauvais conducteur de la chaleur, le rayonnement n'a plus lieu que par la seule face restée libre.

Il faut ménager autour du gueulard, et au même niveau, une plate-forme où puisse se faire le dépôt des matériaux, calcaire et combustible, en attendant leur chargement, et où puissent circuler les ouvriers chargés de cette main-d'œuvre.

On n'insistera pas davantage sur ces détails d'installations accessoires, sur lesquels il suffit d'attirer l'attention, et qu'il n'est pas possible de préciser davantage, car ils se modifient avec les circonstances locales qui se présentent dans chaque cas particulier.

**81. Prix de revient de la chaux.** — Le prix de la chaux est très variable suivant ses qualités et la situation des fours qui la produisent. Comme toutes les matières commerciales, sa valeur est fixée par la loi de l'offre et de la demande et limitée par les frais de production.

Ces frais doivent être calculés lorsque l'on veut établir un four, soit pour l'installation d'une usine, soit pour un simple chantier. Les articles à porter en compte sont les suivants :

1° *Amortissement du four.* — Il faut comprendre dans cet article la location du terrain où le four est installé, l'intérêt et l'amortissement des dépenses de construction du four et les frais de son entretien.

Le prix de construction des fours varie suivant les localités. Il sera facile de le calculer sur les projets. Il revient en moyenne à environ 50 francs par mètre cube de capacité.

Les frais d'entretien sont peu considérables dans les fours bien construits et solidement établis. Avec des enveloppes légères, ils deviennent très importants, par suite des dislocations qui se produisent. Dans le premier cas, on dépensera rarement par an plus de 5 pour 100 de la dépense d'établissement.

Ce sont là des frais généraux qu'il faut répartir sur le nombre de mètres cubes que le four doit produire.

2° *Fourniture du calcaire.* — Cet article comprend les frais d'extraction du calcaire et son transport à pied d'œuvre, y compris l'indemnité de carrière, s'il y a lieu, le chargement en tombereau, le déchargement et l'emmétrage. Il ne faut pas oublier qu'il faut environ $1^{m.c}$, 20 de pierre à chaux pour avoir $1^{m.c}$, de chaux en pierre, par suite du tassement qui a lieu pendant la cuisson.

3° *Cassage du calcaire.* — Lorsque la pierre n'arrive pas de la carrière avec les dimensions voulues, il faut procéder à son cassage. Le prix de cette main-d'œuvre est variable suivant la nature de la pierre. Il se tient en général aux abords de la moyenne de 1 fr. ou 1 fr. 50 par mètre cube.

4° *Main-d'œuvre.* — La main-d'œuvre comprend le chargement du four, la conduite du feu, l'emmagasinement de la chaux. Elle est faite par des chaufourniers assistés généralement chacun de deux manœuvres. Il faut toujours au moins deux chaufourniers qui se relèvent par quarts, jour et nuit. Mais ils peuvent surveiller chacun deux ou plusieurs fours à la fois. Le temps passé à cette main-d'œuvre varie, en général, entre 3 et 7 heures, pour un chaufournier et ses deux aides, par mètre cube de chaux. La dépense qui en résulte se tient à peu près entre 3 et 7 francs.

5° *Combustible.* — La dépense en combustible peut se calculer d'après les consommations qui ont été indiquées plus haut.

Prise au four, la chaux vive coûte de 8 à 20 francs le mètre cube, qui pèse environ de 6 à 800 kilogr. ; cela fait de 10 à 35 francs la tonne.

Lorsqu'elle est employée loin du lieu de production, il faut compter en plus le transport à pied d'œuvre.

**82. Livraison en pierre ou en poudre.** — La chaux est livrée par les fabricants soit en pierre, soit en poudre. La chaux en poudre est de la chaux qui a été éteinte par aspersion.

Quand la chaux est en poudre, on livre avec elle l'eau qui a servi à l'éteindre. Il y a là une matière sans valeur dont il faut payer le transport. On n'en connaît pas toujours la proportion ; on est donc exposé à une fraude, difficile à constater sur les chantiers.

Avec la chaux en pierre, on n'a pas à concevoir les mêmes craintes. On est certain de ne payer que de la chaux dont le volume est facile à constater par un simple emmétrage. Mais à côté de cela, se présentent des inconvénients sérieux.

Il est difficile en effet de reconnaître à la simple vue si la fourniture ne renferme pas des incuits ou des biscuits. On ne les trouve que dans les bassins, une fois la chaux réduite en pâte. Il faut les séparer à la main et les rejeter loin des chantiers. De là un déchet, qui n'est pas toujours sans importance. Avec quelque soin d'ailleurs qu'on enlève les grappiers principaux, il en reste toujours sous forme de grumeaux.

Si la chaux doit être employée loin des fours, le transport en présente des difficultés sérieuses lorsqu'elle est vive. Portée en vrac et exposée aux intempéries, elle peut être mouillée par la pluie, et alors elle s'éteint partiellement. Il se produit un échauffement, et la masse gonfle au point d'exercer de fortes poussées sur les parois des véhicules. On est obligé d'avoir recours à des voitures de forme spéciale et parfaitement closes.

Si le transport a lieu par bateaux, il faut encore plus de précautions. On est obligé, afin que la chaux ne baigne pas dans l'humidité, d'établir un double plancher, et d'avoir des bateaux pontés.

Toutes les grandes usines livrent leur chaux éteinte en poudre.

La méthode de l'immersion, recommandée par Vicat, n'est plus guère employée. Elle consistait à mettre la chaux vive dans un panier d'osier ou un seau à fond mobile, suspendu à une grue; on le faisait plonger quelques secondes dans l'eau et on le relevait ensuite. Aujourd'hui on procède toujours par aspersion : on arrose la chaux vive, mise en tas, au moyen de pommes d'arrosoir.

La chaux imbibée d'eau est jetée dans de vastes hangars clos, appelés chambres d'extinction, où elle se réduit en poudre spontanément.

La chaux en poudre est livrée à la consommation dans des sacs ou dans des barils tarés que l'on remplit d'un poids déterminé de chaux. Sous cet état, elle voyage parfaitement et peut s'expédier au loin.

**83. Grappiers.** — La chaux des chambres d'extinction n'est pas encore marchande. Elle reste mélangée avec les grappiers, c'est-à-dire les incuits et les biscuits. Dans les usines bien conduites, il y a peu de grappiers de la première espèce, mais les biscuits sont assez nombreux. Pour les séparer, on fait passer la chaux sur des blutoirs, tout à fait semblables à ceux qu'emploie la meunerie, et on recueille la fleur de chaux.

Ces grappiers peuvent être utilisés. Ils se composent de parties plus siliceuses et par conséquent d'une extinction plus lente. On les soumet de nouveau à l'aspersion, et on en retire une nouvelle quantité de chaux que l'on mélange à la première, et qui ne fait qu'en augmenter l'hydraulicité. Les résidus non susceptibles d'extinction peuvent être broyés mécaniquement et passés au blutoir. On les ajoute à la chaux, qu'ils améliorent encore, ou on les utilise isolément comme ciment.

**84. Conservation de la chaux.** — La chaux en poudre peut se conserver facilement dans les magasins ou sur les chantiers sous de simples hangars. M. de Villeneuve cite l'exemple d'un approvisionnement de 1.000 tonnes de chaux destinée au viaduc de la Durance, près d'Avignon, qui n'ont pu être employées qu'après plus de deux ans et sont restées sous de simples hangars. Les mortiers faits avec cette vieille chaux ont offert une cohésion remarquable.

La chaux en pierre est, au contraire, difficile à conserver en magasin. Si on se contente de la mettre en tas, elle absorbe progressivement l'acide carbonique et l'humidité de l'atmosphère. Sa qualité s'altère et elle s'évente. En même temps, par suite de l'extinction, elle se gonfle, augmente considérablement de volume et exerce sur les murs une poussée qui peut les renverser. On ne parvient à la conserver que par l'artifice suivant.

On établit un plancher, sur lequel on empile la chaux, en la serrant le mieux possible. Lorsque le tas est fini, on recouvre les talus d'une dernière couche de chaux préalablement soumise à l'immersion. Celle-ci tombant en poussière, se loge dans les interstices de la pierre et l'enveloppe assez bien pour la défendre de l'air et de toute humidité.

Lorsque la chaux à conserver est grasse, la meilleure méthode est de la mettre en pâte dans des fosses peu perméables que l'on recouvre ensuite d'une couche de $0^m,30$ à $0^m,40$ de sable ou de terre fraîche. La chaux se conserve ainsi indéfiniment, et acquiert même en vieillissant des qualités supérieures. Tous les grains paresseux finissent par s'éteindre complètement et la pâte devient absolument onctueuse. On voit disparaître tous les grumeaux qui s'observent toujours dans une chaux en pierre fraîchement mise en pâte. On en cite qui a été retrouvée après plusieurs siècles et « qui était, dit Alberti, si moite, si bien délayée et si mûre que le miel ni la moelle des bêtes ne le sont davantage. »

## § 5

## FABRICATION DES CHAUX HYDRAULIQUES ARTIFICIELLES

**85. Principe de la fabrication.** — La qualité d'une chaux étant définie par sa composition chimique, on peut fabriquer des chaux de telle qualité que l'on veut, en mélangeant des substances convenablement choisies, c'est-à-dire de l'argile cuite et de la chaux, dans les proportions nécessaires pour obtenir l'indice d'hydraulicité que l'on recherche.

La fabrication des chaux hydrauliques artificielles, indiquée et mise en pratique par Vicat, constitue, à proprement parler, sa glorieuse découverte, et, en confirmant par la synthèse les données de l'analyse, a fondé les bases de la théorie chimique des chaux et des mortiers hydrauliques.

Cette fabrication a rendu d'immenses services dans l'origine, en permettant d'obtenir des chaux hydrauliques dans des contrées qui en étaient privées, soit par l'absence de gisements connus, soit par la difficulté des transports.

Elle s'est relativement restreinte depuis que les recherches de Vicat et d'autres ingénieurs ont fait découvrir partout des bancs de calcaires hydrauliques naturels, et que les transports sont descendus à bas prix.

Ainsi, suivant Vicat, le mètre cube de chaux hydraulique artificielle, prise aux fours, valait, il y a quarante ans, de 35 à 40 francs. Aujourd'hui, il est bien peu d'endroits où l'on ne puisse, pour une somme égale, se procurer d'excellente chaux naturelle, venant même de fort loin.

**86. Procédé de la simple cuisson.** — La fabrication des chaux hydrauliques artificielles diffère peu de celle des chaux naturelles. Les fours employés sont les mêmes. Mais il faut, avant tout, obtenir un mélange intime de la chaux et de l'argile mises en présence, ce qui exige des manipulations assez coûteuses. On peut y parvenir, soit en broyant la pierre calcaire avec l'argile, et soumettant le mélange à la cuisson ; soit en commençant par transformer le calcaire en chaux par une première cuisson, l'éteignant, puis mélangeant la poudre ainsi obtenue avec l'argile et faisant repasser le produit au four.

De là deux modes de fabrication, par *simple* ou par *double* cuisson. Le second procédé donne des résultats plus parfaits. La farine de chaux se mélange, en effet, plus intimement à l'argile que du calcaire, broyé nécessairement moins fin. La simple cuisson est plus économique, puisqu'on épargne la moitié du combustible. Néanmoins, si le calcaire était dur, les frais de broyage compenseraient en grande partie cette économie. Aussi cette fabrication n'a-t-elle lieu que dans les localités où l'on trouve du calcaire tendre, de la craie, par exemple, comme à Meudon ou à Bougival, aux environs de Paris.

Pour la simple cuisson, la craie, réduite d'abord en morceaux de la grosseur du poing, est jetée dans des auges circulaires, en même temps que la quantité voulue d'argile. On y ajoute un volume d'eau à peu près égal à celui des matières. Dans les auges roulent des meules verticales, mises en mouvement par des manèges, qui écrasent la craie et opèrent le mélange intime des éléments. Quand la trituration a réduit la masse à une bouillie liquide homogène, où l'on ne discerne plus la craie de l'argile, on ouvre une bonde de fond, et on fait couler la bouillie dans une première fosse où elle se dépose. Le liquide surnageant, encore trouble, est décanté par un trop-plein dans une seconde fosse placée à la suite et au-dessous, où il dépose de même sa partie solide. On peut étager ainsi plusieurs bassins à la suite les uns des autres. La pâte déposée est enlevée à la bêche en mottes, que l'on soumet à une dessiccation partielle à l'air libre. On la transforme ensuite en briquettes régulières au moyen de moules en bois. Après une dessiccation complète dans des séchoirs, les briquettes sont portées au four.

On peut évaluer entre 3 et 5 francs la dépense qu'exige la confection et la trituration du mélange et la façon des briquettes par mètre cube.

**87. Procédé de la double cuisson.** — Le procédé de la double cuisson, bien que donnant des produits plus parfaits, n'est guère employé à cause des dépenses auxquelles il donne lieu. C'est à lui que Vicat a eu recours lors de ses premiers essais au pont de Souillac.

« On avait, dit-il, un approvisionnement considérable de « chaux grasse éteinte en poudre par immersion, et conservée « ainsi sous un hangar. On s'est procuré une argile grise des « environs, légèrement effervescente, laquelle, séchée au « soleil, et réduite en fragments de la grosseur d'une noix, « acquiert la faculté de se détremper et de se résoudre sponta-

« nément dans l'eau en une bouillie qu'il suffit, pour rendre « très fine, de brasser quelques instants.

« Pour opérer le mélange des matières, on formait, sur une « aire d'une certaine étendue, une vingtaine de petits tas de « chaux en poudre de 1/4 de mètre cube ; chacun d'eux, creusé « en son milieu en forme d'entonnoir, recevait une bouillie « fluide, composée de $0^{m\,c},03$ d'argile, et d'eau en telle propor- « tion, qu'en battant et amalgamant le tout à l'aide de pilons, « il en résultait une pâte assez ferme. On accumulait les pro- « duits partiels de chaque division en deux ou trois grands tas, « auxquels on laissait prendre assez de consistance pour pou- « voir les diviser ensuite en fragments irréguliers, au moyen « de pelles ou de pioches tranchantes. Ces fragments, dont la « grosseur égalait celle du petit moellon, étaient transportés « et étalés sur le sol pour y prendre, par la dessiccation, une « dureté convenable ; on les enlevait ensuite pour les mettre à « couvert sous un hangar attenant à un four à chaux..... »

Ce procédé était fort coûteux. La main-d'œuvre du mélange revenait à 10 francs par mètre cube de chaux obtenue.

On peut améliorer cette fabrication en substituant aux rabots des meules, comme dans le cas précédent. Mais on éprouve toujours une assez grande difficulté à faire manier aux ouvriers les briquettes entre les deux cuissons. Le mélange de chaux grasse éteinte et d'argile est très caustique et les mains sont rapidement attaquées et blessées. Pour remédier à cet inconvénient, on met à la disposition des ouvriers des baquets de goudron de houille. En y trempant les mains de temps en temps, ils les préservent assez bien des atteintes de la chaux vive.

Quels que soient les perfectionnements appliqués à cette fabrication, les frais d'une seconde cuisson sont toujours considérables, et sont rarement en rapport avec les prix courants des produits.

## § 6.

## DISPOSITIONS GÉNÉRALES DES USINES A CHAUX

On va terminer ce chapitre par quelques indications sur la disposition générale d'une usine à chaux. On ne peut mieux procéder que par voie d'exemples, en décrivant deux des principales fabriques de France, celle de Paviers et celle du Teil.

**88. Usine de Paviers.** — L'importante usine de Paviers est située sur les bords de la Vienne, près de l'Ile Bouchard, dans le département d'Indre-et-Loire.

Les carrières sont sur les lieux mêmes. Les bancs exploités se trouvent à 18 ou 20 mètres environ au-dessous du sol. L'exploitation se fait par galeries horizontales, dans lesquelles sont établies des voies de fer qui aboutissent à des puits d'extraction. Le sol des galeries se trouve un peu au-dessus de l'étiage de la Vienne. La hauteur de la couche exploitable est de 6 mètres. Cette couche présente une composition constante dans ses bancs horizontaux, mais la nature du calcaire varie notablement dans le sens vertical; au niveau du sol des galeries, il ne renferme guère que 14 p. 100 d'argile, tandis que vers le ciel de la carrière cette proportion monte à 27 p. 100.

Toutes les couches sont exploitées simultanément, et les pierres qui en proviennent sont mélangées le plus intimement possible avant d'être mises au four.

La roche s'abat au pic sans difficulté; le calcaire est tendre et se délite facilement, surtout à la gelée.

La pierre, conduite au fond des puits, est chargée dans de grandes bennes, puis enlevée par un treuil mis en mouvement par un manège à cheval.

Les bennes sont déchargées dans des wagonnets et la pierre transportée sur rails jusqu'à la plate-forme des fours.

Le combustible, qui se compose d'un mélange de houille et d'anthracite ou de coke, est amené par bateaux au pied de l'usine. Des treuils le saisissent dans les bateaux et l'élèvent

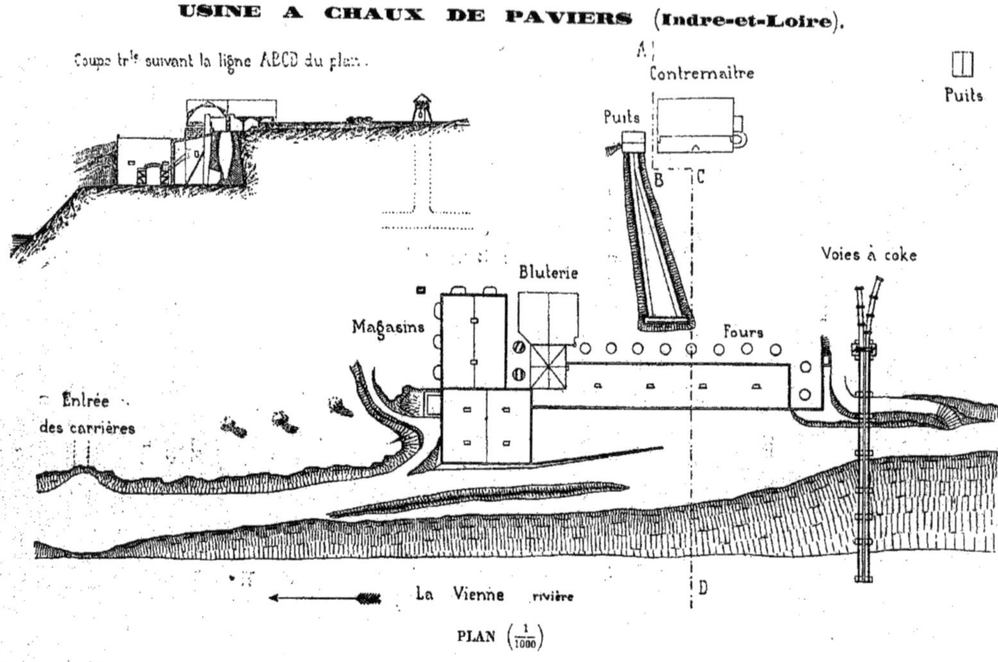
USINE A CHAUX DE PAVIERS (Indre-et-Loire).
Coupe tr[le] suivant la ligne ABCD du plan.
A
Contremaître
Puits
Puits
B
C
Voies à coke
Bluterie
Magasins
Fours
Entrée
des carrières
La Vienne rivière
D
PLAN $\left(\frac{1}{1000}\right)$

Elévation du côté de la Rivière ($\frac{1}{1000}$)

Fours ($\frac{1}{400}$)

Elévation

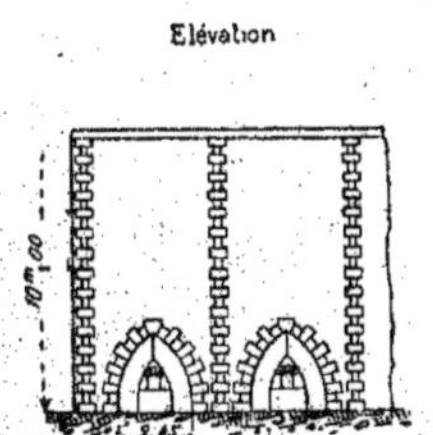

Coupe longitudinale

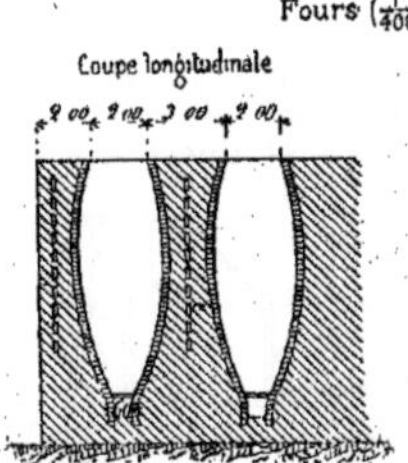

Coupe transversale

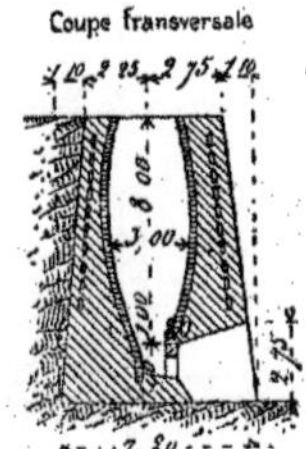

Plan

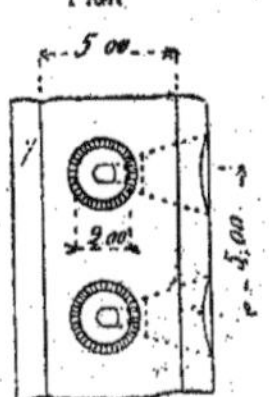

# USINE A CHAUX DE PAVIERS

## BLUTERIE

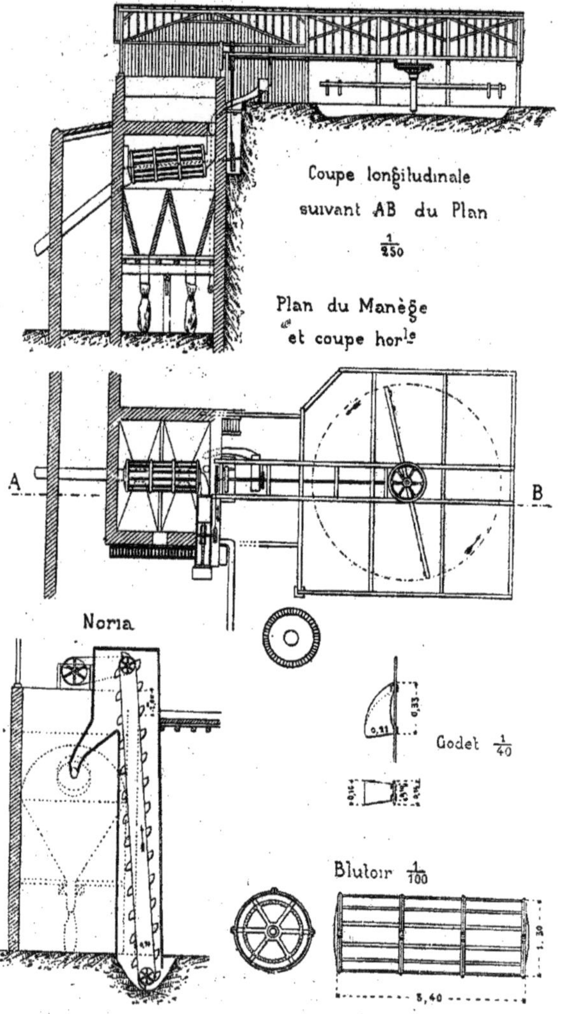

au niveau de la plate-forme des fours par un plan incliné avec voie de fer.

Les fours sont adossés à l'escarpement de la rive. Leur gueulard s'ouvre au niveau du plateau, et leur porte sur un chemin de rive situé 10 mètres plus bas.

Tous les fours, au nombre de dix, sont compris dans un même massif de maçonnerie, et leurs ouvertures débouchent dans une même paroi sur une sole abritée par un hangar, qui a 43m,60 de long sur 8m,50 de large.

A côté se trouvent deux grands magasins ayant ensemble une superficie de 470 mètres carrés. Ces magasins sont couverts par des toits voûtés en béton, munis de châssis pour l'aérage.

A la sortie du four, la chaux est étendue en couche mince sur l'air bétonnée des hangars, et y est largement humectée d'eau au moyen d'arrosoirs munis de leur pomme. On en verse environ 30 litres par mètre cube de pierre. Elle est ensuite retournée et arrosée de nouveau avec une même quantité d'eau. Après quoi, elle est mise en tas d'environ 2 mètres de hauteur, et elle reste ainsi pendant cinq jours. Au bout de ce temps, l'extinction est complète. La chaux est chargée en brouettes et portée au puits d'une noria ou chaîne à godets dont l'entrée est garnie d'une grille pour arrêter les grappiers les plus gros.

La noria élève la chaux jusqu'au niveau du sol naturel, et la déverse dans une goulotte qui la conduit à l'intérieur d'un cylindre tamiseur, où s'en opère le blutage. Ce cylindre se compose de deux enveloppes. La première est un crible intérieur formé de barres en fer rond de 0m,01 de diamètre, espacées de 0m,015. A 0m,15 d'intervalle est une seconde enveloppe formée d'une toile métallique. Les fonds sont percés chacun d'un trou, l'un pour l'arrivée de la chaux brute, l'autre pour la sortie des grappiers et matières étrangères qui n'ont pas traversé le crible. L'axe du cylindre est légèrement incliné sur l'horizon, pour assurer le mouvement de translation des matières. Il est mis en mouvement de rotation par un manège à cheval.

Les matières étrangères sont rejetées au dehors par une goulotte. La chaux qui a traversé le blutoir tombe dans des

## USINE A CHAUX DU TEIL

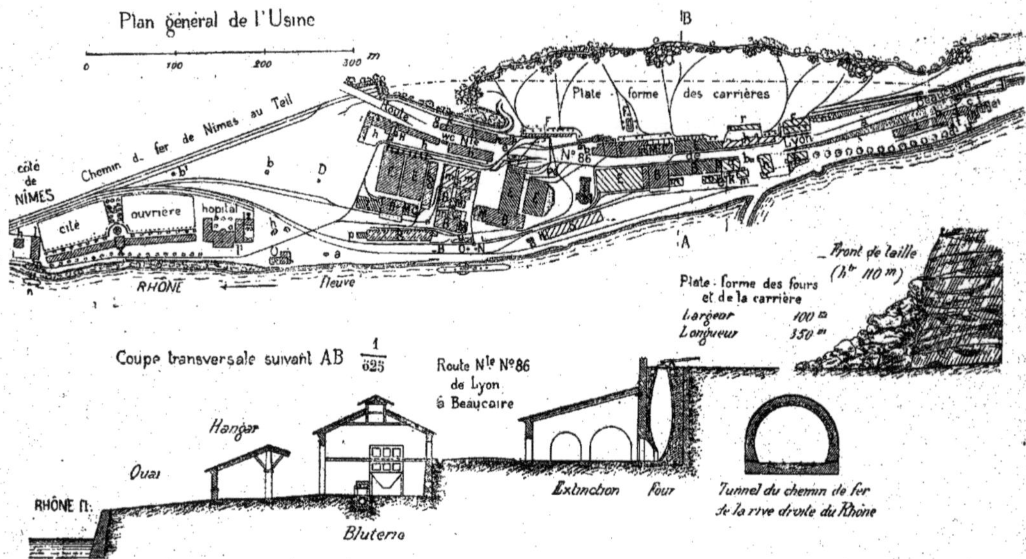


LÉGENDE. — *B* Bluterie. — *C* Chaudières. — *D* Bascules. — *E* Extinctions. — *F* Fours. — *H* Menuiserie. — *M*. Machines. — *N* Puits. — *O* Pompe. — *P* Plomberie. — *S* Sacherie.

*a* Abattoirs. — *b* bureaux. — *b*[1] Bureaux de la Compagnie Paris-Lyon-Méditerranée. — *c*. Cuisines. — *d* Dortoirs. — *d*[1] Réfectoires. — *e* Écuries. — *e*[1] Communs. — *f* Caves. — *g* Halle à grappier. — *h* logements. — *h*[1] Abri. — *i* Boulangerie. — *k* Lavoir. — *l* École de garçons. — *l*[1] École de filles. — *l*[2] Asile. — *m* Magasins. — *n* Moulin à ciment. — *o* Pompe à incendie. — *p* Briqueterie. — *q* Forge. — *r* Charronnage. — *t* Tonnellerie. — *u* Charbou. — *wc* Water-closets. — *x* Cercle.

trémies au fond desquelles s'ajustent les sacs dans lesquels on l'emballe pour l'expédition.

**89. Usine du Teil.** — L'usine de Lafarge du Teil, dont MM. Pavin de Lafarge sont propriétaires, est située sur la rive droite et au bord même du Rhône, entre le Teil et Viviers. Elle est traversée par la route nationale de Lyon à Beaucaire et par le chemin de fer de Lyon à Nîmes (rive droite du Rhône), dont un embranchement la dessert.

Là, comme à Paviers, les carrières sont sur place. Mais au lieu de se trouver sous le sol, les bancs forment une énorme falaise de 120 mètres de hauteur et de 600 mètres de longueur, au-dessus de la plate-forme des fours. Cette falaise est aujourd'hui taillée à pic et exploitée dans toute son étendue.

La roche est dure et doit être exploitée à la mine. On se sert de mines à acide du système Courbebaisse, qui font tomber à la fois quelques milliers de mètres cubes et préparent l'emplacement de grosses mines contenant de 7 à 10.000 kilogrammes de poudre; on a renversé ainsi jusqu'à 120.000 mètres cubes d'un seul coup. Le prix de revient de ces grosses mines est bien inférieur à celui des mines à acide, et le mètre cube de roche ainsi abattu revient environ à 0 fr. 25, sans compter la dépense nécessaire pour diviser les gros blocs.

Les blocs obtenus par cet abatage sont débités au moyen de trous de mines percés à la barre ou au fleuret par les procédés ordinaires. On les casse ensuite en moellons à la masse, et les moellons sont réduits par la massette à la grosseur de deux poings. Le cassage se fait sur place et sur la plate-forme où débouchent les gueulards des fours.

Le charbon arrive du bassin du Gard par la ligne de la rive droite et par l'embranchement desservant les usines. On le monte sur la carrière au moyen d'un plan incliné ou dans des tombereaux.

Le chargement des fours se fait par wagons et par brouettes à deux roues.

Les fours sont adossés à un escarpement que fait la plate-forme au-dessus du niveau de la route nationale.

L'usine de Lafarge est composée, pour la facilité du travail et de la surveillance, de plusieurs groupes d'usines toutes indépendantes et ayant chacune leurs fours, leur extinction, leur bluterie, leur hall de sacs, avec quais d'embarquement sur les wagons du chemin de fer ou les bateaux du Rhône. Chaque usine a aussi sa machine à vapeur et sa batterie de chaudières. De cette façon, un accident local ne peut entraîner un chômage de l'usine.

Quant aux fours, ils ne chôment jamais, la chaux cuite pouvant, par le système des voies, aller dans n'importe quelle chambre d'extinction.

Au sortir des wagons, la chaux vive est arrosée au moyen d'une lance munie d'une pomme d'arrosoir, puis accumulée en tas considérables dans les chambres d'extinction, où elle reste pendant dix jours environ. Au bout de ce temps l'extinction est complète et toute la masse est réduite en poudre.

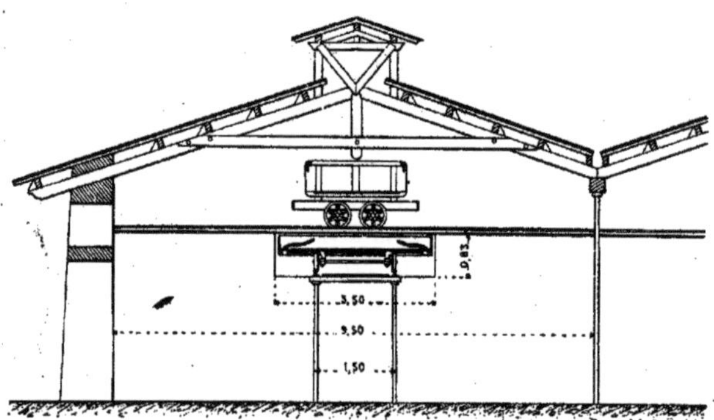


Les chambres d'extinction sont situées en contre-bas de la plate-forme. Les wagonnets chargés de chaux vive sont déchargés dans une caisse en tôle portée elle-même par un train de roues sur des rails supportés par des colonnes en fonte. La chaux vive est arrosée dans cette caisse, puis transportée par les rails au point où elle doit être déchargée. Les côtés de la caisse se rabattent, et il est facile de jeter la chaux à la pelle sur les tas où on l'accumule.

La chaux éteinte est amenée des chambres d'extinction à la bluterie, soit mécaniquement, soit au moyen de brouettes.

Dans les bluteries, elle est soumise à l'action de cylindres tamiseurs, de 3 mètres de long, recouverts d'une toile métallique.

Elle est conduite par des trémies placées au-dessous des blutoirs dans les sacs où elle est enfermée pour être livrée à la consommation.

La poudre obtenue ainsi de premier jet est ce qu'on appelle la *fleur de chaux*.

**90. Utilisation des grappiers.** — Les grappiers ne sont pas rejetés; on les recueille soigneusement et on en tire tout le parti possible. Ils sont conduits mécaniquement sous des meules et broyés. Ils passent ensuite dans un second blutoir dont le produit est mélangé à la fleur de chaux, dans la proportion d'un dixième.

Pour que le mélange soit aussi homogène que possible, les deux blutoirs fonctionnent l'un à côté de l'autre et les poudres tombent ensemble dans la même trémie, au pied de laquelle elles sont ensachées.

Cette utilisation des grappiers et l'amélioration réelle qui semble en résulter pour la qualité de la chaux ont conduit à rechercher quel pouvait être leur rôle. On avait supposé d'abord que c'étaient des incuits ou portions de calcaire non privé de tout son acide carbonique, et on attribuait leur qualité à cet acide; c'était à l'époque où l'on cherchait à produire des chaux hydrauliques par une calcination incomplète. Mais une étude plus attentive a fait découvrir que ces grappiers proviennent de parties de la roche plus riches en silice ou en argile, ou bien qui se sont trouvées dans les fours en contact avec les cendres du combustible. Elles ont subi une surcuisson, qui leur a fait perdre, en tout ou en partie, la faculté de s'éteindre. Leur addition a pour résultat d'augmenter un peu les éléments hydrauliques de la chaux.

C'est ce qui ressort évidemment de quatre analyses faites au laboratoire de l'École des ponts et chaussées sur les matières suivantes, prises simultanément aux fours du Teil :

1° Fleur de chaux, ou chaux blutée sans addition de grappiers ;

2° Chaux marchande, ou fleur de chaux additionnée de grappiers ;

3° Grappiers après leur broyage ;
4° Rejets définitifs ou sable non utilisé.
Ces analyses ont donné les résultats suivants :

| | FLEUR DE CHAUX | CHAUX MARCHANDE | FARINE de GRAPPIERS | REJETS |
|---|---|---|---|---|
| Silice | 23.05 | 23.90 | 31.85 | 43.10 |
| Alumine et peroxyde de fer | 2.75 | 3.10 | 4.25 | 8.20 |
| Chaux | 65.75 | 63.35 | 55.60 | 45.25 |
| Magnésie | 1.50 | 1.15 | 1.20 | 0.85 |
| Eau et produits non dosés | 6.95 | 8.50 | 7.10 | 2.60 |
| | 100.00 | 100.00 | 100.00 | 100.00 |

Le résidu du second blutage est chargé mécaniquement dans des wagonnets qui l'emmènent dans de vastes hangars. Ce résidu, très riche en silice, sert à faire du ciment à prise lente.

Le rejet définitif qui reste après la fabrication du ciment est une espèce de sable encore calcaire. On l'utilise pour fabriquer avec le ciment des matériaux artificiels, tels que tuyaux de conduite, briques, pilastres, moulures pour édifices, etc.

**91. Renseignements statistiques.** — Par les soins apportés à sa fabrication et par ses qualités éprouvées, la chaux du Teil se place à la tête des produits similaires des fabriques françaises et européennes. La consommation en atteint des proportions immenses. La quantité de pierres cassées soumises à la cuisson dans chaque journée de travail effectif s'élève à environ 1,000 mètres cubes et produit 750.000 kilogrammes de chaux blutée et 75.000 kilogrammes de ciment. Quarante fours sont nécessaires pour cette énorme fabrication.

La production annuelle des usines de Lafarge est environ de 200.000 tonnes de chaux et 20.000 tonnes de ciment. Cette production augmente chaque année.

Les quatre cinquièmes de la fabrication sont enlevés par l'embranchement desservant l'usine, un cinquième par le Rhône.

Les ouvriers mineurs, casseurs de pierre, chargeurs de fours sont environ trois cent cinquante ; les ouvriers employés à l'extinction, deux cent cinquante ; le nombre des bluteurs, chargeurs, embarqueurs, etc., quatre cents. C'est en tout un personnel de mille ouvriers en nombre rond.

La moyenne du prix de la journée est de 3 fr. 50 à 4 francs.

Presque tous les travaux sont à la tâche.

Le personnel ouvrier est en partie logé à l'usine, soit dans une cité ouvrière contenant cent ménages, soit dans un établissement spécial pouvant loger et nourrir trois cent cinquante ouvriers célibataires.

La sacherie à elle seule forme une subdivision importante des travaux. La chaux, au départ de l'usine, a une valeur de 0 fr. 75 par sac, et l'emballage ne coûte pas moins de 1 franc. Si l'on songe que les usines de Lafarge produisent environ 15,000 sacs par jour en marche régulière, on doit comprendre les énormes avances que doit nécessiter la sacherie. Le capital des sacs se chiffre par 1,800,000 francs. L'usure, les pertes, l'entretien, nécessitent une dépense annuelle de 300,000 francs, non compris la dépense de 25,000 francs environ que réclament les liens et les plombs.

---

# CHAPITRE III

## MORTIERS ET BÉTONS

### § 1er

### DES SUBSTANCES QUI ENTRENT DANS LA COMPOSITION DES MORTIERS

**92. Définitions : mortier, béton.** — Les mortiers sont une gangue composée de chaux en pâte et de sable ou de substances sableuses. Ils deviennent des bétons lorsque l'on y incorpore en outre des graviers ou pierrailles.

On distingue les mortiers et les bétons en gras, maigres et hydrauliques.

Ils sont hydrauliques lorsqu'ils font prise et durcissent sous l'eau dans un temps convenable.

Ils sont maigres lorsqu'ils forment une pâte peu liante et ne sont pas onctueux sous le rabot. Cet état tient le plus souvent à une proportion insuffisante de chaux par rapport au sable dans le mortier, ou de mortier par rapport au caillou dans le béton.

Les mortiers ou bétons gras sont, au contraire, ceux qui forment une masse bien liée et présentent de la ténacité et une consistance argileuse. C'est ce qui a lieu ordinairement lorsque la pâte est elle-même onctueuse, et qu'elle a été employée en quantité suffisante.

On peut obtenir des mortiers gras aussi bien avec les chaux hydrauliques qu'avec celles qui ne le sont pas. Cette qualification n'a trait ici qu'à l'état physique des gangues au moment de leur confection et non à leurs propriétés chimiques.

Il faut donc bien prendre garde de supposer, par analogie avec les chaux, qu'un béton gras soit celui qui ne fait pas prise sous l'eau.

**93. Sable, poussière, vase.** — Les sables sont les substances que l'on mélange le plus habituellement avec la chaux. Ils sont formés par la désagrégation spontanée des roches naturelles, telles que les granits, les grès, les calcaires arénacés, les quartz, les basaltes, dont une partie a été dissoute ou entraînée par les eaux ; le résidu constitue le sable. Les calcaires purs ou marneux donnent rarement du sable; ils sont trop tendres et se réduisent en poudre entraînée par les eaux sous forme de boue. Le sable est produit, en outre, par le frottement mutuel des matériaux que charrient les fleuves et que roule la mer sur ses rivages.

Lorsque le sable est réduit à une ténuité excessive, il passe à l'état de *poussière*. On distingue les poussières des sables en ce que les poussières sont impalpables, forment de la boue et troublent longtemps l'eau où elles sont projetées ; tandis que le sable a un grain de grosseur appréciable et tombe immédiatement au fond de l'eau sans la rendre louche.

On distingue aussi la *vase*, qui est une poussière composée ou imprégnée de matières organiques.

Ainsi que l'argile, les poussières et surtout les vases doivent être proscrites des bons mortiers, car elles s'opposent à leur cohésion. Lorsque les sables en sont mélangés, ce qui arrive souvent, on est obligé de les laver préalablement à leur emploi. On met le sable en tas et on l'arrose vigoureusement, jusqu'à ce que les eaux d'arrosage sortent claires.

**94. Classification des sables.** — Les sables se classent, d'après leur composition chimique, en quartzeux ou siliceux, feldspathiques, calcaires, etc. Mais cette classification est sans importance, la chaux paraissant n'avoir aucune action chimique sur les sables dans les mortiers.

C'est d'après leur état physique, la grosseur et la forme de leurs grains, que les sables ont une influence plus ou moins marquée sur la qualité des mortiers et se distinguent les uns des autres.

Cet état physique paraît provenir surtout du mode de formation des sables, et c'est à ce point de vue qu'il convient de les classer.

Les sables vierges sont ceux qui se rencontrent dans des massifs de roches actuellement en voie de décomposition. Ils se composent des éléments non altérés qu'elles contiennent, et leurs grains sont de même nature et de même forme que les grains isolés de ces roches. Ils sont généralement rudes et anguleux et conviennent aux mortiers. Souvent ils sont mêlés de poussière et demandent à être lavés.

Les sables fossiles sont ceux qui ont été transportés, loin de la roche qui les a produits, par des courants antérieurs à la période géologique actuelle. Ils ressemblent aux sables vierges, mais sont débarrassés de poussière. Ce sont les plus estimés pour les constructions.

Les sables de rivière sont les plus communs. Ils sont roulés par les cours d'eau, depuis les montagnes jusqu'à la mer, et se forment en partie dans ce trajet par la désagrégation des gros cailloux. Ils ont souvent les angles de leurs grains arrondis, mais ils sont dépourvus de poussières. Dans certains points où se produisent des remous, ils sont chargés de vase, et doivent être soigneusement lavés avant l'emploi.

Enfin la mer apporte sur les plages d'immenses dépôts composés de grains arrondis de grosseur très variable, depuis le galet jusqu'au sable fin que le vent soulève. Ce sable de mer se trouve quelquefois loin des plages, soit à l'état de dunes, soit en plaines étendues, comme les Landes. Par sa forme ronde, il est moins apprécié que les autres pour les constructions. Les grains s'enchevêtrent moins bien dans les mortiers.

**95. Pouzzolanes.** — Si les chaux sont sans action chimique sur les sables ordinaires, on rencontre au contraire dans la nature, et l'homme fabrique artificiellement, des produits connus sous le nom générique de *pouzzolanes*, qui sont attaqués par la chaux et forment avec elle des mortiers hydrauliques, alors même que la chaux serait absolument grasse.

Ces produits sont fort nombreux. On a vu qu'en faisant cuire de l'argile au contact de la chaux, on obtenait des chaux hydrauliques. Si l'on fait cuire la chaux et l'argile séparément, et qu'on les mélange à froid, on obtient des résultats analogues. Il se forme un composé stable, semblable à la chaux hydraulique, qui donne des mortiers durcissant sous l'eau.

Toutes les substances qui se composent d'argile cuite ou qui en renferment de notables proportions jouissent de cette propriété et se classent parmi les pouzzolanes.

**96. Pouzzolane naturelle.** — La pouzzolane était connue des anciens. Vitruve en signale les propriétés hydrauliques avec admiration. Elle doit son nom à la ville de Pouzzoles, située dans la baie de Naples au pied du Vésuve, d'où on la faisait venir uniquement à l'origine.

Dans les temps modernes, on a trouvé des pouzzolanes dans beaucoup d'autres contrées, aux environs de Rome par exemple, sur les bords du Rhin, et, en France, dans le Vivarais, dans l'Hérault et dans l'Auvergne. En général toutes les contrées où se rencontrent des volcans éteints ou en activité fournissent de la pouzzolane. Il est vraisemblable que des recherches suivies en auraient fait découvrir encore plus, si l'usage des chaux hydrauliques et des ciments n'en avait presque annulé l'emploi.

La pouzzolane est une roche scoriacée, souvent caverneuse, où se présentent des traces manifestes de l'action du feu. Elle est friable et relativement légère : sa densité ne dépasse guère 12 à 1.300 kil. par mètre cube. Sa couleur est très variable : elle va du noir au brun, au jaune, au rouge brique plus ou moins foncé, et quelquefois est simplement rosée ou même blanche.

L'analyse chimique a fait reconnaître que ce n'était qu'une argile. Ses éléments principaux sont en effet la silice et l'alumine, avec de l'oxyde de fer, souvent en assez forte dose, de la chaux, de la magnésie et des alcalis. Ces divers éléments y sont d'ailleurs en proportion très variable.

La pouzzolane agit par contact; elle est donc d'autant plus efficace qu'elle est plus fine. Elle se trouve quelquefois en poudre dans la nature. Le plus souvent, elle est en grains ou forme un tuf solide, et il faut la réduire en poudre pour l'emploi. Cette pulvérisation peut avoir lieu par tous les procédés mécaniques connus, soit au moyen de laminoirs en fonte cannelés, soit au moyen de moulins à noix, soit mieux encore dans des auges circulaires à manège, comme celles où l'on fabrique le mortier, qui permettent d'obtenir une poudre plus fine. On peut enfin broyer la pouzzolane à bras au moyen de pilons ou de maillets : on obtient ainsi des résultats excellents mais très coûteux.

La pulvérisation se fait le plus souvent sur les lieux mêmes d'extraction. Quelquefois, pour éviter la fraude, si facile sur une pareille matière, on la fait venir en blocs et on la broie sur les chantiers.

**97. Trass de Hollande.** — La pouzzolane naturelle n'est du reste presque plus employée en France. Longtemps en usage pour les travaux à la mer, elle est remplacée dans la Méditerranée par la chaux du Teil, et dans l'Océan par le ciment de Portland. Ce n'est plus guère que dans le Nord que l'on fait toujours usage du trass de Hollande.

Le trass est un produit volcanique extrait des volcans éteints qui s'étendent sur les bords du Rhin, de Mayence jusqu'à Cologne. Les carrières principales se trouvent à Andernach, à Bonn, à Brohl. Le trass présente dans sa cassure l'aspect de cendres coagulées. Il forme des bancs de roches compactes. Ces roches sont expédiées en moellons par bateaux à Dordrecht, en Hollande, où elles sont broyées et pulvérisées. Le poids du trass ne dépasse pas 1.100 k. par mètre cube.

La composition du trass de Hollande ne semble pas bien constante.

Les analyses publiées par différents auteurs y ont fait trouver de 45 à 70 pour 100 de silice, dont une forte proportion, la moitié souvent et même davantage, est de la silice gélatineuse soluble dans les alcalis. Le reste se compose de 15 à 20 pour 100 d'alumine, d'un peu de peroxyde de fer, de chaux et de magnésie, avec une dose de 5 à 10 pour 100 d'alcalis, et de 18 à 14 pour 00 d'eau.

**98. Substances diverses.** — La nature présente encore diverses substances qui possèdent, à un moindre degré, les propriétés de la pouzzolane.

Telles sont certaines *laves poreuses* qui, réduites en poudre, donnent avec la chaux grasse des matières hydrauliques.

« On a donné le nom *d'arènes*, dit Vicat, à un sable quart« zeux à grains inégaux, entremêlé d'argile brune ou jaune« orange, en proportion variable du 1/4 aux 3/4 du volume « total. Les arènes occupent toujours les sommets arron dis « de certaines collines ou mamelons d'une faible élévation ; « elles en forment quelquefois la masse principale. Elles ap« partiennent à l'époque diluvienne des terrains tertiaires. Ce « qu'elles ont d'exceptionnel et de très caractéristique, com« parées aux sables argileux et limoneux ordinaires, c'est « une propriété pouzzolanique, indépendante de toute cuis« son et qui réside évidemment dans la partie argileuse seule. « Disons toutefois que cette propriété n'est pas commune à « toutes les arènes et que celles qui en jouissent ne la possè« dent qu'à un degré très médiocre comparativement à ce « qu'elle devient par l'effet d'une cuisson modérée. »

On a aussi utilisé en Bretagne, comme substance pouzzolanique, des sables argileux provenant de roches amphiboliques ou de diorites en décomposition, auxquels on donne le nom de *psammites*. Une cuisson modérée augmente incomparablement leur énergie. Ils ont été employés sur une grande échelle par M. Avril aux travaux du canal de Nantes à Brest.

On rencontre, au nord-est de la France, dans le département des Ardennes et dans les portions environnantes de la Marne et de la Meuse, une roche nommée *gaize* ou *pierre morte*, dont les propriétés hydrauliques sont très remarquables.

Elle n'est pas d'origine volcanique : elle se rencontre à la base de la formation crétacée et recouvre les argiles du Gault. Elle présente, en certains points, une puissance de près de 100 mètres. C'est une sorte de pierre tendre, d'un gris pâle, extrêmement gélive, impropre aux constructions, et remarquable par la grande quantité de silice gélatineuse qu'elle renferme.

M. Sainte-Claire Deville en a donné un grand nombre d'analyses faites sur des échantillons pris dans les travaux du chemin de fer de Châlons à Verdun. Il y a trouvé :

| | | | | | |
|---|---|---|---|---|---|
| Eau hygrométrique (perdue à 100°) . . . . . . . | de | 2,7 | à 4,2; | moyenne : | 3,50 |
| Eau de combinaison (perdue au rouge) . . . . . . | | 2,3 | 23,5; | — | 6,33 |
| Silice soluble (dans la potasse à 1/10). . . . . | | 29,2 | 47,0; | — | 38,75 |
| Silice insoluble. . . . . | | 24,7 | 42,0; | — | 38,86 |
| Alumine . . . . . . . . | | 3,7 | 8,3; | — | 5,56 |
| Peroxyde de fer. . . . . | | 2,0 | 4,4; | — | 3,27 |
| Chaux. . . . . . . . . | | traces | 9,5; | — | 2,60 |
| Magnésie. . . . . . . | | 0,0 | 1,6; | — | 0,46 |
| Alcalis (non dosés) et perte. | | | | | 0,67 |
| | | | | | 100,00 |

On y rencontre souvent des alcalis en quantité notable. Un échantillon provenant de Sainte-Menehould en renfermait jusqu'à 5 pour 100.

Cette composition est à peu près la même que celle du trass.

Les essais faits par Vicat lui ont démontré que l'on obtenait un excellent mortier hydraulique, faisant prise en sept jours et acquérant la même consistance que ceux fabriqués avec les meilleures pouzzolanes, en mêlant 100 parties de gaize avec 20 parties de chaux grasse pesée vive, puis amenée à l'état de pâte ferme. Il a déclaré plus tard que les mortiers de gaize s'altéraient et se ramollissaient au bout de peu de mois ; mais des expériences faites au laboratoire de l'École des ponts et chaussées n'ont pas confirmé cette observation. En mélangeant 1 partie de chaux en pâte ferme avec 2 parties de différentes gaizes en poudre, on a obtenu des mortiers faisant prise du dixième au quinzième jour. Ces mortiers, maintenus sous l'eau, se sont conservés indéfiniment en bon état, et, au bout d'un an, présentaient une consistance parfaite.

M. Minard a signalé certains grès friables, trouvés près de La Fère (Aisne), comme possédant les propriétés pouzzolaniques. Réduits en poudre fine tamisée, ces grès donnaient, avec de la chaux absolument grasse provenant de la craie, des mortiers faisant prise en quelques jours.

On a aussi recommandé le silex de la craie réduit en poudre. Malgré quelques essais heureux signalés par M. Chatoney, l'emploi ne s'en est pas répandu et son efficacité est restée problématique.

**99. Pouzzolane artificielle.** — Toutes les pouzzolanes et la plupart des autres substances naturelles analogues doivent leurs propriétés à la dose d'argile cuite qu'elles renferment. Si c'est de l'argile en partie crue, la qualité augmente considérablement par la cuisson. Cette remarque a conduit à fabriquer de toutes pièces des pouzzolanes artificielles en calcinant des argiles.

Il y a longtemps que l'on emploie, sous le nom de *ciment de tuileau*, des débris de briques et de tuiles broyés en poudre fine. Ce ciment peut encore rendre des services dans les contrées dépourvues de chaux hydrauliques naturelles. Néanmoins, fabriqué le plus souvent avec les rebuts peu cuits ou trop cuits des briqueteries, il a des effets peu constants. Il présente une composition très variable, suivant la quantité et la nature des sables ou autres substances qui ont été mélangées à la terre grasse dans la confection des produits. On ne peut donc compter sur la régularité des mortiers où on l'emploie, et l'on ne doit y avoir recours que pour des travaux de peu d'importance.

Pour les grands travaux, on s'est servi de pouzzolane artificielle fabriquée spécialement. Sa préparation a donné lieu à des études approfondies, à une époque où les chaux hydrauliques étaient moins répandues et où l'on faisait encore des objections à leur emploi sur une grande échelle. Il est inutile d'insister sur cette fabrication aujourd'hui complètement abandonnée.

En outre de l'argile calcinée, toutes les matières silicatées soumises à la cuisson jouissent de qualités pouzzolaniques plus ou moins développées. On a déjà constaté le fait en faisant remarquer combien les arènes et psammites gagnent à la cuisson.

Le gneiss torréfié a été employé avec succès au port de Brest.

Les cendres de houille ou de tourbe, le mâchefer et les laitiers des hauts-fourneaux réduits en poudre impalpable, peuvent aussi être employés comme pouzzolanes. Vicat cite une expérience curieuse, qui démontre l'efficacité des cendres de houille, bien qu'à l'époque où elle a été faite il en tirât d'autres conclusions. Il faisait cuire un volume limité de chaux grasse dans un four coulant, et, à mesure que la chaux sortait, il la rejetait de nouveau dans la gueule du four et la soumettait à une nouvelle cuisson. Après un grand nombre de calcinations, la chaux était devenue hydraulique. Cela tenait évidemment à son mélange avec les cendres de la quantité énorme de combustible qui avait été consumée.

## §2.

## FABRICATION DES MORTIERS

**100. Principes généraux.** — On n'entrera pas ici dans le détail des procédés de fabrication des mortiers, parce que ces procédés concernent plus particulièrement un autre ouvrage de l'encyclopédie des travaux publics (1). Il suffira d'indiquer les principes qui doivent guider dans cette opération.

Le but qu'on se propose est d'incorporer aussi intimement que possible du sable à de la pâte ferme de chaux, de consistance analogue à la pâte ferme des potiers.

La méthode que l'on emploie varie suivant que la chaux arrive au chantier en pierre vive ou en poudre éteinte, et suivant la quantité plus ou moins grande de mortier dont on a besoin à la fois.

**101. Dose de l'eau.** — Il est très important de mesurer la quantité d'eau que l'on ajoute à la chaux. Si cette quantité est insuffisante, la pâte reste aigre et trop dure pour être pénétrée convenablement par les grains de sable. Si elle est

(1) Voir les *Procédés de Construction.*

trop grande, le mortier est mou, sa prise est retardée, et, après sa dessiccation, il reste poreux et sans consistance.

Lorsque la chaux est en pierre, on lui fournit immédiatement la quantité d'eau nécessaire pour constituer la pâte.

Cette quantité dépend de la nature des chaux. Elle est d'autant plus grande en général que la chaux est plus grasse. Vicat a expérimenté un grand nombre d'échantillons à ce point de vue. Il a constaté que le poids d'eau dont 1 kilogramme de chaux vive peut se saturer naturellement, c'est-à-dire qui reste dans une pâte faite avec excès d'eau et complètement égouttée, varie de $1^k,18$ à $3^k,55$, la première limite s'appliquant aux chaux éminemment hydrauliques et la seconde à des chaux absolument grasses.

Le mètre cube de chaux en pierre, ayant un poids moyen de 800 à 860 kilogrammes, peut donc absorber depuis 1 mètre cube jusqu'à $2^{mc},85$ d'eau.

Des expériences simples et faciles permettent de déterminer cette proportion dans chaque cas particulier. Il suffit de fabriquer des échantillons de pâtes en employant diverses quantités d'eau, et de choisir la plus forte dose qui donne encore une pâte convenable.

Pour les chaux en poudre, qui ont déjà reçu de l'eau dans les chambres d'extinction, la dose à employer est un peu plus faible pour un même poids de chaux. Elle est encore beaucoup moindre, si l'on compare les matières en volume, car l'extinction en poudre produit un foisonnement souvent très considérable.

Des expériences faites par M. Gobin sur la chaux du Teil et sur celle de Montallieu ont fait voir qu'un mètre cube de chacune de ces chaux, mesuré sans tassement, exige pour se réduire en pâte 440 kilogrammes d'eau.

**102. Foisonnement de la chaux.** — Le volume de pâte obtenu est toujours supérieur à celui de la chaux vive en pierre; cette augmentation de volume constitue le foisonnement.

Le foisonnement est extrêmement variable : nul dans les chaux maigres ou très hydrauliques, il atteint une valeur élevée dans les chaux grasses.

Vicat en porte la limite à trois volumes de pâte pour 1 kilogramme de chaux en pierre. Il n'indique pas l'unité de volume dont il s'est servi : il est vraisemblable qu'il s'agit du litre. En admettant que la chaux pèse 800 kilogrammes au mètre cube, le foisonnement observé serait de 2,40 pour 1. C'est une proportion qui est rarement atteinte.

Autre part, Vicat dit que 100 kilogrammes de chaux grasse vive donnent au maximum $0^{mc},24$ de pâte ; ce serait 1,92 pour 1, si l'on admettait la même densité que ci-dessus pour la chaux.

On peut considérer, en effet, le foisonnement de 2 pour 1 comme une limite qui n'est guère dépassée.

Dans les devis de construction, on admet quelquefois un foisonnement supérieur qui s'obtient par l'addition d'un excès d'eau; mais alors on a des pâtes trop molles, qui ne donnent que des mortiers médiocres.

Les chaux hydrauliques de bonne qualité ne foisonnent guère que dans la proportion de 1,30 à 1,50 pour 1. C'est ce qui a été constaté dans des expériences précises faites sur les chaux hydrauliques de la Moselle.

Lorsqu'une chaux n'est pas parfaitement connue, il faut, avant de s'en servir et surtout avant de dresser les devis des travaux, en déterminer le foisonnement avec grand soin.

Les résultats sont différents lorsque l'on fait usage de chaux en poudre. A cet état, elles ont déjà subi un foisonnement qui s'élève, suivant Vicat, à 1,50 au moins et 2,20 au plus de poudre obtenue par extinction, pour 1 volume de chaux vive réduite en poudre mécaniquement. Celle-ci occupe en moyenne les trois quarts du volume de la chaux en pierre correspondante; on voit donc que le foisonnement par extinction en poudre atteint de 2,00 à 2,90 pour 1. M. de Chabaud-Latour a trouvé par exemple 2,25 pour la chaux hydraulique de Tournay (1).

Lorsque l'on transforme cette poudre en pâte, elle éprouve une contraction considérable, et son volume se réduit quelquefois de moitié, souvent d'un quart ou d'un tiers.

(1). Les chaux grasses donnent un volume de poudre moindre que les chaux hydrauliques. Le foisonnement dont il est question au n° 8 (page 150) doit s'entendre de la pâte et non de la poudre de chaux.

M. Gobin a trouvé 0,675 de pâte pour 1,00 de chaux du Teil et 0,690 pour 1,00 de chaux de Montallieu. Les expériences de M. de Préaudeau ont donné des nombres variant de 0,74 à 0,87 pour diverses chaux en poudre.

Il résulte de là que le même poids de chaux donne le plus souvent, lorsqu'elle a passé préalablement par l'état de poudre, un volume de pâte moindre que par la méthode ordinaire. La différence, quelquefois nulle ou peu marquée dans les chaux hydrauliques, est au contraire énorme pour les chaux grasses. Vicat évalue à 16 contre 10 le rapport des volumes de pâte obtenus par les deux méthodes avec la chaux grasse.

Ce fait explique, à lui seul, la préférence attribuée à la méthode d'extinction dite méthode à grande eau ou méthode ordinaire, pour les chaux grasses. Une même quantité de chaux donnant plus de pâte, sert à la confection d'un volume plus grand de mortier; il y a donc économie.

Vicat admet même que les qualités de ce mortier sont préférables, « le procédé qui divise le mieux la chaux étant aussi celui qui lui donne la plus grande force. » Mais cette conséquence paraît au moins douteuse.

Pour les chaux hydrauliques, l'intérêt économique est moindre, et on a vu plus haut les motifs qui les font préférer en poudre.

**103. Précautions diverses.** — La pâte faite avec la chaux en pierre ne doit pas être préparée au moment même de l'emploi. Elle renferme toujours quelques grains paresseux qui ne fusent pas immédiatement, et n'absorbent l'eau qu'au bout d'un temps assez long. Si ces grains sont incorporés dans les maçonneries avant leur extinction complète, ils viennent à fuser après coup et à foisonner, et ils possèdent alors une force d'expansion assez considérable pour soulever et déranger les pierres. On doit donc laisser reposer la pâte, en ayant soin de la recouvrir pour éviter l'évaporation.

La chaux grasse se conserve ainsi pendant des jours, des mois, des années entières : elle est d'autant mieux fondue qu'elle est plus vieille.

La chaux hydraulique ne peut attendre en général plus d'un jour sans perdre de ses qualités.

Lorsque la chaux est en poudre, les mêmes inconvénients ne sont pas à craindre ; pourvu qu'elle soit bien brassée, tous les grains sont immédiatement en contact avec l'eau. La pâte se fait donc bien plus vite, et peut être employée plus tôt. C'est encore un motif très puissant de préférer la chaux en poudre.

Lorsqu'une chaux en pâte a durci sans toutefois avoir fait prise, il est facile de la ramener à l'état semi-fluide par un corroyage plus ou moins prolongé.

Il faut bien se garder surtout d'y ajouter de l'eau. On n'obtiendrait plus que de détestables produits, surtout avec les chaux hydrauliques.

Si le corroyage ne suffit pas pour la faire revenir, il n'y a pas d'autre parti à prendre que de la rejeter.

Les incuits et les biscuits, dénommés ensemble *grappiers* ou *pigeons*, ne fusent pas, et restent à l'état de fragments dans la pâte. On est obligé de les séparer au râteau et de les enlever à la main pour les jeter au loin. Leur présence dans les mortiers serait très dangereuse : venant à fuser à la longue, ils soulèveraient les pierres et désagrégeraient les maçonneries.

Dans les chaux en poudre, qui ont été blutées, ces grappiers n'existent pas. Elles sont donc encore préférables aux chaux en pierre sous ce rapport.

M. Chatoney a recommandé la pratique qu'il appelle la digestion préalable ; elle consiste à mêler d'abord à sec, ou avec une petite quantité d'eau, les matières qui doivent entrer dans la composition du mortier, et à les laisser en contact pendant plusieurs jours. On ajoute alors l'eau et on achève le mortier. Il attribuait à une méthode analogue de préparation la solidité des ouvrages laissés par les Romains. Vicat a contesté les avantages de ce procédé, et il a fait remarquer maintes fois que c'est par erreur que les travaux des Romains sont considérés quelquefois comme plus solides que les nôtres.

En tout cas, cette pratique, qui entraîne des frais de fabrication considérables, n'a pas été adoptée par les constructeurs.

Vicat a recommandé de se servir de pilons pour corroyer et comprimer fortement les mortiers avant leur emploi. On obtient effectivement des produits dont la résistance est incomparablement supérieure, mais les frais supplémentaires causés par cette manipulation sont hors de proportion avec l'avantage obtenu. Cette pratique n'est donc pas suivie, sauf dans des cas exceptionnels où la compacité est une condition essentielle de succès.

**104. Dosage des mortiers.** — Les proportions dans lesquelles il convient de mélanger la chaux et le sable dans les mortiers sont réglées par les principes suivants. Il y a toujours avantage, au point de vue de la dépense, à mettre le moins de chaux possible, cet élément étant le plus coûteux. Mais d'autre part, pour que le mortier forme un magma bien compact, il faut que tous les grains de sable soient enveloppés de chaux, et que les vides qui existent entre eux soient bien remplis.

Il a été fait de nombreuses expériences sur le volume des vides d'un mètre cube de sable.

Ces expériences se font généralement de la manière suivante : une caisse de capacité connue est remplie de sable, et on y verse de l'eau, dont on constate le volume. A mesure que l'eau est versée, il se produit un tassement, et le volume du sable diminue. Ce tassement est considérable, et s'élève en moyenne à 20 p. 100 du volume primitif. Sous ce nouvel état le sable ne présente plus guère que 20 p. 100 de vides. Mais dans la fabrication des mortiers ce tassement ne se produit pas. Les grains de sable n'y ont pas une mobilité suffisante pour glisser et se rassembler comme dans l'eau pure. Avec une pâte ferme bien corroyée, le sable conserve à peu près exactement le volume qu'il possède à sec. Il faut donc compter dans le volume de l'eau qui mesure le vide, non seulement celui qui remplit les interstices du sable tassé, mais aussi celui qui comble l'espace abandonné par le tassement. La somme de ces vides est environ de 0,40 pour 1 en moyenne.

Dans les essais faits par M. de Boisvillette, le rapport du vide au volume total a varié de 38 à 44 p. 100. M. Gobin a trouvé de 39 à 42, et la moyenne 40. Ce rapport diminue lorsque le sable est très fin; avec des sables siliceux provenant de la pulvérisation du grès, M. de Préaudeau n'a plus trouvé que 0,26.

On ajoute donc à 1 mètre cube de sable la quantité de chaux qui donnerait un volume de pâte ferme égal au volume des vides, soit $0^{mc}$,40 en moyenne. Le volume de mortier obtenu est encore 1 mètre cube.

La chaux se vend généralement au poids, et les dosages s'expriment en poids de chaux en poudre par mètre cube de sable. Soit, par exemple, une chaux pesant, en poudre, 700 kilogrammes par mètre cube, et éprouvant, lorsqu'on la met en pâte, une contraction de 30 p. 100. Le mètre cube de pâte renfermerait 1,000 kilogrammes de chaux en poudre; et, pour remplir les vides d'un sable normal, il faudrait 1.000 × 0,40 ou 400 kilogrammes de chaux en poudre par mètre cube de sable.

Cette règle n'a toutefois rien d'absolu. Quelquefois, il importe d'avoir un mortier plus gras, par exemple dans les constructions exposées à être délavées par les eaux courantes, ou qui ont besoin d'être bien imperméables. D'autres fois, au contraire, une compacité aussi grande n'est pas nécessaire, comme lorsqu'il s'agit de travaux à l'air libre ou de fondations en terrain sec. Dans le premier cas, on force la dose de la chaux; dans le second, on la diminue.

Si l'on admet plus de chaux qu'il n'en faut pour remplir les vides du sable, tout l'excédant s'ajoute, sans réduction, au mètre cube; de sorte que pour 1 mètre de mortier, il faut moins de 1 mètre de sable. Qu'on ait, par exemple, admis le dosage de $0^{mc}$,50 de pâte de chaux pour $1^{mc}$,00 de sable ayant 0,40 de vides : on obtiendra $1^{mc}$,10 de mortier; et pour avoir 1 mètre de mortier, il faudra $0^{mc}$,91 de sable et $0^{mc}$,455 de pâte de chaux, en tout $1^{mc}$,365 de matières premières.

Lorsqu'on fabrique les mortiers avec de la pouzzolane, il n'est plus possible de fixer des règles aussi étroites. Les dosages varient suivant l'énergie des pouzzolanes, et suivant la rapidité de la prise que l'on veut obtenir. Les expériences de Vicat l'ont conduit à ce résultat que le maximum de résistance des mortiers répond à une dose en poids de 18 à 20 de chaux pour 100 de pouzzolane.

## § 3.

## QUALITÉS DES MORTIERS

**105. Mortiers de chaux et sable.** — On obtient des mortiers de qualités très différentes en corroyant ensemble les diverses espèces de chaux avec les sables et les pouzzolanes de chaque origine.

Si l'on emploie de la chaux grasse ou maigre et du sable, le mortier n'est pas hydraulique. Le sable restant inerte en présence de la chaux, le mortier a tous les caractères chimiques de la chaux grasse. Dans l'eau stagnante, il reste indéfiniment mou ; dans l'eau courante, il perd successivement toute sa chaux par dissolution, et il reste un résidu de sable pur. Exposé aux intempéries, il perd également sa chaux, mais lentement, par l'action des pluies qui la délavent.

Dans les massifs de maçonnerie imperméables à l'air, ce mortier ne durcit pas, s'il est composé de chaux absolument grasse et de sable non pouzzolanique. Le général Treussart a trouvé, en 1822, au centre des maçonneries en voie de démolition d'un bastion construit à Strasbourg en 1666, du mortier mou et aussi frais que s'il avait été employé depuis quelques jours.

Enfin, les mortiers de cette nature, même dans les parties qui ont durci et n'out pas été exposées aux intempéries, portent toujours les traces d'une dégradation plus ou moins profonde. On en verra plus loin les causes.

**106. Mortiers hydrauliques.** — Quand on emploie d'autres mélanges, on obtient un mortier plus ou moins hydraulique.

Tous les mélanges peuvent se ramener à deux types :

1° Chaux hydraulique et sable.

2° Chaux grasse et pouzzolane.

Les mortiers de chaux hydraulique et sable, outre qu'ils durcissent sous l'eau, se comportent beaucoup mieux que ceux de chaux grasse dans les constructions à l'air libre. Ils ne présentent pas les mêmes traces de dégradation, et conservent leur compacité primitive. Aussi sont-ils préférés pour les travaux soignés.

Les mortiers de chaux grasse et de pouzzolane sont peu en usage aujourd'hui. Ils sont presque partout plus coûteux que ceux de chaux hydraulique ou de ciment, et atteignent rarement la même qualité. Dans les travaux à l'air libre, ils se comportent quelquefois comme les mortiers de chaux hydraulique; souvent aussi, ils se désagrègent partiellement comme les mortiers de chaux grasse.

On peut encore obtenir des mortiers hydrauliques en mélangeant de la chaux grasse et du ciment avec du sable. Quelques constructeurs proscrivent ce procédé, sur la foi d'une expérience négative de Vicat, qui attribuait l'échec à la prise trop rapide et isolée des ciments dans une masse encore pâteuse. Néanmoins, on obtient de bons résultats, lorsque l'on a soin de ne mélanger à la chaux grasse qu'une faible proportion de ciment, ne dépassant pas le quart ou le cinquième de son volume en pâte. Des travaux très considérables, notamment ceux du chemin de fer du Nord de l'Espagne, ont été construits avec succès par cette méthode.

Il y a deux manières de procéder: On peut incorporer le ciment à la pâte de chaux et laisser digérer le mélange pendant un jour; ou bien, ce qui paraît préférable, fabriquer comme à l'ordinaire du mortier très clair que l'on brasse avec le ciment en poudre au moment de l'emploi.

**107. Durée de la prise des mortiers.** — La durée de la prise des mortiers est variable. Elle dépend des matières premières employées. Si ces matières sont la chaux hydraulique et le sable, la durée de la prise est un peu plus longue que pour la pâte de chaux seule.

La prise des mortiers n'est pas d'ailleurs susceptible d'une définition aussi précise que celle des chaux. L'aiguille de Vicat ne peut être employée pour la mesurer. Il y a dans les mortiers des grains de sable plus ou moins gros sur lesquels porte la pointe de l'aiguille, et qui l'empêchent de marquer son empreinte, même lorsque le mortier n'a pas encore fait prise. On est obligé d'en juger par la résistance de la pâte à la pression du doigt.

**108. Résistance des mortiers.** — La résistance qu'acquièrent les mortiers dépend également de la nature et des proportions des éléments qui les composent. Elle est en général plus faible que celle des chaux employées et diminue quand la proportion de sable augmente.

La résistance des mortiers à la rupture par traction est difficile à déterminer. Si l'on procède directement sur des briquettes moulées en forme de double T, la section où se fait l'arrachement est trop petite, en raison de la grosseur habituelle des sables ; la présence d'un seul grain de gravier un peu gros suffit pour modifier considérablement le titre de la résistance. On ne peut réussir que si on emploie un sable parfaitement homogène et suffisamment fin. Mais alors le mortier n'est pas semblable à celui que l'on veut essayer.

La plupart des expérimentateurs ont opéré les essais sur des briquettes prismatiques posées sur deux appuis, et chargées de poids en leur milieu, jusqu'à la rupture par flexion Il est impossible de tirer des conclusions certaines d'expériences faites de cette manière, les formules ordinaires de la résistance des matériaux à la flexion n'étant plus applicables lorsqu'ils sont chargés jusqu'à la rupture.

Toutefois il résulte d'essais nombreux, faits au laboratoire de l'École des ponts et chaussées, qu'on ne s'écarte pas beaucoup de la vérité en prenant pour la résistance effective le tiers de celle que donne le calcul des formules usuelles (1).

Vicat a fait de nombreux essais par une méthode analogue. Il opérait sur des prismes encastrés dont l'extrémité libre supportait un plateau où il plaçait des poids. Puis, s'appuyant sur une formule de Galilée, il calculait la résistance en prenant précisément le tiers de celle que donne la formule ordinaire des moments.

Il a trouvé des résultats variant entre $2^{kil},4$ et $6^{kil},0$ par centimètre carré pour les mortiers âgés de un à deux ans faits de sable et de chaux grasse ou moyennement hydraulique,

(1) Ainsi le moment de résistance $\frac{Rbh^2}{6}$ devrait être remplacé par $\frac{Rbh^2}{2}$

et entre 7 kil, 2 et 18 kil, 5 pour ceux de sable et de chaux hydraulique.

Pour un mortier de chaux de Sassenage (Isère), il a trouvé en moyenne :

Après 3 mois 4k,6 par centimètre carré.
Après 6 mois 9,4 —
Après 11 mois 16,9 —

Des essais nombreux faits sur des mortiers extraits de constructions romaines ont fourni à Vicat des résultats analogues, mais plutôt inférieurs. La résistance à la traction de ces mortiers variait de 1 kil, 8 à 11 kil, 9. La moyenne générale de 31 essais faits sur des mortiers provenant de monuments tels que le Pont du Gard, la Tour Magne, l'Amphithéâtre de Nîmes, etc., donne 4 kil, 32 seulement.

Parmi les expériences récentes, on peut citer les résultats suivants publiés par leurs auteurs :

| Nos D'ORDRE | NOMS des EXPÉRIMENTATEURS | PROVENANCE DES CHAUX | QUANTITÉ DE CHAUX par mètre cube de sable | AGE DES MORTIERS | RÉSISTANCE A LA TRACTION par centimètre carré |
|---|---|---|---|---|---|
| 1 | de Préaudeau | Le Teil | 285k en poudre | 5 à 10 jours | 0k,78 |
| 2 | Id. | Id. | Id. — | 11 à 15 — | 1,32 |
| 3 | Id. | Id. | 360k — | 5 à 10 — | 0,98 |
| 4 | Id. | Id. | Id. — | 11 à 15 — | 1,06 |
| 5 | Id. | Id. | Id. — | 16 à 21 — | 1,29 |
| 6 | Prudhomme | Id. | 340k — | 45 — | 1,34 |
| 7 | Id. | Id. | Id. — | 3 mois | 3,62 |
| 8 | Id. | Id. | Id. — | 6 — | 5,25 |
| 9 | Id. | Id. | Id. — | 1 an | 6,05 |
| 10 | Gobin | Id. | 0mc50 en pâte | 6 mois | 10,30 |
| 11 | Id. | Id. | 500k en poudre | Id. | 12,60 |
| 12 | Id. | Id. | 0mc50 — | Id. | 10,75 |
| 13 | Id. | Id. | 300k — | Id. | 5,60 |
| 14 | Id. | Montallieu | 0mc50 en pâte | Id. | 5,90 |
| 15 | Id. | Id. | 500k en poudre | Id. | 9,00 |
| 16 | Id. | Id. | 0mc50 — | Id. | 7,50 |
| 17 | Id. | Id. | 300k — | Id. | 3,75 |

La résistance à l'écrasement est plus facile à étudier, mais elle exige des appareils puissants, tels que des presses hydrauliques, que l'on n'a pas toujours sous la main.

Vicat a opéré sur de petits cubes de 1 centimètre de côté. Il a trouvé les charges d'écrasement suivantes :

Pour un mortier de chaux grasse et sable . . . 19 kil.
Pour un mortier de chaux hydraulique et sable. . 74
Pour un mortier de chaux éminemment hydraulique
et sable . . . . . . . . . . . . . . . . 144

Les mêmes expériences qui ont été citées ci-dessus ont donné, quant à la résistance des mortiers à l'écrasement, les résultats consignés au tableau ci-dessous, où les mêmes numéros d'ordre s'appliquent aux mêmes échantillons que précédemment :

| Nos D'ORDRE | RÉSISTANCE A L'ÉCRASEMENT par centimètre carré | Nos D'ORDRE | RÉSISTANCE A L'ÉCRASEMENT par centimètre carré | Nos D'ORDRE | RÉSISTANCE A L'ÉCRASEMENT par centimètre carré | Nos D'ORDRE | RÉSISTANCE A L'ÉCRASEMENT par centimètre carré |
|---|---|---|---|---|---|---|---|
| 1 | 2k,71 | 6 | 9k,81 | 10 | 91k | 14 | 56k |
| 2 | 4 ,34 | 7 | 16 ,26 | 11 | 74 | 15 | 70 |
| 3 | 5 ,52 | 8 | 23 ,73 | 12 | 72 | 16 | 49 |
| 4 | 5 ,00 | 9 | 39 ,54 | 13 | 41 | 17 | 41 |
| 5 | 6 ,15 | | | | | | |

Le mode de préparation des mortiers, le dosage de l'eau et surtout leur corroyage plus ou moins prolongé, font d'ailleurs varier considérablement le coefficient de la résistance à l'écrasement aussi bien que celui de la résistance à la traction.

**109. Porosité et perméabilité des mortiers.** — Il est une qualité des mortiers, souvent très importante, surtout lorsqu'il s'agit de travaux à la mer ou de murs devant soutenir de l'eau : c'est leur porosité. Elle se mesure par la quantité d'eau qu'un volume ou un poids déterminé de mortier peut absorber par une immersion prolongée.

Vicat a trouvé les chiffres suivants pour les mortiers de chaux hydraulique :

| | | |
|---|---|---|
| Gâchés mous. . . | de 274 à 369 kilogr. | d'eau par mètre cube. |
| — fermes . . | de 195 à 251 | — — |
| Massivés fortement. | de 172 à 203 | — — |

M. Collin a fait des expériences sur un grand nombre de mortiers. Il avait constaté que l'imbibition était complète en 24 heures, et il évaluait la porosité par le rapport du poids de l'eau absorbée dans ce délai à celui du mortier sec. Il a trouvé des résultats variant de 0,10 à 0,25. Ces résultats diffèrent peu de ceux de Vicat.

On a déterminé ce même coefficient au laboratoire de l'École des ponts et chaussés sur des mortiers formés de 300 kilog. de chaux du Teil par mètre cube de sable fin de mer, provenant des blocs de la jetée de Port-Saïd à l'entrée du canal de Suez. On a trouvé qu'ils absorbaient 23 pour 100 d'eau en moyenne.

Une autre expérience a démontré la perméabilité de ces mortiers. On y a découpé une plaquette de 1 centimètre d'épaisseur, et l'on a chargé une de ses faces d'une colonne d'eau de $1^{m}15$ de hauteur. L'eau traversait lentement la plaquette et l'on en a recueilli environ 2 grammes en 24 heures par centimètre carré de section.

**110. Effets de la gelée sur les mortiers.** — On s'est aussi préoccupé de la manière dont les mortiers se comportent aux intempéries et particulièrement à la gelée. Vicat a constaté qu'une fois suffisamment durcis, la plupart des mortiers résistent victorieusement à la gelée ; mais qu'à l'état frais, ils sont promptement désagrégés. Quand on force la dose de sable, l'action de la gelée est moins énergique.

Ces faits s'expliquent facilement, si l'on observe que la gelée n'agit que sur l'eau renfermée dans des mortiers et que la quantité d'eau diminue avec le temps.

## § 4

## THÉORIE DES MORTIERS

**111. Causes de la solidification des mortiers.** — On a cherché à se rendre compte des phénomènes qui produisent la solidification des mortiers. Bien des auteurs éminents ont apporté leur dire à cette théorie, restée encore obscure et incomplète. On va essayer de préciser les explications qui paraissent le mieux acquises à la science.

Tout mortier est un agrégat composé de plusieurs matières hétérogènes mises en présence, dont la gangue est toujours formée de chaux ou d'un mélange de chaux grasse et de pouzzolane. Sa solidification est la conséquence de celle de cette gangue.

Lorsque la chaux reste exposée à l'air, elle durcit d'abord par dessiccation ; en se desséchant, la pâte éprouve un retrait, peu sensible dans les chaux hydrauliques, très considérable dans les chaux grasses. Comme les matières contractiles, elle se rompt en fragments séparés par des fentes, qui acquièrent une grande cohésion.

Ce principe de solidification est à peu près le seul qui agisse sur les chaux grasses ; aussi, ne peuvent-elles durcir sous l'eau.

Le durcissement des chaux hydrauliques sous l'eau est dû à des réactions chimiques complexes et encore mal connues. On sait seulement que pendant la cuisson des calcaires, l'acide carbonique est chassé, non-seulement par dissociation, mais aussi par l'affinité plus grande qu'ont pour la chaux, à cette température, les principes de l'argile, silice et alumine, acides faibles mais très fixes. Il se produit donc une combinaison, par voie sèche entre les trois corps mis en présence : silice, alumine et chaux.

**112. Théorie de Rivot.** — D'après Rivot, les produits de la combinaison varieraient à la fois suivant la proportion des matières mises en présence et suivant la température de la cuisson. Dans les fours ordinaires, les calcaires à chaux hydrauliques, où la chaux est en excès, seraient des mélanges de silicate de chaux, d'aluminate de chaux et de chaux libre. Les formules chimiques de ces composés seraient: $3\,CaO.\ SiO^{3}$ pour le silicate, qui serait ainsi formé de 84 de chaux pour 45 de silice ; et $3\,CaO.\ Al^{2}O^{3}$ pour l'aluminate, qui renfermerait 51,5 d'alumine pour 84 de chaux. Les indices d'hydraulicité de ces produits étant de 0,54 et 0,61, on voit qu'il resterait toujours, d'après cette théorie, de la chaux libre en excès dans les chaux hydrauliques, dont l'indice ne dépasse pas 0,50.

Vicat avait déjà fait remarquer qu'il en était nécessairement ainsi dans les chaux qui s'éteignent, puisque toute chaux engagée dans une combinaison ne peut s'éteindre.

Mises en contact avec un peu d'eau, les chaux hydrauliques se mettent en poudre, par suite de l'extinction propre de la chaux libre, qui produit une désagrégation générale de la matière.

Si l'on ajoute une plus forte dose d'eau, pour constituer une pâte ferme, le silicate et l'aluminate de chaux s'hydratent et forment avec l'eau des composés définis et insolubles, qui font prise par une sorte de cristallisation confuse, à la façon du plâtre. Ce phénomène a lieu aussi bien sous l'eau qu'à l'air libre.

Telle est la théorie proposée par Rivot et la plus généralement admise.

Rivot fixait à 6 le nombre d'équivalents d'eau qui se combinent avec l'équivalent de silicate de chaux. Il a remarqué que cet hydrosilicate de chaux est un composé stable et qui se conserve sous l'eau, tandis que l'hydroaluminate s'altère à la longue. Les chaux siliceuses sont en effet les meilleures.

**113. Théorie de M. Frémy.** — M. Frémy a soumis la question à de nouvelles recherches expérimentales. Il a calciné à une haute température des mélanges, en quantités proportionnelles à des nombres définis d'équivalents, de chaux et de silice, de chaux et d'alumine, enfin de chaux, de silice et d'alumine. Il a obtenu des produits, les uns fondus, les autres simplement frittés, qu'il a immergés après les avoir d'abord broyés, puis mis en pâte. Il a constaté que les silicates de chaux ne faisaient pas prise sous l'eau ; que le succès n'était pas meilleur avec les silicates doubles d'alumine et de chaux ; et qu'au contraire, les aluminates de chaux faisaient prise très rapidement, mais s'altéraient au bout d'un certain temps.

Il en concluait que la prise n'avait pas lieu par l'hydratation d'un silicate de chaux, comme l'avait supposé Rivot.

Mais les silicates de chaux, qui ne sont pas hydrauliques par eux-mêmes, ont donné des produits énergiquement hydrauliques lorsqu'on les a mélangés avec de la pâte de chaux grasse.

Les chaux hydrauliques siliceuses seraient donc un mélange de chaux grasse et d'une sorte de pouzzolane très énergique, le silicate de chaux.

Ce mélange, broyé avec de l'eau, fait prise par les mêmes causes que les mortiers de chaux grasse et de pouzzolane, causes que M. Frémy n'a pas cherché à expliquer.

Quant aux chaux qui proviennent de calcaires argileux, elles contiendraient un mélange de ce même silicate de chaux avec de l'aluminate de chaux et de la chaux libre. L'aluminate de chaux ferait prise rapidement ; mais cette prise serait peu stable par elle-même. La prise définitive serait due à la combinaison du silicate de chaux avec la chaux libre préexistante ou provenant de la décomposition des aluminates, et avec l'eau de la pâte.

**114. Comparaison des deux théories.** — Ces deux théories diffèrent quant à l'état que prennent les éléments des chaux hydrauliques au moment de l'extinction. Suivant Rivot, le silicate de chaux et l'aluminate de chaux s'hydratent et font prise confuse, comme le plâtre. Suivant M. Frémy, le silicate de chaux ne s'hydrate pas et ne fait pas prise, mais il s'unit à la chaux hydratée à la façon des pouzzolanes.

Le point de départ est le même : c'est la formation du silicate et de l'aluminate de chaux dans les fours, et la présence de chaux en liberté. Le résultat final est également le même :

la chaux hydraulique prise est un hydrosilicate de chaux.

Il est encore un point important sur lequel les deux auteurs sont tombés d'accord. C'est que l'aluminate de chaux est un produit très hydraulique, faisant prise rapidement, mais dont la prise n'est pas très stable, et qui se décompose sous l'eau en peu de temps.

**115. Adhérence de la chaux au sable.** — La pâte de chaux contracte avec les grains de sable une adhérence considérable, supérieure souvent à sa propre cohésion.

On a essayé autrefois de donner une explication de cette adhérence. Les uns supposaient une espèce d'enchevêtrement des grains de sable dans les grains de chaux. Mais cette théorie, combattue par Vicat, n'était basée sur aucun fait, et n'avait pour résultat que de substituer une hypothèse gratuite à un fait d'expérience.

Les autres pensaient qu'il se produisait une action chimique entre la chaux grasse et la silice des grains de sable. Mais des expériences précises ont prouvé qu'il n'en était rien. On l'a démontré en faisant bouillir du quartz dans du lait de chaux caustique. Vicat a reconnu que des mortiers de dix-huit mois faits avec des éléments parfaitement pesés, renfermaient exactement la même dose de sable quartzeux qu'on y avait introduite, et pas de silice gélatineuse.

Il est donc établi que l'adhérence de la pâte de chaux pour le sable provient d'une attraction moléculaire physique et non d'une action chimique. C'est un phénomène semblable à celui qui se produit avec les colles.

**116. Influence de l'acide carbonique.** — Parmi les causes qui exercent une influence sur le durcissement des mortiers, il faut placer la composition chimique des milieux où ils se trouvent placés. On verra au chapitre V l'action très puissante des dissolutions salines telles que l'eau de la mer.

Dans l'air, le mortier rencontre un milieu chargé d'une certaine quantité d'acide carbonique, pour lequel la chaux grasse a une grande affinité.

Il en résulte que la pierre qui a produit la chaux employée se régénère et que le mortier tend à se transformer en une roche calcaire solide et compacte. Certains mortiers antiques ne renferment plus de chaux libre.

Mais on a vu (n° 6) que cette action était très lente et que l'acide carbonique ne pénétrait qu'à une petite profondeur, même au bout d'un temps considérable. C'est ainsi que Darcet, cité par Vicat, en analysant les mortiers de la Bastille, n'y a trouvé que la moitié de l'acide carbonique qui eût saturé la chaux ; le plus souvent la proportion est beaucoup moindre, même dans les constructions les plus anciennes.

Cette cause de durcissement, qui a été accréditée longtemps et que l'on retrouve encore dans quelques ouvrages, doit donc être considérée comme tout à fait accessoire.

Elle ne peut s'exercer activement que dans certains cas exceptionnels comme celui d'un espace humide et fortement chargé d'acide carbonique. Ces circonstances se rencontrent dans les caves de certaines vieilles maisons. On y a trouvé, en les démolissant, des mortiers de chaux grasse transformés en de véritables roches calcaires très compactes et très résistantes alors que les joints des maçonneries en élévation étaient désagrégés. On explique ce phénomène comme il suit : Ces mortiers sont restés très longtemps sans faire prise; la couche superficielle s'est chargée d'acide carbonique et s'est peu à peu transformée en bicarbonate de chaux, qui est sensiblement soluble dans l'eau. Le bicarbonate, rencontrant la seconde couche de chaux libre, a réagi sur elle, et il en est résulté du carbonate neutre dans les deux couches. Une nouvelle dose d'acide carbonique a dissous une nouvelle quantité de carbonate à la surface, et a pénétré de la même manière les couches sous-jacentes de proche en proche, jusqu'à ce que toute la masse ait été carbonatée.

**117. Explication des qualités des divers mortiers.** — Les mortiers acquièrent en durcissant des qualités variables qui dépendent des causes signalées ci-dessus. On a indiqué plus haut (n$^{os}$ 105 et 106) les résultats constatés à ce sujet.

On a vu que, dans les maçonneries exposées à l'air, les mortiers de chaux grasse et de sable ne sont jamais de très bonne qualité, tandis que les mortiers de chaux hydraulique se comportent beaucoup mieux. Cela s'explique très bien si l'on observe que leur durcissement n'a d'autre cause que la dessiccation. De même que la pâte de chaux, le mortier éprouve, par la dessiccation, un retrait qui est d'autant moins considérable que la chaux est plus hydraulique, et qu'il y a plus de sable et moins d'eau dans la pâte. D'un autre côté, on a vu que la chaux contractait une adhérence considérable sur les grains de sable ; il en est de même sur les pierres à bâtir. Dans les joints des maçonneries, le mortier, en se desséchant tend donc à se concentrer vers le milieu des vides qu'il remplit, mais ce mouvement est contrarié par son adhérence aux pierres elles-mêmes. Il résulte de là des déchirements intérieurs et une désagrégation partielle, d'autant plus marqués que la chaux est plus grasse et la proportion de sable plus faible.

Quant aux mortiers hydrauliques immergés, ils durcissent par suite de réactions chimiques et n'éprouvent pas le retrait dû à la dessiccation ; ils ne se désagrègent donc pas.

Les mortiers de chaux grasse et de pouzzolane exposés à l'air sont soumis à la fois à la dessiccation et aux phénomènes chimiques, qui poussent le mortier vers sa prise pendant que la dessiccation le désagrége. C'est alors l'action la plus rapide qui prédomine. Si la prise chimique est assez prompte, comme elle donne lieu à des produits non contractiles, le mortier se comporte bien. Si au contraire la prise est lente par rapport à la dessiccation, il se trouve dans le même cas que celui de chaux grasse et de sable.

## § 5.

## BETON

**118. Définition.** — Le béton est un intermédiaire entre le mortier et la maçonnerie. C'est une maçonnerie à très petits moellons ou bien un mortier additionné de gros graviers. A ce titre, il doit en être question ici.

Pour fabriquer le béton, on mélange des cailloux ou de la pierre cassée avec du mortier et on en fait une sorte de poudingue.

**119. Nature des matériaux.** — La nature des matériaux employés dépend de l'objet auquel le béton est destiné. Si c'est pour être coulé sous l'eau, il doit être en mortier hydraulique. Dans les fondations en terre ferme, on peut employer du mortier de chaux grasse et de sable ; mais le plus souvent on a recours à la chaux hydraulique.

La nature des cailloux ou des pierres cassées paraît sans influence sur la qualité du béton. On en fabrique d'excellent avec des cailloux quartzeux roulés, lisses et polis, aussi bien qu'avec de la pierre calcaire cassée.

Les pierres cassées menu sont préférables ; mais un cassage trop fin est coûteux. Généralement, on exclut celles qui ont plus de 4 à 5 centimètres de plus grande dimension.

**120. Dosage.** — La proportion du mortier se règle de la même façon que celle de la chaux dans le mortier. Il y a intérêt à forcer la dose de pierre et à économiser le mortier qui coûte plus cher. Mais, pour que le béton soit compact, il faut au moins que le mortier remplisse les vides entre les pierres.

M. de Boisvillette a trouvé, par expérience, que les vides d'un tas de cailloux cassés à la dimension de $0^m,04$ étaient égaux aux pleins, c'est-à-dire qu'un mètre cube de ces cailloux placés dans une caisse pouvait absorber 1/2 mètre cube d'eau. Des expériences analogues faites par M. Hirsch ont donné le même résultat au barrage de l'Ile Barbe, près de Lyon, pour la pierre cassée à la dimension de 0,07. Dans les cailloux roulés, le vide était un peu moindre ; il se réduisait à 0,45 pour les plus gros, et descendait à 0,38 pour les graviers. M. de Préaudeau a trouvé de 0,45 à 0,50 pour les pierres cassées, de 0,32 à 0,42 pour les cailloux et gros graviers.

Telle est, en effet, la proportion de mortier que l'on mélange au caillou pour les fondations d'ouvrages en terre ferme et les remplissages de maçonneries. Souvent même on reste au-dessous; le béton est alors plus ou moins maigre et tous les vides n'en sont pas remplis, mais il suffit parfaitement pour sa destination.

Les bétons qui ont besoin d'être compacts, et ceux que l'on coule sous l'eau, où ils sont toujours partiellement délavés, reçoivent une plus grande quantité de mortier. Dans ce cas, non seulement les vides sont remplis, mais encore chaque caillou est entièrement entouré de mortier.

La proportion usuelle dans ce cas est de 2 de mortier contre 3 de pierrailles.

Dans cette hypothèse, un mètre cube de béton renferme en moyenne :

$0^{mc},86$ de pierre cassée et $0^{mc},57$ de mortier;

ou bien de $0^{mc},82$ à $0^{mc},78$ de caillou et de $0^{mc},55$ à $0^{mc},52$ de mortier.

C'est généralement à peu près dans ces limites que sont renfermés les dosages prescrits par les devis.

**121. Laitance.** — L'emploi du béton ne rentre pas dans le cadre de ce traité. Il suffit de rappeler que, sous l'eau, il se fait au moyen de caisses que l'on immerge et que l'ouvrier fait basculer quand elles touchent le fond.

Malgré toutes les précautions que l'on prend, il se forme toujours, dans les enceintes où l'on coule le béton, une certaine quantité d'une matière nommée *laitance*, qui présente beaucoup d'inconvénients. C'est une espèce de chaux délayée, qui se mêle avec la vase en suspension dans l'eau, et contracte avec elle une sorte de combinaison chimique encore peu étudiée. Elle forme comme un nuage laiteux au sein de l'eau, au moment du coulage, et tombe ensuite lentement au fond. Elle est dépourvue de toute hydraulicité, et reste constamment molle et vaseuse. Elle se dépose dans les inégalités des couches de béton déjà exécutées et empêche l'adhérence des nouvelles couches que l'on applique. On a soin de s'en débarrasser dans les enceintes où elle n'a pas un écoulement naturel.

**122. Résistance des bétons.** — On possède peu d'expériences sur la résistance des bétons à mortier de chaux.

On admet qu'elle est la même que celle des mortiers qui

leur servent de base. Cette hypothèse est justifiée par ce fait déjà signalé que l'adhérence de la chaux au sable et, par suite, du mortier aux pierres, est généralement supérieure à celle de la gangue elle-même.

**123. Béton maigre.** — On emploie sous le nom de béton maigre, une sorte de mortier composé de sable ou de gravier et d'une quantité de pâte de chaux insuffisante pour en garnir les vides. Pilonnée avec soin, cette matière se moule à volonté et forme des monolithes qui présentent quelque analogie avec certaines pierres à bâtir. Il en est fait souvent usage dans les travaux publics pour le remplissage des tympans des ponts.

**124. Béton Coignet.** — M. Coignet a eu la pensée de substituer le béton maigre à la pierre naturelle dans les constructions. En apportant des soins minutieux à la fabrication de la matière, il a réussi, en effet, à imiter assez bien les constructions en pierre, et à élever des monuments qui, s'ils n'offrent pas les mêmes garanties de durée qu'en pierre de taille, peuvent donner néanmoins satisfaction aux exigences actuelles de leur destination.

Sous le nom de bétons agglomérés, M. Coignet a employé une série très variée de mortiers maigres, dont les 4 cinquièmes se composent de sable, et le reste de chaux hydraulique à laquelle on ajoute un peu de ciment et une très petite quantité d'eau.

Les travaux les plus importants construits en béton aggloméré sont ceux des conduites de la dérivation de la Vanne, notamment dans la traversée de la forêt Fontainebleau.

Le dosage des matières y a été le suivant : Pour 1 volume de chaux hydraulique en poudre, on a mis 5 volumes de sable de rivière ou 4 de sable fin de Fontainebleau, avec un volume variant de 0,20 à 0,33 de ciment de Portland. Par le pilonnage, avec addition d'une petite quantité d'eau, on obtenait de 3 1/2 à 4 volumes de maçonnerie.

M. Michelot a soumis à des expériences de résistance des blocs de béton aggloméré remis par M. Coignet. La densité des blocs variait de 2.085 à 2.348 kilogrammes par mètre cube.

Leur force portante, par centimètre carré, était très variable. Elle s'est élevée jusqu'à 498 kilogrammes et n'est pas descendue au-dessous de 183 kilogrammes.

Malgré les résultats obtenus par M. Coignet, ce genre de construction ne s'est pas répandu en France, où la nature offre presque partout des matériaux de bonne qualité, généralement préférables aux produits artificiels.

---

# CHAPITRE IV

## CIMENTS

### § 1er.

### CIMENTS A PRISE RAPIDE

**125. Définitions.** — Bien que les ciments ne soient que des chaux plus énergiquement hydrauliques que les autres, il a paru nécessaire de leur consacrer un chapitre spécial. Leurs qualités particulières et l'usage si répandu qui s'en fait aujourd'hui, justifient l'importance donnée à leur étude.

Le nom de ciment est attribué à des substances très diverses. Il s'applique à tout ingrédient tenace, destiné à lier des objets de même nature les uns aux autres. Dans l'art des constructions, il a aujourd'hui un sens parfaitement défini. C'est une chaux, où la proportion d'argile devient assez grande pour empêcher l'extinction en poudre par simple aspersion, et qui, broyée et mise en pâte, fait rapidement prise sous l'eau.

Au moment des premières recherches de Vicat, on appelait ainsi les substances de toute nature dont le mélange avec la chaux en assurait la solidification, particulièrement sous l'eau. Le plus répandu était le ciment de tuileau, ou ciment de Bourgogne. C'était une pouzzolane artificielle, dont il a été parlé plus haut (n° 99). On employait aussi le ciment d'eau-forte, provenant des cornues où l'on calcinait le salpêtre avec de l'argile pour se procurer l'acide azotique.

Le nom de ciments calcaires était donné aux mortiers

composés du mélange de ces ciments avec la chaux. On appelait spécialement plâtres-ciments les produits qui jouissaient à un haut degré des mêmes propriétés que ces ciments calcaires. Ce sont nos ciments d'aujourd'hui. Vicat les désigna d'abord sous le nom de ciments naturels, expression qui ne peut s'appliquer à bien des produits artificiels ne s'en distinguant en rien. En Angleterre, on leur donna la qualification de ciments aquatiques, à cause de leurs propriétés hydrauliques, puis ensuite, de *ciments romains*, par suite des idées fausses qui avaient cours à cette époque sur les connaissances spéciales des anciens en matière de mortier.

Ce dernier nom est resté néanmoins aux ciments à prise rapide; c'est une épithète qui sert à les distinguer des ciments portlands ou à prise lente.

**126. Propriétés du ciment romain.** — On a indiqué (n° 24) les propriétés générales des ciments. On va rappeler ici celles du ciment romain ou à prise rapide, dont il va être uniquement question dans ce paragraphe.

Broyé encore chaud, au sortir du four où il a été fabriqué, et réduit immédiatement en pâte, il fait prise instantanément et avant même qu'on ait fini de le gâcher. Lorsqu'il a été exposé quelque temps à l'air atmosphérique, il s'évente et perd de son énergie. Convenablement gâché, il ne fait prise alors qu'après environ un quart d'heure, et souvent plus, ce qui donne le temps de préparer et d'employer le mortier.

Au moment de la prise, il n'éprouve pas de retrait comme la chaux; au contraire, il se gonfle légèrement à la façon du plâtre. Les gangues faites avec ce ciment sont donc compactes et imperméables.

En se solidifiant, il acquiert une dureté considérable, analogue à celle des pierres à bâtir.

**127. Applications.** — Il résulte de ces diverses propriétés des applications nombreuses du ciment romain ou de son mortier.

On l'emploie partout où la rapidité de la prise est une condition de succès ou doit empêcher des inconvénients sérieux, lorsque l'on doit, par exemple, mettre une enceinte promptement à l'abri de l'invasion des eaux, ou bien si la circulation sur une voie publique importante doit être interceptée pendant la durée des travaux, comme il arrive pour les égouts des villes.

Par sa compacité, le ciment romain convient très bien à la confection des enduits de toute nature et en particulier de ceux des cuves ou réservoirs pour liquides.

La même qualité le rend propre à la construction des tuyaux et conduites pour les eaux. Le gonflement qu'il éprouve au moment de la prise permet d'ailleurs d'enlever facilement les noyaux des moules des tuyaux.

Le ciment romain procure des moulures et des corniches pour les édifices dans les contrées où la pierre de taille est rare.

Enfin, sa résistance et sa dureté permettent de l'appliquer à la confection des dallages de toute nature, même pour les trottoirs des voies publiques et quelquefois pour leurs bordures. On en voit de nombreux exemples dans beaucoup de grandes villes, en France et à l'étranger.

**128. Fabrication.** — La fabrication du ciment romain ne présente aucune particularité ; elle se fait comme celle de la chaux. On ne peut que renvoyer pour ce sujet au chapitre II, qui traite de la fabrication de la chaux.

La première usine qui l'ait entreprise est celle de MM. Parker et Wyatts « qui obtinrent en 1796, dit Berthier, une patente royale pour fabriquer à Londres une espèce particulière de chaux qu'ils appelèrent ciment aquatique et à laquelle ils ont donné à la suite le nom de ciment romain. Cette entreprise a eu un très grand succès, et il s'en est formé plusieurs autres de même genre qui prospèrent également. »

Dans les premières années de ce siècle, on a commencé à fabriquer à Boulogne-sur-Mer des produits analogues qu'on appelait plâtres-ciments.

Vers 1825 plusieurs usines pour les ciments se fondèrent en France, à Pouilly d'abord, puis bientôt à Vassy et à Grenoble. Grâce à la lumière jetée sur la question par les travaux de Vicat, cette fabrication est devenue courante et s'est répandue sur toute la surface de l'Europe.

**129. Emploi.** — La rapidité de la prise du ciment romain entraîne dans son emploi des sujétions, souvent très gênantes sur les grands chantiers. On ne peut préparer à l'avance de grandes masses de mortier, comme on le fait avec les chaux. Il faut que chacun des ouvriers qui l'emploie prépare lui-même ou fasse préparer à côté de lui, par petites portions, la quantité dont il a immédiatement besoin.

Quand il s'agit d'enduits, il faut faire d'un seul coup toute la pièce à exécuter, et éviter d'appliquer du ciment frais sur des parties déjà sèches. Si l'on y est forcé, on doit mouiller et repiquer ces parties sans toutefois être jamais assuré que la liaison soit excellente.

Par la dessiccation, il arrive souvent que les mortiers de ciment se fendillent. Cet accident paraît dû à ce que l'humidité en excès de la pâte tend à se faire jour à travers la surface, après que celle-ci a durci et formé une croûte sèche. Cette tendance est favorisée par la mauvaise habitude qu'ont beaucoup de maçons de lisser fortement la surface avec la truelle. Le ciment doit être comprimé fortement, mais non lissé.

Le mortier de ciment romain paraît sujet à des dilatations sensibles par suite des variations de température. Les pièces très longues, comme les tuyaux de conduite ou les enduits de trottoirs, sont donc exposées à se séparer en plusieurs tronçons, par l'effet des grands froids.

Ces inconvénients ont limité considérablement l'emploi des ciments à prise rapide dans les constructions, surtout depuis que l'on trouve couramment dans le commerce des ciments à prise lente.

**130. Dosage des mortiers de ciment romain.** — Le dosage des matières premières exerce une grande influence sur la qualité des mortiers de ciment romain.

La quantité d'eau doit être réglée exactement et mesurée. Des expériences préliminaires indiquent pour chaque espèce de ciment la proportion d'eau la plus convenable.

Pour le ciment de Vassy et celui de la Valentine, les devis et les instructions des fournisseurs recommandent en général le dosage de 1/2 volume d'eau pour 1 volume de ciment.

La proportion de sable varie suivant les résultats que l'on a en vue. L'introduction du sable procure une économie, mais diminue considérablement la résistance des gangues.

Pour les égouts de Paris, on emploie deux parties de ciment pour trois de sable.

Dans la construction du Pont-Canal de la Tranchasse, le dosage était, pour 1 volume de sable, 1 volume 1/2 de ciment dans les voûtes et 1 volume dans les piles et les culées.

**131. Résistance du ciment romain.** — La résistance des ciments romains a été déterminée sur un grand nombre d'échantillons. Les résultats obtenus au laboratoire de l'École des ponts et chaussées, sur des pâtes faites avec quelques-uns des ciments dont l'analyse a été donnée au n° 45, ont été les suivants, après un mois d'immersion :

| N^os D'ORDRE | DÉSIGNATION DES CIMENTS | RÉSISTANCE par centimètre carré A LA RUPTURE | |
|---|---|---|---|
| | | PAR ARRACHEMENT | PAR ÉCRASEMENT |
| 70 | l'Albarine | 9k47 | 85k5 |
| 30 | Argenteuil | 8,27 | 58,2 |
| 136 | Cahors | 6,08 | 69,7 |
| 64 | Champréau | 6,68 | 54,0 |
| 65 | Chouard-Angély | 8,65 | 80,5 |
| 63 | Courterolles | 10,17 | 58,5 |
| 21 | Fresnes | 6,67 | 49,3 |
| 91 | Gap | 6,53 | 49,0 |
| 140 | Guéthary | 7,60 | 35,2 |
| 134 | Lesquibat | 6,09 | 61,5 |
| 19 | les Moulineaux | 9,43 | 60,3 |
| 102 | Roquefort | 7,07 | 68,1 |
| 120 | Saint-Bauzille | 10,77 | 83,1 |
| 96 | La Valentine | 7,55 | 77,9 |
| 62 | Vassy | 7,95 | 72,2 |
| 76 | Vimines | 8,89 | 74,9 |

**132. Résistance des mortiers de ciment romain.** — Quant aux mortiers de ciment romain, leur résistance est très variable avec la dose du sable qui y est incorporé. C'est ce que démontrent les essais faits par M. Vaudrey sur des mortiers de sable de Seine et de ciment de Vassy ou des Moulineaux. Les résultats ont été sensiblement les mêmes sur ces deux produits, et sont résumés dans le tableau suivant :

| VOLUME de sable POUR UN VOLUME de ciment | POIDS CORRESPONDANT de ciment PAR MÈTRE CUBE DE MORTIER | RÉSISTANCE par centimètre carré A LA RUPTURE par traction |
|---|---|---|
| 0 | 1.100k | 10k |
| 1 | 660 | 10 |
| 2 | 446 | 8 |
| 3 | 355 | 6,5 |
| 4 | 275 | 5,6 |
| 5 | 220 | 4,7 |
| 6 | 183 | 4,0 |
| 7 | 157 | 3,0 |
| 8 | 139 | 2,5 |
| 9 | 122 | 1,8 |
| 10 | 110 | 0,0 |

## § 2

## CIMENTS A PRISE LENTE

**133. Historique et propriétés.** — Le ciment à prise lente, appelé aussi *ciment de Portland*, ou simplement *portland*, a commencé à faire son apparition dans les ports de la Manche vers 1850.

Accepté d'abord avec méfiance, à cause de sa composition chimique, qui le classait parmi les chaux-limites, si redoutées des constructeurs, il s'est bientôt fait remarquer par ses qualités spéciales, surtout dans les travaux maritimes, pour lesquels il a acquis un privilège exclusif sur les côtes de l'Océan et de la Manche.

L'usine de Boulogne-sur-Mer, antérieurement occupée de la fabrication des ciments rapides, et affectée ensuite par son propriétaire, M. Dupont, exclusivement à la préparation du portland, a contribué par l'excellence et la régularité de ses produits à en propager l'emploi.

Les qualités de ce ciment le rendent précieux pour une infinité d'usages ; il réunit tous les avantages du ciment romain sans en avoir les inconvénients. Les cas où l'on a besoin d'une prise excessivement rapide, cas qui se présentent rarement, sont les seuls où le ciment romain soit préférable.

La prise n'ayant lieu qu'en plusieurs heures, il est possible de préparer les mortiers de ce ciment comme les mortiers de chaux, et de les employer avec la même facilité.

Les enduits en portland ont peu de tendance à se fissurer par dessiccation.

L'adhérence de ce ciment aux maçonneries est plus grande que celle de toute autre gangue calcaire.

Il atteint bientôt une dureté considérable et une résistance supérieure à celle des meilleurs ciments romains.

Enfin il résiste avec énergie aux actions destructives de l'eau de mer et des intempéries.

Ses applications sont donc nombreuses et de plus en plus importantes.

**134. Densité.** — Les ciments de Portland ont une densité considérable qui atteint en général de 12 à 1.500 kilogrammes par mètre cube de ciment en poudre, suivant le degré de tassement auquel ils ont été soumis.

Cette densité est due à ce que ces produits ont subi une cuisson intense, qui les a amenés à l'état de matières frittées dont la surface a subi un commencement de fusion pâteuse.

C'est ce degré de cuisson qui distingue les portlands des chaux-limites. Les calcaires à chaux-limites qui peuvent être calcinés jusqu'à ramollissement de la surface donnent dans ces conditions des ciments à prise lente.

Au moment de l'apparition des premiers portlands anglais. Vicat s'occupait activement de l'étude de ce qu'il appelait les *ciments brûlés*, c'est-à-dire qui avaient subi une calcination extrême allant presque jusqu'à la fusion. Il avait remarqué que ces produits brûlés se comportaient autrement que les produits modérément cuits. Leur prise se trouvait ralentie, ce qui passait pour un inconvénient à une époque où la vitesse du durcissement était considérée comme la qualité principale des ciments. En outre, comme leur cuisson avait absorbé une grande masse de combustible, et que leur pulvérisation était pénible, on n'hésitait pas à les condamner et à les jeter au rebut chaque fois qu'il s'en produisait accidentellement dans les usines. Vicat avait observé toutefois que ces ciments brûlés présentaient des qualités remarquables, et qu'ils acquéraient bientôt une consistance et une dureté supérieures à celles des ciments ordinaires. Il en recommandait l'emploi pour des circonstances spéciales, où l'avantage de ces résultats devait faire passer sur l'inconvénient du prix et de la lenteur de la prise.

La découverte du ciment de Portland confirma complètement ces vues.

**135. Composition chimique.** — La composition chimique des portlands est renfermée dans des limites assez étroites, s'écartant peu des moyennes suivantes ;

| | | |
|---|---|---|
| Silice. . . . . . . . . | 21 à 25 | pour 100. |
| Alumine. . . . . . . | 5 à 10 | — |
| Chaux . . . . . . . . | 60 à 65 | — |

L'indice d'hydraulicité reste d'ailleurs compris entre 0,50 et 0,65, mais se rapproche de préférence de la première limite, et descend quelquefois au-dessous. La tendance actuelle des usines où se fabriquent les meilleurs ciments est d'abaisser cet indice, qui se confond de plus en plus avec celui des chaux éminemment hydrauliques, compris entre 0,42 et 0,50.

La présence de l'alumine est nécessaire dans les ciments en général ; elle paraît être l'agent principal de la rapidité de la prise. Dans les portlands, à dose modérée, elle contribue au frittement des matières. On a vu, en effet, dans la première partie, que lorsqu'on veut attaquer les silicates par du carbonate de chaux, on facilite la fusion par l'addition d'environ 1/4 de leur poids d'alumine pure.

Les ciments renferment tous un peu d'oxyde de fer. La présence de cette base peut contribuer également à la réussite de leur fabrication. Comme on est obligé d'employer de fortes doses de combustible, les matières se trouvent dans une atmosphère réductrice, et le fer passe à l'état de protoxyde. Or le silicate de protoxyde de fer est un corps essentiellement fusible.

La magnésie paraît jouer un rôle analogue lorsqu'elle est mise en présence de silicates d'autres bases.

La proportion de ces substances n'est donc pas à négliger dans l'étude des ciments à prise lente. L'oxyde de fer et la magnésie peuvent concourir à la qualité des produits, non pas précisément par une action chimique ayant une influence directe sur la prise ou la solidité des mortiers, mais par la faculté qu'ils donnent aux calcaires d'atteindre le degré de ramollissement nécessaire.

Les alcalis, qui se trouvent souvent en petite quantité dans les argiles, produisent le même effet. On en trouve toujours un peu dans les portlands, soit que les matières premières qui les produisent en contiennent, soit qu'on ait pétri ces matières à l'eau de mer, soit enfin que, suivant le conseil donné par M. Hervé Mangon, on ait ajouté directement des produits alcalins dans les pâtes.

**136. Fabrication.** — La fabrication du ciment portland demande des soins tout particuliers, par suite des conditions qui viennent d'être indiquées.

Il faut d'abord s'assurer des matières premières ayant une composition convenable, et, une fois cette composition arrêtée, la maintenir constamment la même pendant toute la durée de la fabrication.

En outre, il faut disposer les fours et diriger la cuisson de façon à obtenir un commencement de fusion, sans dépasser toutefois une limite au delà de laquelle les produits perdraient de leurs qualités et deviendraient extrêmement paresseux ou même tout à fait inertes.

Le fabricant de portland a donc à tenir compte de ces deux conditions essentielles : égalité de composition chimique et cuisson jusqu'à ramollissement partiel.

**137. Matières premières.** — Il est rare de trouver des carrières importantes qui présentent précisément des marnes de la composition chimique voulue, et qui la conservent dans toute leur étendue. Le plus souvent on est obligé de faire des mélanges de calcaires et d'argiles, que l'on broie et que l'on cuit à la façon des chaux hydrauliques artificielles.

Si l'on trouve à sa disposition de la craie, qui est du carbonate de chaux pur, et des bancs d'argile de composition uniforme, il suffit de mêler ensemble les deux matières premières dans des proportions qui soient toujours les mêmes, pour maintenir une composition chimique invariable. C'est ainsi que l'on procède aux environs de Londres, d'où sont venus les premiers portlands anglais : on utilise les vases de la Tamise dont la composition varie peu, et on les mélange avec la craie qui forme plusieurs collines aux environs de la ville.

Si l'on a recours à des bancs marneux, dont la composition se maintient rarement assez uniforme, on y ajoute de la craie ou de l'argile, suivant les cas. Mais on ne peut réussir qu'en faisant de fréquentes analyses chimiques sur les matières premières, ainsi que sur leurs mélanges complètement préparés.

**138. Délayage des matières.** — Le mélange des matières doit être intime. Pour cela, il est nécessaire de les broyer en poudre impalpable et de réduire cette poudre en boue que l'on gâche vigoureusement.

Ces opérations se font simultanément dans un bassin où l'on fait arriver les matières avec de l'eau, et où circulent des râteaux à fortes dents animés d'une grande vitesse. Quand le délayage est terminé, on dirige la boue calcaire vers des bassins où la partie solide se dépose.

Il y a différents modèles de délayeurs qui réussissent également ; il suffit que les dents des râteaux présentent une grande résistance et qu'elles tournent avec une vitesse considérable, d'au moins 10 à 12 tours par minute.

Les figures ci-jointes représentent les croquis de deux appareils de ce genre. Les râteaux y sont mis en mouvement par un fort arbre vertical, actionné par une machine à vapeur qui doit avoir une force de 6 à 10 chevaux pour traiter par jour 30 à 40 tonnes de matières.

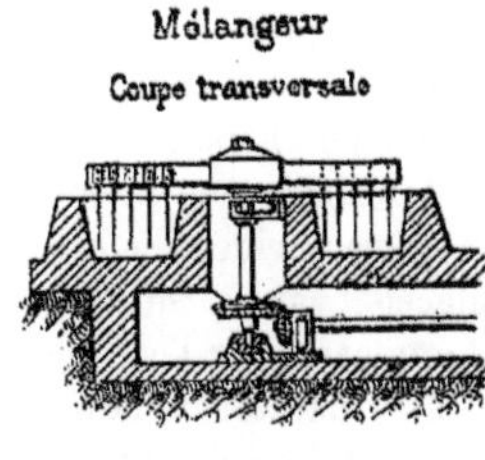


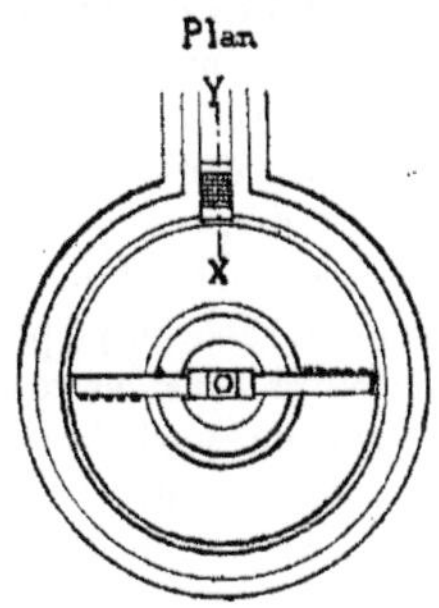


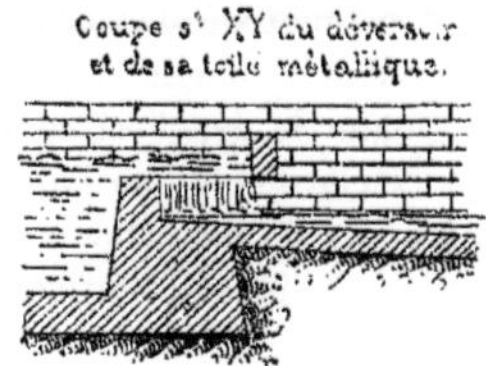


Dans le premier appareil, le bassin a la forme d'une auge circulaire, analogue à celle des manèges à mortier, construite en pierres très dures. Les dents des râteaux sont de grosses et longues barres de fer implantées dans de fortes traverses en bois fixées à l'arbre. Un tuyau de conduite amène l'eau à un robinet qui la verse dans l'auge. Sur l'un des bords, l'auge présente une ouverture destinée à faire office de déversoir. La vague de boue claire que soulève le râteau dans son mouvement se déverse par cette échancrure, et s'écoule dans le canal qui est à la suite. Une toile métallique couvre l'entrée de ce canal et ne se laisse traverser que par les parties les plus fines.

Dans le second appareil, les râteaux sont remplacés par quatre herses, formées de lourds cadres en charpente où sont implantées de fortes et courtes dents. Les herses sont suspendues, par de fortes chaînes articulées, à des bras en charpente fixés à l'arbre vertical.

L'eau claire est amenée par une conduite en maçonnerie et istribuée au moyen d'une vanne dans le bassin mélangeur, qui est un simple bassin circulaire, vers le fond duquel les râteaux se promènent. La boue calcaire est évacuée par un orifice garni comme dans l'exemple précédent d'une toile métallique qui tamise les matières projetées par la force centrifuge due au mouvement rapide des herses.

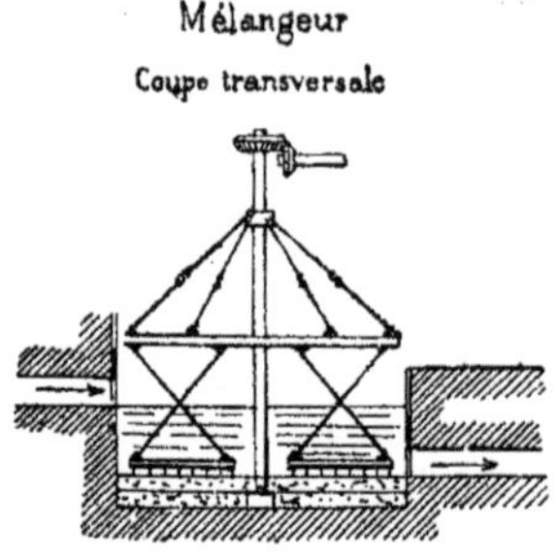


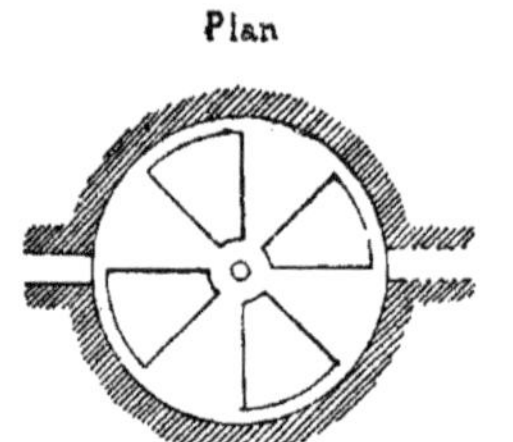


A mesure que la boue homogène se vide, elle est remplacée sans interruption, d'une part, par l'eau amenée d'une manière continue par les conduites, d'autre part, par les matières premières neuves que l'on verse au moyen de brouettes dans les bassins mélangeurs.

Les graviers et même les grains de sable fin qui peuvent se trouver dans ces matières restent au fond de l'auge, d'où on les enlève de temps en temps à la pelle pendant les suspensions de travail.

**139. Bassins de dépôt.** — La bouillie claire qui sort du mélangeur est conduite par des canaux à de vastes bassins d'environ 1 mètre de profondeur, où elle dépose les matières tenues en suspension. Quand le dépôt est complet, on évacue par une vanne les eaux clarifiées, que l'on remplace, après avoir fermé la vanne, par de nouvelle bouillie, et ainsi de suite jusqu'à ce que le bassin soit entièrement rempli de boue épaisse.

On laisse cette boue exposée dans les bassins à l'action de l'air, jusqu'à ce qu'elle soit desséchée à la consistance d'une terre à poterie bonne à mettre en œuvre. Cette dessiccation demande de un à deux mois suivant les saisons. La pâte est ensuite découpée en briquettes et portée au séchoir.

**140. Bassins de dosage.** — Dans quelques usines,

la bouillie claire, au sortir des mélangeurs, passe successivement par deux séries de bassins avant de se rendre au séchoir.

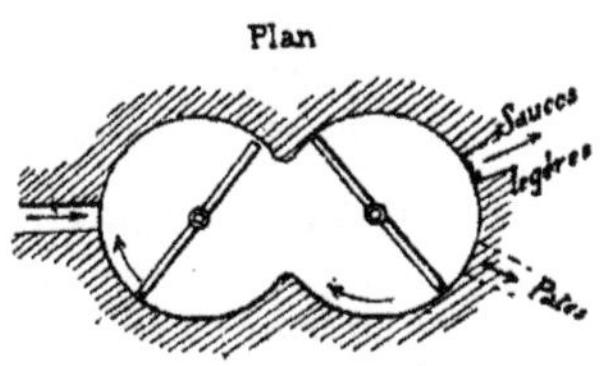


Les premiers portent le nom de *bassins de dosage*. C'est là en effet, que l'on mélange les bouillies provenant de divers délayeurs, pour en faire un produit homogène ayant la composition chimique que l'on a fixée. Les dosages en calcaire et en argile ont d'abord été faits grossièrement, au moyen de brouettes versées dans les mélangeurs.

Dans les bassins de dosage, les boues sont maintenues en suspension, par exemple au moyen de palettes fixées à des arbres verticaux, comme dans la figure ci-contre; le mouvement est moins violent que celui des r[illegible]x dans es mélangeurs, ce qui permet au résidu de sable entraîné avec la boue de se déposer. Il ne reste en suspension que des matières excessivement fines. On puise dans chaque bassin un échantillon de ces matières, et on le soumet à l'analyse chimique. Dans les bassins où cette analyse dénote une insuffisance d'argile, on fait passer une partie du contenu des bassins où l'argile est en excès. Il est facile de calculer dans quelles proportions doit se faire cet échange pour arriver à une composition chimique déterminée.

C'est au sortir des bassins de dosage que les matières sont dirigées sur les bassins de dessèchement décrits à l'article précédent.

**141. Séchage** — Le séchage s'achève sur des aires planes, couvertes de hangars et exposées à la ventilation atmosphérique. On l'accélère, le plus souvent, en chauffant le sol de ces aires. Le dallage repose sur une série de piédroits formant un carneau continu qui conduit, après les avoir fait serpenter sous toute la surface, les gaz de la combustion d'un foyer attirés par une cheminée d'appel.

Aire de séchage

Plan

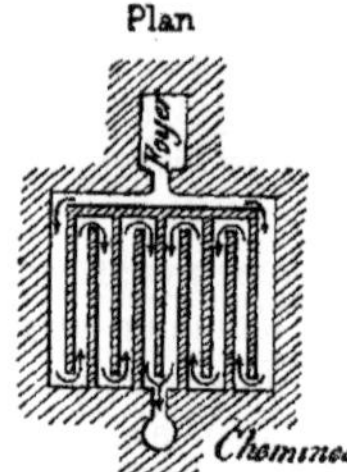


Coupe des Carneaux

Le foyer que l'on utilise pour cet objet est souvent celui où l'on transforme la houille en coke destiné à la cuisson. Cette transformation étant nécessaire, on voit que la chaleur employée au séchage ne coûte rien; elle eût été perdue sans cette application. On peut aussi faire passer sur les pâtes humides disposées dans des carneaux la chaleur perdue des fours où se fait la cuisson du ciment.

**142. Procédé Lipowitz.** — M. Lipowitz a indiqué un mode de fabrication qui demande des installations beaucoup moins étendues, mais qui consomme beaucoup plus de force motrice. Il est encore peu répandu sans doute par ce motif.

Les craies, marnes et argiles qui doivent composer la pâte sont d'abord desséchées dans des fours, puis réduites en poudre fine par des concasseurs et des meules horizontales.

Cette poudre est jetée avec une petite quantité d'eau, 40 p. 100 environ, dans des tonneaux broyeurs semblables à ceux qui servent pour le mortier. La matière sort en pâte ferme, propre à être mise en briquettes, que l'on n'a plus qu'à dessécher et à cuire.

Dans certaines usines où l'on s'est inspiré de ce procédé, la trituration des matières sèches se fait grossièrement : il suffit qu'elles puissent se transformer en pâte ferme dans les malaxeurs. Puis cette pâte passe sous des meules ou entre des laminoirs avant d'être portée aux aires de dessiccation.

**143. Cuisson.** — La cuisson, comme on l'a vu plus haut, exerce sur les qualités du produit la plus grande influence. Elle demande donc à être conduite avec des soins particuliers.

Le degré de température doit être assez élevé pour que les briquettes éprouvent un commencement de fusion superficielle, mais non pour qu'elles se fondent.

Il résulte de là l'impossibilité d'opérer dans des fours coulants à cuisson continue. Les matières amenées à ce point ont une surface pâteuse et se collent entre elles et aux parois du four. Si on essaie de soutirer par le bas du four les morceaux cuits, comme dans la cuisson continue, cette masse de briquettes agglutinées ne descend pas, ou descend avec une grande irrégularité. On est donc obligé d'avoir recours à la cuisson intermittente.

Les fours sont faits comme ceux qui doivent cuire les chaux. On leur donne en général la forme de cuves en tronc de cône renversé, que l'on recouvre d'une hotte mince en maçonnerie. La chaleur qu'ils doivent supporter étant intense, il faut que leur chemise soit en briques réfractaires de la meilleure qualité. Jusqu'ici on n'est pas parvenu à trouver, pour la confection des briques, des argiles qui résistent longtemps, dans ces conditions, à l'action de la chaux portée à la chaleur blanche. Quelquefois, pour leur assurer une durée un peu plus grande, on enduit les chemises d'une pâte faite avec les mêmes matériaux que les briquettes de ciment. On a aussi essayé de construire les fours en moellons de grès.

Bien que la cuisson soit intermittente, les combustibles à longue flamme ne peuvent être employés. Ils ne produiraient pas une chaleur intense dans toutes les parties du four. Les combustibles sont à courte flamme, et la cuisson s'opère, comme pour les chaux, au contact immédiat entre les matériaux stratifiés par couches alternatives.

Le coke est préféré à tout autre combustible. Le charbon de bois serait trop coûteux. Quant à la houille, le boursouflement qu'elle éprouve, pendant la distillation des gaz qu'elle renferme, bouleverse les couches stratifiées, et s'oppose à une cuisson suffisamment régulière. Elle a, en outre, l'inconvénient de dégager souvent une proportion notable de soufre qui s'incorpore au ciment en se combinant à la chaux et en altère la qualité. Le coke en dégage toujours beaucoup moins, tous les produits volatils ayant disparu pendant la distillation. On emploie aussi un mélange de coke et d'anthracite.

La consommation de combustible est variable suivant les saisons et les circonstances atmosphériques. Elle atteint de 3 à 400 kilogrammes par tonne de ciment, si les fours sont disposés et bien conduits; mais elle dépasse souvent cette proportion (1).

**144. Triage.** — Quand la cuisson est terminée, on laisse refroidir et on défourne.

Les matières défournées sont soumises à un triage. On ne conserve que les morceaux bien cuits, qui ont acquis une pesanteur considérable, une forte cohésion, une teinte grise caractéristique, une apparence semi-vitreuse. Ce sont les seuls qui donnent du ciment de bonne qualité.

Les parties pulvérulentes sont livrées à la consommation pour les travaux communs. Les incuits, que l'on reconnaît à leur faible densité, à leur consistance friable, à leur teinte jaunâtre, sont réservés pour une nouvelle cuisson. Enfin il se rencontre des grains ou fragments verts ou noirs, semblables à du laitier, qui proviennent de la fusion de la chemise du four ou de l'enduit dont on l'a recouverte. Ces grains sont quelquefois conservés et broyés avec le ciment de bonne qualité. Il serait peut-être préférable de les rejeter : ils apportent des parties lourdes et rebelles à l'action de l'eau, qui augmentent il est vrai la densité apparente des ciments, mais qui agissent comme des substances inertes qu'on y aurait incorporées. Quelques fabricants estiment au contraire que les laitiers améliorent les produits.

**145. Broyage.** — Les fragments mis en réserve comme bons sont soumis ensuite à un broyage mécanique, qui doit être aussi fin que possible.

Cette opération se fait en deux fois. On commence par concasser les fragments en poudre grossière, au moyen de différents appareils que l'on fabrique pour cet objet, soit des moulins à noix, soit des cylindres lamineurs avec ou sans

(1) M. Michaëlis a fait breveter un système de four qui réduit, suivant lui, la consommation à 250 kilogrammes.

dents, soit des manèges à auges avec des roues ou des meules verticales pesantes.

La matière, passée sur un crible qui retient les fragments encore trop gros, est dirigée par des goulottes entre des meules horizontales disposées comme celle des moulins à farine, ou bien entre des cylindres lamineurs.

De là, le ciment est envoyé à un blutoir, comme dans les fabriques de chaux en poudre. La poussière que fournissent les blutoirs est du ciment dont la fabrication est achevée.

Lorsque l'on veut une poudre excessivement fine, les blutoirs ont un rendement insuffisant. On sépare alors la poudre au moyen d'un tamis plan à secousses ; ou bien encore au moyen de tarares dont le vent projette les grains à des distances variables suivant leur grosseur et leur densité.

**146. Ciment du Teil.** — On a vu (n° 90) que, dans l'usine de Lafarge du Teil, on utilise une partie des grappiers qui ne se sont pas éteints, en les broyant et en mélangeant la poudre obtenue avec la fleur de chaux. Le reste forme un résidu très riche en silice, qui sert à fabriquer du ciment à prise lente. Par suite de sa composition chimique, où l'alumine entre en faible dose, ce résidu n'a pas besoin d'une nouvelle surcuisson. Il ne subit plus que des préparations mécaniques. On l'amène au moyen de brouettes aux usines à ciment, où il subit trois blutages alternant avec deux passages sous les meules.

Les blutoirs et les meules à ciment sont analogues à ceux qui servent pour la chaux ; seulement, par suite de la dureté de la matière et de la finesse des toiles métalliques des blutoirs, il faut une force considérable : 450 chevaux-vapeur sont nécessaires pour faire 2.000 sacs de ciment par jour.

Cette fabrication, dont l'idée revient à MM. Pavin de Lafarge, a été imitée dans d'autres usines.

**147. Conservation du ciment.** — Le portland ne doit pas être livré immédiatement à la consommation. Lorsqu'il est fraîchement préparé, il est d'une prise trop rapide, analogue à celle des ciments romains. Les mortiers que l'on confectionne avec du portland trop frais sont de mauvaise qualité, au moins pour certaines applications comme les travaux à la mer.

Il doit être conservé en magasin pendant quelques semaines pour subir une sorte d'éventement nécessaire à sa perfection.

Il est ensuite mis dans des sacs ou dans des barils pour être expédié sur les lieux de consommation.

**148. Mortiers de Portland.** — Les mortiers de Portland atteignent une grande solidité même avec une faible dose de ciment.

Dans les maçonneries des culées du pont Saint-Michel à Paris, on a employé un mortier composé de 250 kilogrammes de ciment seulement par mètre cube de sable, avec addition de 125 litres d'eau. Le volume du ciment n'était donc que le cinquième de celui du sable. Dans les travaux maritimes, où la compacité est un élément essentiel, comme on le verra au chapitre suivant, on force la dose de ciment. Ainsi, au port du Havre, on met 400 kilogrammes de ciment par mètre cube de sable, avec 240 litres d'eau.

La pâte de ciment portland n'est pas grasse et collante comme celle de chaux. Aussi, pendant la confection du mortier, les grains de sable peuvent-ils se déplacer et se mouvoir dans la pâte de ciment d'une manière analogue à ce qui se passe dans l'eau pure. Il en résulte une certaine contraction dans le volume du sable, et il en faut souvent plus d'un mètre cube pour faire un mètre de mortier. C'est ce qui ressort des dosages indiqués ci-dessus. Le mortier du Havre est parfaitement compact, bien que l'on ajoute au sable moins de 0,30 de son volume de ciment.

M. Voisin a noté les volumes du mortier obtenu avec différentes doses de matières premières, et il a trouvé, pour un volume de sable et :

| | | | | | |
|---|---|---|---|---|---|
| 1 | volume de ciment avec | 0,62 | d'eau : | 1,69 | de mortier. |
| 1/2 | — | 0,43 | — | 1,24 | — |
| 1/3 | - | 0,38 | — | 1,12 | — |
| 1/4 | — | 0,35 | — | 1,05 | — |
| 1/5 | — | 0,34 | — | 1,00 | — |
| 1/6 | — | 0,32 | — | 0,96 | — |

La contraction est d'autant plus marquée que les mortiers sont soumis à une manipulation plus prolongée.

Les dosages se font toujours en poids de ciment et volume de sable. Le poids d'un même volume de ciment en poudre est très variable, suivant qu'il a été plus ou moins tassé, et les dosages en volume ne présenteraient pas de garantie dans l'exécution des travaux.

Avant de fixer le poids du ciment à incorporer par mètre cube de sable, il faut donc bien se rendre compte de la densité de ce ciment et du volume de pâte qu'il peut fournir.

**149. Laitance.** — Les mortiers de ciment, lorsqu'on les immerge, se délavent facilement et donnent lieu à une quantité considérable de laitance.

La nature de cette laitance n'a pas été bien étudiée. Elle paraît due à une sorte de combinaison chimique de la chaux ou du ciment libre du mortier avec les éléments tenus en suspension ou en dissolution dans l'eau. Si c'est de l'eau de mer, le phénomène se complique par suite des sels que cette eau renferme ; on l'étudiera au chapitre suivant. En eau douce, la chaux rencontre surtout de l'argile ou de la vase. La vase mêlée à la chaux délavée donne une laitance qui ne durcit plus et dont l'incorporation aux maçonneries est à éviter. Si l'eau est claire, la laitance paraît être de même nature que la gangue calcaire elle-même. Des renseignements dus à M. Picquenot montrent que des bétons faits au pont de Courcelles, sur la Seine, avec des laitances de ciment de Boulogne, ont acquis une grande solidité. Une analyse chimique a fait voir qu'en effet la composition de ces laitances était la même que celle du ciment.

**150. Proportion d'eau.** — La quantité d'eau que l'on incorpore au ciment a une certaine influence sur la solidité et la compacité du mortier qu'il fournit. MM. Rivot et Chatoney avaient cru observer qu'on obtenait des mortiers plus serrés et moins poreux en gâchant le ciment avec un grand excès d'eau. Ce résultat paradoxal au premier abord fut contesté par Vicat. Les explications données ensuite par M. Chatoney ont réduit cette discussion à néant. Il appelait coulis de ciment, et considérait comme gâchée avec un grand excès d'eau, une pâte composée de 2 parties d'eau pour 5 de ciment; or Vicat désignait comme gâchée à bonne consistance et donnant les meilleurs résultats possibles la pâte où l'on a mis 50 d'eau pour 100 de ciment. Ces deux dosages sont sensiblement les mêmes.

La pratique semble indiquer une dose d'eau un peu plus forte. On a vu qu'au Havre, la proportion indiquée est de 0,60 pour 1,00 en poids, et que, dans les mortiers étudiés par M. Voisin, elle varie de 0,62 à 0,32 en volume, pour des doses de ciment passant successivement de 1 à 16 pour 1,00 de sable.

M. Leblanc a constaté que les meilleurs mortiers, à la dose de 2,5 de ciment en volume pour 10 de gravier, devaient recevoir 2,7 d'eau, soit environ 1,10 d'eau pour 1 de ciment en volume, ce qui répond à 0,80 environ en poids environ.

Il est à remarquer que plus la pâte est claire, et plus le sable se tasse dans la confection du mortier. Il n'y a donc pas, en effet, intérêt à tenir la pâte trop compacte.

**151. Résistance des portlands.** — Il a été fait de nombreux essais sur la résistance des portlands et de leurs mortiers.

Les résultats obtenus par les différents expérimentateurs sont variables et oscillent autour de la moyenne sous l'influence de causes nombreuses, parmi lesquelles on peut citer : l'origine du ciment, l'âge qu'il a au moment où il est gâché, le temps écoulé depuis le moment du gâchage, l'exposition du mortier ou du ciment à l'air libre ou sous l'eau, la quantité d'eau employée au gâchage, la température du milieu, la densité plus ou moins grande du ciment, la proportion de sable mêlée au ciment.

La cause prédominante, c'est le temps écoulé depuis le gâchage de la pâte.

Il n'y a pas de très grandes différences entre les portlands de diverses origines, au moins parmi ceux qui sont admis sur les grands chantiers.

Les ciments, au sortir du four, donnent de mauvais mortiers. Au bout de quelques semaines, ils sont dans les conditions les meilleures. Leur résistance diminue ensuite un peu à mesure qu'on les laisse exposés à l'air plus longtemps avant de les employer.

Les ciments et leurs mortiers mis sous l'eau deviennent plus durs qu'à l'air libre ; leur résistance reste inférieure toutefois dans les premiers jours.

Quand on emploie beaucoup d'eau pour gâcher la pâte, la résistance diminue notablement, par rapport à un maximnm qui répond, comme il a été dit au numéro précédent, à une dose de 40 à 60 d'eau pour 100 de ciment en poids.

La température du milieu, eau ou air, où le ciment est plongé, a une influence sur sa résistance. Il est établi que le froid retarde la prise des ciments. En même temps il diminue leur résistance, ou plutôt en retarde le point maximum. Mais il semble résulter d'expérience de M. Béthencourt, que ce maximum lui-même est plus élevé par les basses températures que par les chaleurs.

La densité apparente du ciment influe considérablement sur sa résistance. D'après les essais de M. Leblanc, du ciment lourd, de densité 1,5, a une résistance supérieure de 50 pour 100 à celle du ciment léger, de densité 1,2.

Le degré de finesse de la matière a une action très marquée sur la résistance des ciments et surtout de leurs mortiers.

Quant à la dose du sable qui est incorporée au mortier, elle en diminue d'autant plus la résistance qu'elle est plus considérable. M. Vaudrey a constaté qu'un mélange de 10 parties de sable de Seine et 1 partie de ciment n'acquiert aucune consistance, tandis que le mortier formé de 1 partie de sable pour 1 de ciment était aussi solide que la pâte de ciment pur.

**152. Résistance à l'arrachement.** — Ces circonstances font varier la résistance des pâtes de ciment entre des limites très étendues. La manière de disposer les essais peut conduire aussi à des résultats très différents entre les mains de divers expérimentateurs. Au moyen de certains artifices, tels que l'emploi de tables en plâtre pour absorber l'eau de la pâte mise dans les moules, ou un massage prolongé et une compression énergique de cette pâte, on peut donner aux briquettes une solidité très supérieure à celle qu'on trouve en opérant dans des conditions courantes.

C'est ainsi que certains fabricants étrangers, surtout en Allemagne, annoncent des résistances extraordinaires pour des produits semblables à ceux que l'on obtient ailleurs.

Les portlands de bonne qualité, lorsqu'on les gâche dans les conditions normales de leur emploi, présentent des résistances à la rupture par traction, qui oscillent autour des moyennes suivantes :

| | | | | |
|---|---|---|---|---|
| Après 5 jours | d'immersion : | 10 à 20 | kilogr. | par centimètre carré. |
| — 15 | — | 20 à 30 | — | — |
| — 1 mois | — | 30 à 35 | — | — |

Cette résistance augmente ensuite lentement, et s'élève à près de 40 kilogrammes au bout de six mois. Puis elle reste à peu près stationnaire jusque vers l'âge d'un an, où elle atteint un maximum, et semble rétrograder un peu par la suite.

Des expériences déjà anciennes, exécutées dans les usines de Boulogne-sur-Mer, ont donné les résultats suivants, qui sont les moyennes d'un grand nombre d'essais poursuivis pendant plusieurs années :

*Résistance à la traction par centimètre carré :*

| | | | |
|---|---|---|---|
| Après 5 jours. . . | 12k5 | Après 6 mois. . . | 33k8 |
| — 15 — . . . | 25 0 | — 1 an . . . | 35 0 |
| — 1 mois . . . | 26 2 | — 2 ans . . . | 28 8 |
| — 2 — . . . | 27 5 | — 3 — . . . | 22 5 |
| — 3 — . . . | 28 8 | | |

Ces résistances sont notablement dépassées aujourd'hui.

M. Barreau a fait, pendant deux ans, une suite d'essais sur divers ciments qui ont présenté des résistances par centimètre carré variant comme il suit :

| DURÉE de L'IMMERSION | CIMENTS | | | |
|---|---|---|---|---|
| | N° 1 | N° 2 | N° 3 | N° 4 |
| 25 jours | 9k56 | 12k06 | 27k94 | 15k63 |
| 1 mois | 22,94 | 22,50 | 30,63 | 26,88 |
| 3 mois | 26,44 | 26,88 | 41,88 | 36,69 |
| 6 mois | 24,83 | 25,81 | 39,56 | 34,19 |
| 9 mois | 30,00 | 31,69 | 42,94 | 37,44 |
| 1 an | 29,19 | 29,56 | 25.19 | 34,19 |
| 15 mois | 28,94 | 28,75 | 20,81 | 28,94 |
| 18 mois | 29,06 | 29,00 | 23,00 | 26,06 |
| 21 mois | 22,62 | 27,50 | 19,13 | 18,94 |
| 2 ans | 18,75 | 19,06 | 16,38 | 18,94 |

On peut remarquer que les ciments qui atteignent les plus grandes résistances initiales ne sont pas supérieurs aux autres en fin de compte.

**153. Résistance des mortiers de Portland.** — Les mortiers de Portland atteignent une résistance à la traction beaucoup moindre que les pâtes de ciment pur. Elle diminue à mesure que la dose de sable augmente. M. Vaudrey a trouvé la série suivante pour les charges de rupture sur une série de mortiers faits d'une partie de ciment et de :

| | | | |
|---|---|---|---|
| 1 | partie de sable : | 20k0 | par centimètre carré. |
| 2 | — | 8,5 | — |
| 3 | — | 6,5 | — |
| 4 | — | 5,6 | — |
| 5 | — | 4,7 | — |
| 6 | — | 4,0 | — |
| 7 | — | 3,0 | — |
| 8 | — | 2,5 | — |
| 9 | — | 1,8 | — |
| 10 | — | 0,0 | — |

Ces mortiers avaient subi six semaines de dessiccation à l'air libre. La pâte de ciment pur avait donné une résistance de 20 kilogrammes par centimètre carré.

Les essais faits dans l'usine de Boulogne-sur-Mer ont fourni une loi analogue.

On n'observe pas sur les mortiers la même rétrogradation avec l'âge que sur les ciments purs. M. Barreau a trouvé qu'ils gagnaient progressivement pendant les deux années qu'ont duré ses essais. Des mortiers composés de 400 kilogrammes de ciment pour $1^{mc}05$ de gros sable ont donné, en moyenne, après un mois, des résistances à la traction s'élevant seulement au quart environ de celle des ciments purs correspondants, tandis qu'après deux ans, ils en atteignaient les trois quarts.

**154. Résistance des bétons de Portland.** — On emploie souvent des bétons à mortier de portland dans des circonstances où il serait intéressant de connaître leur résistance à la traction.

Les seules expériences publiées à ce sujet sont celles de M. Voisin. Elles ont eu lieu sur des prismes posés sur deux appuis et chargés en leur milieu. Si l'on applique aux résultats la formule relative à l'élasticité, on trouve que les bétons ont résisté à des charges variant, avec le dosage des matières premières et avec le temps, entre les limites de 3 kilogrammes par centimètre carré pour les bétons les plus maigres après dix jours, et 30 kilogrammes pour les bétons les plus gras après deux mois.

Si l'on s'en tient aux bétons fabriqués suivant les règles ordinaires, renfermant, pour 1 volume de galets, 2/3 de volume de mortier, composé lui-même de 1 volume de ciment pour 3 de sable, on trouve les chiffres suivants :

| | | |
|---|---|---|
| Après 10 jours | $5^k83$ | par centimètre carré. |
| — 20 — | 8 21 | — |
| — 30 — | 10 95 | — |

Mais ces nombres doivent être réduits dans une forte proportion, probablement dans le rapport de 3 à 1, suivant une remarque faite au n° 108.

**155. Résistance à l'écrasement.** — La résistance des ciments et mortiers de ciment à l'écrasement a été moins étudiée que la précédente.

Dans l'usine de Boulogne-sur-Mer, on a admis d'après quelques expériences que la résistance des pâtes de ciment pur est sept fois plus grande à l'écrasement qu'à l'arrachement ; et que celle des mortiers est environ cinq fois plus grande dans un cas que dans l'autre.

Cette loi ne paraît pas applicable d'une manière générale. Elle ne peut être vraie d'ailleurs que dans certaines limites de temps, deux ou trois mois par exemple. Car la résistance à l'écrasement semble croître indéfiniment avec le temps, tandis que la résistance à l'arrachement atteint un maximum et décroît ensuite.

On peut admettre, comme une moyenne suffisamment approximative, une résistance à l'écrasement dix fois plus grande que la résistance à la traction, après un mois d'immersion.

**156. Adhérence du portland aux pierres.** — L'adhérence du ciment de Portland aux pierres et autres matériaux de construction est très considérable. On n'en possède pas de valeurs numériques exactes. Mais une expérience souvent répétée a fait voir que du ciment portland gâché à bonne consistance et placé entre deux briques acquiert bientôt une adhérence telle que, si l'on essaye de séparer les deux briques par traction, la rupture ne se fait pas à la séparation de la brique et du ciment, mais dans l'épaisseur du ciment, ou bien par l'arrachement d'une plaquette de la brique elle même.

**157. Devis des fournitures de ciment.** — Les devis des travaux des ponts et chaussées, et en particulier ceux de la marine, qui fait un grand emploi de portland, spécifient d'une manière précise les qualités qu'il doit présenter pour être reçu. Les règles les plus usuelles sont les suivantes :

La densité la moindre qui soit admise est de 1.200 kilogrammes par mètre cube. Le mesurage se fait sans tassement, c'est-à-dire, qu'on verse le ciment lentement et sans secousse dans des vases de capacité connue. Souvent on exige davantage et jusqu'à un minimum de 1.350 kilogrammes.

Quelquefois, les devis indiquent aussi un maximum qui ne doit pas être dépassé. Cette disposition est adoptée dans un but d'économie. Les ciments se vendent au poids, et, s'ils sont trop lourds, il en faut un poids plus grand pour obtenir la même compacité dans les mortiers. Il serait à craindre, en outre, qu'ils ne fussent trop paresseux ou même inertes, provenant de fragments soumis à une cuisson exagérée. Le maximum est souvent fixé soit à 1.450 kilogrammes par mètre cube de ciment non tassé, soit à 1.750 kilogrammes par mètre cube de ciment entièrement tassé.

Le ciment doit être parfaitement tamisé. Il ne doit pas laisser 10 pour 100 de son poids de résidu, quand on l'a fait passer sur un tamis de toile métallique n° 2 ayant 180 largeurs de maille au décimètre. Il y aurait intérêt, comme on le fait en Allemagne, à être plus exigeant sur la finesse de monture, et à employer pour les épreuves des tamis plus fins.

La prise ne doit pas se faire avant un temps déterminé. Quand on se sert de l'aiguille de Vicat, exerçant une pression de 265 gr. par millimètre carré, la durée de la prise est fixée ordinairement à une demi-heure au minimum. Quelquefois, on emploie d'autres aiguilles analogues, mais plus lourdes ; dans ce cas, le temps spécifié doit être plus long. Dans certains ports, on se sert d'aiguilles du poids de 1.430 grammes dont la pointe est un carré de $1^{mm}5$ de côté, et dont la charge est de 635 grammes par millimètre carré : on exige que la prise n'ait pas lieu avant 2 heures.

La durée de la prise ne doit pas d'ailleurs dépasser une limite fixée, qui est de 10 heures au maximum, ou moins, suivant la nature des travaux.

La composition chimique doit rester constante et la dose de sulfate de chaux ne doit pas dépasser 1 pour 100 (0,60 pour 100 d'acide sulfurique).

Enfin, les briquettes d'essai faites en pâte ferme du ciment doivent satisfaire à des conditions convenables de résistance à la traction, par exemple, pour citer les chiffres les plus généralement adoptés :

| | | | |
|---|---|---|---|
| 7k1/2 | après | 48 heures, | par centimètre carré. |
| 10 ou 12k1/2 | — | 3 jours, | — |
| 20 ou 25 | — | 15 jours, | — |
| 25 ou 30 | — | 1 mois, | — |

Pendant la durée de l'immersion, les faces et les arêtes des briquettes doivent rester intactes, et ne présenter aucune trace de fendillement, de boursouflure ou de ramollissement.

**158. Théorie de Rivot.** — Rivot a essayé d'expliquer la différence entre le mode de prise des ciments, et celui des chaux hydrauliques. Selon lui, la prise de tous les produits de la chaufournerie est due à une hydratation du silicate de chaux et de l'aluminate de chaux qui se sont formés pendant la cuisson. Dans les chaux hydrauliques, ces produits sont accompagnés de chaux en liberté, qui en retarde le durcissement; n'ayant, pour se solidifier, à compter que sur l'acide carbonique dont l'action est excessivement lente; une partie de cette chaux est entraînée par l'eau, le reste est englobé dans l'hydrosilicate à mesure qu'il se cristallise. Dans les ciments romains, il n'y a pas de chaux en liberté, puisque l'argile y est en excès; après cuisson, ils se composent uniquement de silicates et d'aluminates de chaux qui s'hydratent et font prise très rapidement.

Lorsque la dose de chaux est juste suffisante pour saturer la silice et l'alumine, on a précisément une chaux-limite ou un ciment portland suivant le mode de cuisson. Si la cuisson est modérée, les produits sont du silicate et de l'aluminate de chaux faisant prise rapidement à la façon des ciments. Mais l'aluminate de chaux est un composé peu stable, où l'alumine, acide très faible, est déplacée même par l'eau. Ils s'altèrent et se décomposent donc facilement, comme on l'a constaté dans les chaux-limites.

Le même accident ne se produit pas avec les ciments à prise rapide, parce qu'ils renferment toujours un excès de silice qui se substitue à l'alumine, au moment de la décomposition des aluminates, pour former un hydrosilicate dont la stabilité est suffisante.

Quand la cuisson des calcaires à chaux-limites a été poussée très loin, c'est-à-dire, lorsqu'on en a fait du ciment de Portland, Rivot admet que la réaction chimique n'est plus la même. L'alumine se combine à la silice et il se forme un silicate double d'alumine et de chaux, avec de la chaux en liberté. Cette chaux se combine peu à peu avec l'alumine du silicate double, qui est ramené à l'état de silicate simple et d'aluminate de chaux, semblables à ceux des chaux limites. Mais cette transformation, très lente, n'est terminée que lorsque la gangue a pris assez de consistance pour ne pas se désagréger facilement.

Ces quelques mots suffisent pour donner une idée de cette théorie, qui s'appuie sur des hypothèses assez arbitraires et laisse beaucoup à désirer, comme on a pu s'en apercevoir.

---

## CHAPITRE V

# MORTIERS EN EAU DE MER

**159. Accidents aux mortiers en eau de mer.** — On a déjà signalé l'influence, sur la qualité des mortiers, des milieux où ils se trouvent. Celle de l'eau de la mer est très considérable, et a été la source de bien des embarras pour les constructeurs.

Dans beaucoup de ports, les mortiers se sont désagrégés plus ou moins rapidement, transformant quelquefois les constructions où ils entraient en sortes de maçonneries à pierres sèches. Certains ouvrages ont dû, à la suite de ces avaries, être démolis et reconstruits en entier.

Ces accidents prennent la proportion de véritables désastres lorsqu'ils se produisent dans des travaux aussi considérables que ceux qui s'exécutent en eau de mer. Aussi ont-ils vivement préoccupé les ingénieurs à l'époque où ils ont été constatés.

Cette époque coïncidait précisément avec le développement énorme donné à l'emploi des produits hydrauliques naturels ou artificiels, à la suite des recherches et des publications de Vicat. Autrefois, on n'employait pour les ouvrages à la mer que des matières éprouvées de longue date, telles que la pouzzolane d'Italie que l'on faisait venir à grands frais. Il parut naturel de recourir aux chaux hydrauliques, qui donnaient à bien plus bas prix des résultats excellents en eau douce ; mais un grand nombre des nouveaux mortiers s'altérèrent plus ou moins profondément dans l'eau salée, les uns immédiatement, les autres lentement, quelquefois même après des années.

**160. Signes de l'altération.** — Les signes de cette altération sont partout les mêmes.

Si l'on immerge un bloc de mortier dans de l'eau de mer tranquille, comme on le fait dans les essais de laboratoire ou pour certains travaux de fondation, on voit se produire tout autour un nuage blanc formé d'une poudre légère qui se précipite lentement au fond. Dans les travaux exposés aux courants ou à l'action des vagues, ce nuage est entraîné. Il est alors difficile à observer et ne donne lieu à aucun dépôt.

Au bout d'un temps variable, il se forme à la surface du bloc des crevasses plus ou moins profondes, surtout vers les angles saillants. Ces crevasses, généralement parallèles, soulèvent à la surface des bandes, des écailles, qui se détachent les unes après les autres.

En même temps, le mortier placé au-dessous se ramollit et perd une partie de sa chaux. Ce ramollissement gagne de proche en proche, jusque vers le centre du bloc.

S'il s'agit de mortier placé dans les joints d'une maçonnerie, ce dernier phénomène est le seul apparent, les surfaces étant trop petites pour que la formation et l'enlèvement des écailles y soient constatés.

Des accidents de cette nature se sont produits dans des circonstances si multipliées et si diverses que l'on a craint à une certaine époque qu'il fût impossible de les éviter, et que le découragement s'emparait de l'esprit de bien des ingénieurs.

**161. Action de l'eau de mer sur la chaux.** — Pour parer au danger, il fallait d'abord en connaître les causes. C'est encore à Vicat que l'on doit à peu près tout ce que l'on sait à ce sujet.

Si l'on mélange de l'eau de chaux à de l'eau de mer, on voit se former un nuage blanc, qui se précipite lentement et que l'analyse démontre formé de magnésie libre. Ce phénomène s'explique tout naturellement si l'on se reporte à la composition de l'eau de mer, qui a été indiquée dans la première partie de cet ouvrage. La magnésie est une base à peu près insoluble dans l'eau ; la chaux la précipite de ses sels en se combinant aux acides et isolant le corps insoluble, d'après les lois de Berthollet. Le sulfate de magnésie et le chlorure de magnésium se tranforment en sulfate de chaux et chlorure de calcium, et la magnésie est mise en liberté sous forme d'hydrate très léger, qui se dépose lentement.

Le même phénomène a lieu lorsqu'au lieu d'eau de chaux on introduit dans l'eau de mer de la chaux grasse ou hydraulique en pâte, ou du mortier. La chaux libre s'y dissout, et produit ainsi sur les sels de magnésie la même réaction que l'eau de chaux. Il est à remarquer toutefois que cette réaction se se limite ici aux parties qui sont en contact, et cesserait bientôt si l'eau ne pouvait atteindre l'intérieur des blocs et s'y renouveler.

Au lieu d'eau de mer, on peut faire les mêmes expériences et obtenir les mêmes résultats dans une dissolution étendue de sels de magnésie. On démontre ainsi la réalité de l'explication du phénomène.

Si l'on n'immerge un bloc de chaux ou de mortier qu'après une exposition à l'air libre suffisante pour que la surface ait en durcissant absorbé une quantité considérable d'acide carbonique, et se soit transformée en une croûte de carbonate de chaux imperméable aux liquides, son action chimique sur l'eau de mer et sur les dissolutions étendues de sels de magnésie est complètement interrompue.

**162. Explication des phénomènes.** — Ces simples observations suffisent à expliquer les phénomènes que l'on a constatés, et les différentes manières dont se comportent les mortiers placés dans des conditions différentes.

Il est clair, d'abord, que si les mortiers ne renferment pas de chaux en liberté, les réactions indiquées ci-dessus ne se produisent pas.

Si les mortiers sont recouverts d'une croûte imperméable à l'eau, telle que du carbonate de chaux, l'action de la mer est sans effet sur eux, quelles que soient les circonstances où ils se trouvent.

Dans le cas où les mortiers sont perméables, les phénomènes dus à la décomposition des sels de magnésie se produisent toujours ; mais leurs effets sont différents suivant que l'eau qui les pénètre reste stagnante ou bien se renouvelle.

Au moment où ils s'imprègnent d'eau salée, la petite quantité de magnésie contenue dans cette eau est mise en liberté et se dépose dans les pores de la gangue, tandis qu'une quantité correspondante de la chaux se dissout. Si l'eau ne se renouvelle pas, le phénomène s'arrête bientôt, et ses effets sont tout à fait insignifiants.

Mais, si cette eau, poussée par une pression extérieure, traverse le mortier et est remplacée par une nouvelle eau de mer; s'il s'établit à travers les maçonneries une sorte de courant continu, soit toujours dans le même sens, soit dans des directions périodiquement alternatives : la chaux qui est dissoute et remplacée par une poudre inconsistante de magnésie est entraînée au dehors, et le mortier s'appauvrit peu à peu.

**163. Influence des marées.** — Il résulte immédiatement de là que dans les mers à marées les accidents sont plus à craindre que dans les mers à niveau constant, et d'autant plus que les marées ont plus d'amplitude. En effet, lorsque la mer monte le long des parois d'une construction, elle y exerce une pression qui tend à y faire pénétrer l'eau dans les endroits qui présentent de la perméabilité. Cette action dure tant que le niveau s'élève ; mais quand il vient à baisser, et que la paroi est successivement mise à nu, l'eau qui avait pénétré tend à sortir. Il y a donc un courant alternatif qui, dans un sens, amène de l'eau de mer neuve, et, dans l'autre sens, l'évacue chargée de la chaux éliminée du mortier et tenant des grains de magnésie en suspension.

Les parties des maçonneries alternativement mouillées et mises à sec par les marées sont donc les plus exposées à la désagrégation.

**164. Influence des courants.** — L'effet des marées est de produire, en outre, des courants énergiques sur les côtes. Les constructions éprouvent, du côté où se présentent ces courants, une pression qui tend à y faire pénétrer l'eau et à l'y faire passer d'une façon continue, si elles sont perméables.

Cette action des courants est peu énergique en général. Elle se produit d'ailleurs également dans les mers à niveau constant, les courants littoraux n'étant pas dus seulement aux marées.

**165. Influence des vagues.** — Les parties exposées au choc des vagues se trouvent dans le même cas que si elles étaient soumises aux marées. Quand une vague s'élève le long d'une paroi, quand surtout elle y vient déferler, elle exerce une pression qui introduit l'eau par les points perméables. Lorsque la vague se retire, cette eau tend à sortir. Les alternatives de calme et d'agitation sont donc un agent de destruction pour les parties superficielles des ouvrages.

Celles au contraire qui sont au fond de l'eau ne sont pas sujettes à cette cause de ruine.

On pourrait citer l'exemple d'une même jetée où la partie constamment submergée est restée intacte, tandis que les blocs placés au sommet se sont rompus et désagrégés.

**166. Efflorescences salines.** — Lorsque l'introduction de l'eau est intermittente, et que l'évaporation est active, l'eau qui sort des blocs imprégnés dépose à leur surface une partie des matières qu'elle tient en suspension ou en dissolution. Les blocs se recouvrent d'efflorescences salines, où la magnésie domine toujours.

**167. Influence de la qualité de la chaux.** — Ces quelques principes permettent de comprendre et d'expliquer la plupart des accidents que l'on a pu constater.

Tous les mortiers y sont sujets, mais à des degrés variables. La nature de la chaux que l'on y emploie a une grande influence sur leur qualité.

Aussi, après des essais nombreux, dont quelques-uns ont été désastreux, on est arrivé à n'employer dans chaque région maritime qu'une seule espèce de mortier, celui que l'expérience a recommandé. Dans la Méditerranée, on emploie à peu près exclusivement la chaux du Teil ; dans l'Océan et la Manche, le ciment de Portland ; dans la mer du Nord, la chaux hydraulique avec trass de Hollande.

La qualité de la chaux est d'ailleurs corrélative avec celle des eaux où l'on opère et leur situation. Telle chaux qui réussit bien en un point échoue dans un autre. La chaux du Teil, qui a donné d'excellents résultats à Marseille et dans la plupart des ports de la Méditerranée, a été trouvée médiocre dans l'Océan, et même pour certains ouvrages exécutés dans des conditions défavorables au sein de la Méditerranée.

La nature de la chaux est donc un élément essentiel de la qualité des mortiers; mais elle n'est pas à beaucoup près le seul. Les circonstances physiques et principalement la compacité des gangues ont sur la qualité des mortiers une influence prépondérante. Car on a vu qu'un mortier qui se laisse traverser par l'eau est infailliblement détruit si elle se renouvelle.

**168. Influence du sulfate de chaux.** — Parmi les causes qui donnent de la perméabilité aux mortiers, on doit citer la présence du sulfate de chaux.

Ce sel peut avoir été introduit frauduleusement dans les ciments, à l'état de plâtre, ou bien se trouver naturellement dans les matières premières employées à leur fabrication.

Dans le premier cas, il fait prise instantanément et avant la mise en place des mortiers. Comme il est sensiblement soluble dans l'eau, il disparaît peu à peu en même temps que la chaux vive, et produit des vides dans la masse.

Dans le second cas, le sulfate de chaux a été soumis à une forte cuisson, qui en change les propriétés : il est à peine soluble dans l'eau et n'y fait pas prise. Il reste donc dans les mortiers à l'état inerte. Mais, à la suite d'un contact prolongé avec l'eau, il finit par s'hydrater, quoique lentement. Au moment de cette prise tardive, il subit un gonflement, qui peut désagréger le mortier déjà solidifié où il est enfermé. Il devient d'ailleurs soluble à partir de ce moment.

Aussi a-t-on vu que l'acide sulfurique est soigneusement proscrit des ciments en général et surtout de ceux qui doivent être employés à la mer.

**169. Théorie de Rivot.** — La théorie de Vicat explique parfaitement les phénomènes qui se passent dans les mortiers qui ont de la chaux libre. Mais elle ne rend pas compte des accidents survenus, quelquefois au bout d'un temps assez long, avec les chaux éminemment hydrauliques, et surtout avec les ciments, où la chaux est entièrement combinée avec la silice ou l'alumine.

Rivot a étudié la question à ce point de vue. Il admet que l'aluminate de chaux, produit peu stable, est décomposé par les sels de magnésie et même par l'eau seule, après un contact plus ou moins prolongé. Il en résulte un hydrate ou un sel soluble de chaux qui est entraîné par l'eau, et il reste comme résidu de l'alumine libre ou combinée à la magnésie.

Le silicate de chaux subirait une action semblable, mais beaucoup plus lentement.

Enfin le silicate double d'alumine et de chaux, obtenu par une cuisson énergique, comme celle des ciments portlands, serait encore moins sensible à ces réactions et ne les subirait qu'après un temps très long.

Il résulterait de là que les chaux ou ciments argileux seraient peu stables, les chaux siliceuses davantage, et les portlands encore plus ; mais qu'aucun de ces produits ne pourrait résister indéfiniment à l'action d'une eau de mer constamment renouvelée.

**170. Influence de l'imperméabilité de la surface** — La conclusion à tirer de tous les faits et des théories qui viennent d'être exposés, c'est que les maçonneries faites en eau de mer doivent présenter une compacité aussi complète que possible, et ne peuvent se conserver si l'eau peut les traverser.

On a vu que certaines parties d'ouvrages étaient naturellement à l'abri de cette circulation intérieure, celles par exemple qui dans les mers sans marées sont au-dessous du niveau de de l'eau.

Dans les autres cas, il est nécessaire de protéger la surface par une enveloppe imperméable.

Vicat a publié, dès 1849, des expériences de laboratoire mettant en évidence l'influence salutaire d'un tel enduit.

Après avoir laissé dessécher à l'air libre un bloc de mortier bien compact, assez longtemps pour que sa surface fût carbonatée, il le plongeait dans l'eau de mer et ne voyait apparaître aucun signe d'altération. En raclant la surface, il produisait à volonté ce qu'il appelait la carie de la gangue.

Il introduisait les mêmes blocs dans des bocaux hermétiquement bouchés, où il avait mis, avec de l'eau de mer, un dixième au moins d'eau gazeuse. Aucune altération ne se produisait.

Il enduisait les briquettes d'une légère couche de suif posé à chaud, et il les conservait intactes dans l'eau salée.

Enfin il entourait des boules de mortier avec un linge fortement serré. Dans les premiers moments, il se dégageait un nuage abondant de laitance. Mais bientôt les pores du linge se bouchaient et toute action cessait. Pour provoquer une nouvelle émission de laitance, il suffisait de brosser la surface.

**171. Enduits protecteurs naturels.** — Dans quelques régions, il se forme naturellement une enveloppe protectrice, qui met les mortiers à l'abri. C'est ce qui arrive dans les parages où l'eau de mer est fortement chargée d'acide carbonique, comme dans le voisinage des volcans. La surface des mortiers s'assimile cet acide qui la transforme en carbonate de chaux.

D'autres fois, cette enveloppe protectrice se dépose naturellement sur les ouvrages, sous forme d'un tuf calcaire, qui atteint souvent une grande épaisseur. Quand l'eau est fortement chargée d'acide carbonique, elle devient apte à dissoudre une dose assez considérable des roches calcaires qu'elle vient à lécher. Si le courant pousse cette dissolution de bicarbonate de chaux contre les maçonneries, et que l'excès d'acide carbonique soit éliminé, soit par la chaleur, soit par le choc des vagues, le carbonate simple se dépose et forme à la longue ce tuf qui recouvre les ouvrages.

On a signalé aussi l'efficacité de l'hydrogène sulfuré que l'on rencontre dans certaines eaux de mer. Il produit avec la chaux un oxysulfure de calcium complètement insoluble, qui agit de la même façon que le carbonate de chaux. Toutefois ce préservatif est spécial à certaines régions ; il pourrait devenir un danger si l'oxysulfure était mis à découvert et restait en contact avec l'oxygène de l'air, qui le transformerait en sulfate.

Les produits du règne organique apportent aussi un contingent précieux à la défense des ouvrages en eau de mer. Pendant le jour, les végétaux empruntent au milieu qui les entoure l'acide carbonique qui leur est nécessaire; la provision qu'ils en trouvent dans l'eau est sans cesse renouvelée par celui qu'offre l'air atmosphérique. Pendant la nuit, au contraire, les végétaux dégagent de l'acide carbonique ; en sorte que l'eau qui les environne est, à ce moment, fortement chargée de cet élément précieux. Cet avantage toutefois peut être contrebalancé par l'action destructive des racines qui s'implantent dans les mortiers.

Mais c'est surtout le règne animal qui fournit en abondance les agents conservateurs. Les maçonneries immergées se recouvrent rapidement, dans certains parages, de coquillages et de madrépores pourvus de carapaces en carbonate de chaux, qui en se multipliant s'enchevêtrent et forment bientôt une sorte de tuf continu. M. Ravier signale, parmi les animaux de cette nature que l'on rencontre le plus souvent : les balanes, les serpules, les huîtres, les moules, les pectens et les polypiers. Les constructions où ils se développent sont toujours en parfait état de conservation.

**172. Conclusion.** — En résumé, le point essentiel, c'est de s'opposer au passage de l'eau de la mer à travers les mortiers par tous les moyens possibles, et notamment par la compacité des mortiers et la bonne exécution des maçonneries. Les dosages doivent être réglés et la fabrication conduite en vue de ce résultat.

Quand le passage de l'eau à travers les mortiers est possible, les accidents ne peuvent être évités que par le secours d'une enveloppe protectrice.

Tous les auteurs sont d'accord sur la nécessité de remplir l'une ou l'autre de ces conditions.

MM. Rivot et Chatoney s'expriment ainsi dans les conclusions de leur mémoire sur les matériaux employés en eau de mer :

« Les mortiers ne peuvent bien résister que s'ils sont protégés contre la pénétration de l'eau par une texture compacte et une enveloppe de carbonate de chaux.

« La chaux libre est nécessaire pour former, par la combinaison avec l'acide carbonique de l'eau, l'enveloppe nécessaire de carbonate de chaux.

« Une enveloppe de coquillages, herbes marines, vase, etc., peut remplacer le carbonate de chaux et prévenir les décompositions.

« Les procédés de fabrication des mortiers... ont une influence considérable, la plus grande peut-être, sur leur résistance définitive. Ces procédés doivent avoir pour but..... de rendre les mortiers très compactes et par conséquent peu perméables. »

Vicat et M. Féburier citent l'exemple de maçonneries en chaux hydraulique de Paviers ou de Doué qui ont résisté à l'action de l'eau de mer, dans la Manche et dans l'Océan ; mais elles étaient protégées par un parement en pierres piquées, rejointoyées en ciment avec beaucoup de soin sur 5 ou 10 centimètres de profondeur.

Vicat s'exprime ainsi : « L'eau de mer détruirait tous les ciments, tous les mortiers..... si elle pénétrait dans le tissu des masses submergées... Son introduction est empêchée par leurs surfaces (dans les composés qui résistent), et la cause de cet empêchement réside principalement dans un enduit superficiel de chaux carbonatée... »

Des deux conditions, dont l'une au moins doit être remplie, compacité des mortiers ou développement d'une enveloppe protectrice, la seconde n'est pas à la disposition du constructeur. C'est donc à la première qu'il doit s'attacher. Depuis qu'on l'a compris, les travaux dans l'eau de mer se font couramment avec succès, et les rares accidents signalés dans ces derniers temps s'expliquent facilement par l'insuffisante compacité des mortiers exposés à être traversés par l'eau de la mer.

**173. Mortiers de magnésie.** — La présence des sels de magnésie étant la cause principale, sinon unique, de la désagrégation des mortiers dans l'eau de mer, on a eu l'idée de substituer à la chaux dans les constructions la magnésie calcinée modérément, qui jouit de propriétés hydrauliques.

Cette substance, surtout en présence de pouzzolane artificielle, a donné quelques résultats satisfaisants. Mais le prix élevé auquel on peut se procurer la magnésie ne permet pas de songer à son emploi sur une grande échelle, et il n'a pas été donné d'autre suite aux essais tentés dans cette voie.

**174. Gâchage à l'eau de mer.** — On s'est souvent demandé s'il n'y avait pas d'inconvénient à se servir de l'eau de la mer pour le gâchage des chaux ou des ciments et la fabrication des mortiers.

Au point de vue de la solidité des constructions, tous les auteurs sont d'accord pour reconnaître l'innocuité de cet emploi. Au moment où l'on met la chaux en présence de l'eau de mer, les sels de magnésie se décomposent, une petite quantité de magnésie devient libre et se mêle au sable, comme matière inerte, et une petite quantité de sels solubles de chaux se dissolvent dans l'eau de gâchage. Il ne peut résulter de là aucun inconvénient. C'est ce que l'expérience a partout indiqué.

On est moins d'accord sur l'influence que cette pratique peut avoir sur la vitesse de la prise. M. Féburier admet, d'après ses expériences, qu'elle n'en a aucune. M. Chatoney dit au contraire que les ciments gâchés avec de l'eau de mer prennent moins rapidement que ceux qui sont gâchés à l'eau douce. Il ajoute que la résistance à la rupture des premiers est d'abord plus faible, mais que ces différences disparaissent plus tard. Des expériences faites plus récemment en France et en Angleterre sembleraient attribuer, au contraire, une certaine supériorité aux mortiers fabriqués avec de l'eau salée.

Cette question n'est donc pas encore résolue ; elle est du reste sans grand intérêt.

L'emploi des mortiers gâchés à l'eau de mer doit être évité pour les ouvrages bâtis à sec en terre ferme, et surtout pour les constructions civiles. L'eau de la mer renferme, ou produit par son action sur la chaux, des sels déliquescents, tels que le chlorure de magnésium et le chlorure de calcium, dont la présence attire l'humidité de l'air sur les murs. En même temps, d'autres sels, comme le sulfate de soude, donnent lieu à des efflorescences qui peuvent salir et endommager les maçonneries.

www.ingramcontent.com/pod-product-compliance
Ingram Content Group UK Ltd.
Pitfield, Milton Keynes, MK11 3LW, UK
UKHW020107200726
13856UKWH00002B/419